全国医药中等职业教育药学类"十四五"规划教材（第三轮）

供中药学、中药材种植类、园艺类相关专业使用

中药材规范化种植技术 （第2版）

主　编　李应军

副主编　秦运潭

编　者（以姓氏笔画为序）

刘淼琴（亳州中药科技学校）

江　晓（广东省食品药品职业技术学校）

李龙明（广东茂名健康职业学院）

李应军（四川省食品药品学校）

吴凤荣（湛江中医学校）

陈　斌（江西省医药学校）

陈超志（东莞职业技术学院）

秦运潭（四川省食品药品学校）

郭历波（江西省医药学校）

黄超华（广东省食品药品职业技术学校）

赖利平（湖南食品药品职业学院）

U0206162

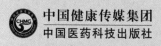中国健康传媒集团

中国医药科技出版社

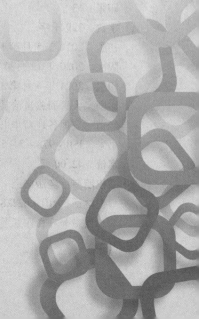

内 容 提 要

本教材为"全国医药中等职业教育药学类'十四五'规划教材（第三轮）"之一，其主要内容包括中药材规范化种植基础理论、中药材品种种植技术、实训技能等三个部分。其中种植基础理论包括中药材规范化种植的基础知识和基本技术；中药材品种种植技术部分介绍以不同药用部位入药的具有代表性的或有特殊特点的道地的、栽培广泛的中药材的规范化种植技术；实训技能部分包括如药用植物的繁殖、经典农药的配制等技能的训练。本教材为书网融合教材，即纸质教材有机融合电子教材、教学配套资源（PPT、微课、视频等）、题库系统、数字化教学服务（在线教学、在线作业、在线考试），使教学资源更加多样化、立体化。

本教材主要供全国中等职业院校中药学、中药材种植类、园艺类相关专业师生教学使用，也可作为农村实用技术培训教材以及从事中药材生产有关行业的技术人员的参考用书。

图书在版编目（CIP）数据

中药材规范化种植技术/李应军主编. —2 版. —北京：中国医药科技出版社，2020. 12

全国医药中等职业教育药学类"十四五"规划教材. 第三轮

ISBN 978 - 7 - 5214 - 2133 - 0

Ⅰ. ①中… Ⅱ. ①李… Ⅲ. ①药用植物 - 栽培技术 - 中等专业学校 - 教材 Ⅳ. ①S567

中国版本图书馆 CIP 数据核字（2020）第 236030 号

美术编辑 陈君杞

版式设计 友全图文

出版 **中国健康传媒集团** │ 中国医药科技出版社

地址 北京市海淀区文慧园北路甲 22 号

邮编 100082

电话 发行：010 - 62227427 邮购：010 - 62236938

网址 www. cmstp. com

规格 787mm × 1092mm $^1/_{16}$

印张 13 $^3/_4$

字数 329 千字

初版 2011 年 5 月第 1 版

版次 2020 年 12 月第 2 版

印次 2024 年 6 月第 3 次印刷

印刷 大厂回族自治县彩虹印刷有限公司

经销 全国各地新华书店

书号 ISBN 978 - 7 - 5214 - 2133 - 0

定价 **42.00 元**

获取新书信息、投稿、为图书纠错，请扫码联系我们。

出版说明

2011 年，中国医药科技出版社根据教育部《中等职业教育改革创新行动计划（2010—2012 年）》精神，组织编写出版了"全国医药中等职业教育药学类专业规划教材"；2016 年，根据教育部 2014 年颁发的《中等职业学校专业教学标准（试行）》等文件精神，修订出版了第二轮规划教材"全国医药中等职业教育药学类'十三五'规划教材"，受到广大医药卫生类中等职业院校师生的欢迎。为了进一步提升教材质量，紧跟职教改革形势，根据教育部颁发的《国家职业教育改革实施方案》（国发〔2019〕4 号）、《中等职业学校专业教学标准（试行）》（教职成厅函〔2014〕48 号）精神，中国医药科技出版社有限公司经过广泛征求各有关院校及专家的意见，于 2020 年 3 月正式启动了第三轮教材的编写工作。在教育部、国家药品监督管理局的领导和指导下，在本套教材建设指导委员会专家的指导和顶层设计下，中国医药科技出版社有限公司组织全国 60 余所院校 300 余名教学经验丰富的专家、教师精心编撰了"全国医药中等职业教育药学类'十四五'规划教材（第三轮）"，该套教材付梓出版。

本套教材共计 42 种，全部配套"医药大学堂"在线学习平台。主要供全国医药卫生中等职业院校药学类专业教学使用，也可供医药卫生行业从业人员继续教育和培训使用。

本套教材定位清晰，特点鲜明，主要体现如下几个方面。

1. 立足教改，适应发展

为了适应职业教育教学改革需要，教材注重以真实生产项目、典型工作任务为载体组织教学单元。遵循职业教育规律和技术技能型人才成长规律，体现中职药学人才培养的特点，着力提高药学类专业学生的实践操作能力。以学生的全面素质培养和产业对人才的要求为教学目标，按职业教育"需求驱动"型课程建构的过程，进行任务分析。坚持理论知识"必需、够用"为度。强调教材的针对性、实用性、条理性和先进性，既注重对学生基本技能的培养，又适当拓展知识面，实现职业教育与终身学习的对接，为学生后续发展奠定必要的基础。

2. 强化技能，对接岗位

教材要体现中等职业教育的属性，使学生掌握一定的技能以适应岗位的需要，具有一定的理论知识基础和可持续发展的能力。理论知识把握有度，既要给学生学习和掌握技能奠定必要的、足够的理论基础，也不要过分强调理论知识的系统性和完整性；

注重技能结合理论知识，建设理论－实践一体化教材。

3. 优化模块，易教易学

设计生动、活泼的教学模块，在保持教材主体框架的基础上，通过模块设计增加教材的信息量和可读性、趣味性。例如通过引入实际案例以及岗位情景模拟，使教材内容更贴近岗位，让学生了解实际岗位的知识与技能要求，做到学以致用；"请你想一想"模块，便于师生教学的互动；"你知道吗"模块适当介绍新技术、新设备以及科技发展新趋势、行业职业资格考试与现代职业发展相关知识，为学生后续发展奠定必要的基础。

4. 产教融合，优化团队

现代职业教育倡导职业性、实践性和开放性，职业教育必须校企合作、工学结合、学作融合。专业技能课教材，鼓励吸纳 1～2 位具有丰富实践经验的企业人员参与编写，确保工作岗位上的先进技术和实际应用融入教材内容，更加体现职业教育的职业性、实践性和开放性。

5. 多媒融合，数字增值

为适应现代化教学模式需要，本套教材搭载"医药大学堂"在线学习平台，配套以纸质教材为基础的多样化数字教学资源（如课程 PPT、习题库、微课等），使教材内容更加生动化、形象化、立体化。此外，平台尚有数据分析、教学诊断等功能，可为教学研究与管理提供技术和数据支撑。

编写出版本套高质量教材，得到了全国各相关院校领导与编者的大力支持，在此一并表示衷心感谢。出版发行本套教材，希望得到广大师生的欢迎，并在教学中积极使用和提出宝贵意见，以便修订完善，共同打造精品教材，为促进我国中等职业教育医药类专业教学改革和人才培养作出积极贡献。

数字化教材编委会

主 编 李应军

副主编 秦运潭

编 者（以姓氏笔画为序）

刘淼琴（亳州中药科技学校）

江 晓（广东省食品药品职业技术学校）

李龙明（广东茂名健康职业学院）

李应军（四川省食品药品学校）

吴凤荣（湛江中医学校）

陈 斌（江西省医药学校）

陈超志（东莞职业技术学院）

秦运潭（四川省食品药品学校）

郭历波（江西省医药学校）

黄超华（广东省食品药品职业技术学校）

赖利平（湖南食品药品职业学院）

前言

　　本教材主要根据中等职业教育药学类专业的特点和医药行业对从业人员的知识、技能结构需要，按照全国中等职业教育药学类规划教材建设的指导思想和原则要求，结合本课程教学标准，考虑现阶段中等职业教育学生的认知水平和理解能力，吸收近年来药学类中等职业教育教学改革的新成果编写而成。

　　本教材是中药和中草药种植等专业的专业核心课程，通过对本课程的学习，能够全面了解中药材生产的全流程，为毕业后从事中药材种植、建立中药材生产基地等工作奠定坚实的理论基础；本教材主要内容包括中药材规范化种植基础理论、中药材品种种植技术、实训技能等三个部分。其中，种植基础理论包括中药材规范化种植的基础知识和基本技术；中药材品种种植技术部分介绍以不同药用部位入药的中药材种类的规范化种植技术；实训技能部分包括如药用植物的繁殖技术、种子检验和评价技术、土壤分析评价技术、经典农药的配制等技能。本版特别增加机械化、设施化技术在中药材种植、加工中的应用和中药材野生变家种的技术。

　　本教材编写注重继承和发扬、传统与现代、理论与实践，中医药学与中药农业的有机结合；使教材具有继承性、科学性、时代性和实用性，同时注意反映中医药现代研究成果和学科新进展。

　　本教材由全国8所院校从事本课程教学和中药材生产一线的教师、学者悉心编写而成，编写分工为：李应军编写第一章（以下篇、章标题均见目录），赖利平编写第二章，吴凤荣编写第三章，郭历波编写第四章，黄超华编写第五章，秦运潭编写第六章，刘淼琴编写第七章，陈超志编写第八章；第九章地道药材规范种植技术编写分工为：江晓编写丹参、白芍、当归、黄连、川芎、泽泻、天门冬、天麻，陈斌编写薄荷、紫苏、石斛、淫羊藿、红花、金银花、菊花，刘淼琴编写黄柏、杜仲，李龙明编写砂仁、瓜蒌、薏苡、决明子、灵芝、茯苓。

　　本教材在编写过程中，得到了许多院校、行业领导和专家、同仁的支持和帮助，在此一并致以衷心的感谢！由于受编者水平所限，同时涉及学科领域广泛，参编院校及编写人员较多，本教材难免有不足之处，敬望各学校和广大读者在使用中及时提出宝贵意见，以便再版时修订。

编　者

2020 年 10 月

目录

1. 掌握药用植物栽培技术和中药材规范化种植的概念。

2. 熟悉中药材规范化种植的全流程。

1. 掌握土壤质地类型、特点；土壤养分、水分的类型和土壤质地的判断；土壤样品的采集与处理；土壤养分、水分、pH 的测定。

2. 熟悉药用植物生长发育过程、年生长周期、生长的相关性、药用植物生长发育与生态因子的关系、土壤有机质的作用。

1. 掌握野生药材引种驯化的基本方法；防止药用植物良种退化措施。

2. 熟悉野生药材引种驯化和育种的基本原理；良种退化的原因。

1. 掌握种子的寿命、生活力、休眠及萌发的基本含义；药用植物的扦插、嫁接繁殖的方法。

2. 熟悉种子质量检验的步骤；评价种子质量的方法；营养繁殖的基本方法。

1. 掌握复种、间作、混作、套作等种植制度；土壤耕作方法；种子质量与种子的清选、育苗与移栽技术；施肥与水分管理等田间管理技术。

2. 熟悉连作减产和轮作增产；土壤耕作方式和作用；播种、育苗与移栽的方式和特点；田间管理的方法和作用。

1. 掌握植物病原物的特征及为害症状；植物害虫的各个虫态特征；植物病虫草害的防治方法。

2. 熟悉植物病原物的传播途径与侵入方式；植物害虫的生活习性；农田杂草的习性。

1. 掌握中药材设施栽培的特点和常见设施栽培技术；机械化在中药材生产中应用。

2. 熟悉中药材设施化和机械化发展方向，积极发挥在生产中的优势。

1. 掌握各类中药材的适宜采收期的一般原则。

2. 熟悉中药材产地采收加工的基本技术及常用方法。

1. 掌握常见根茎类、全草类、皮类、花类、种子果实类、菌类药材的基本栽培技术措施、主要病虫害防治技术、采收与加工技术。

2. 熟悉常见根茎类、全草类、皮类、花类、种子果实类、菌类药材的基原、道地产区、生物学特征。

第一章 绪 论

学习目标

知识要求

1. **掌握** 药用植物栽培技术和中药材规范化种植的概念。
2. **熟悉** 中药材规范化种植的全流程。
3. **了解** 中药材质量溯源的概念与发展情况。

实例分析

实例 2016 年，笔者一行到辽宁某药业有限公司考察公司人参收购的情况，据公司介绍，在人参生长到第四年临近采收两个月前，他们公司会安排专人到种植户的人参基地进行采样，再对样品进行相应有效成分和农药残留检测，对检测合格的人参，公司会与种植户签订收购协议进行收购，而检测不合格的则不予收购。

分析 如何有效控制中药材的成分达标，有害物质不超标？

第一节 药用植物栽培与中药材规范化种植

一、药用植物栽培技术

药用植物是指含有生物活性成分，用于防病、治病的植物。药用植物所含的生物活性成分是中医药学的物质基础。

药用植物栽培技术是研究药用植物生长发育、产量和品质形成规律及其与环境条件的关系，并在此基础上采取栽培技术措施以达到稳产、优质、高效为目的的应用性技术，其研究对象是各种药用植物的群体。药用植物栽培是作物栽培的一个分支。由于生产目的、产品的质量要求、栽培技术以及经营方式的特殊性，药物植物栽培技术已成为独具特色的新兴学科。

二、中药材规范化种植

《中药材生产质量管理规范》（中药材 GAP）是中药材生产和质量管理的基本准则。该规范于 2002 年 4 月 17 日由原国家药品监督管理局发布，自 2002 年 6 月 1 日起施行。随后，2003 年 9 月 19 日国家食品药品监督管理局发布《中药材生产质量管理规范认证管理办法》，自 2003 年 11 月 1 日实施。

中药材规范化种植是一项从保证中药材质量出发，控制中药材生产和质量的各种影响因子，以大量的实验数据为基础制定生产标准操作规程，规范中药材生产全过程，以保证中药材真实、安全、有效及质量稳定可控而制定的规范化种植操作规程。

你知道吗

2016 年 2 月 16 日，CFDA（国家食品药品监督管理总局，现为国家药品监督管理局）通过官网宣布，依据国务院印发《关于取消 13 项国务院部门行政许可事项的决定》（国发〔2016〕10 号），规定取消对中药材 GAP 的认证。GAP 认证已取消，但国家药品监督管理局依旧在对中药材 GAP 实施备案管理，意味着将着力从源头抓中药材产业，优化源头的生产和管理。

第二节　中药材规范种植的全流程

一、概述

中药材规范化种植的全流程是指从中药材的种子到商品药材的整个生产过程。具体是从中药材规范化种植所需的环境检测、生产基地选择开始，经品种选定、播种或育苗移栽、田间管理、产地初加工，直至形成商品药材为止的全过程。

请你想一想

中药材规范种植的全流程中，基地选定与品种选定是否可以调换？

二、中药材规范化种植的关键技术

中药材规范化种植的核心目标是确保种植出来的中药材质量稳定、安全、优质、高效。为实现这一目标，中药材规范化种植的关键技术主要包括以下几个方面：一是正确的基原，一定要是《中华人民共和国药典》收载的原植物；二是适宜的生态条件，优先选择道地产区；三是病虫草害的科学防治，不能使用在规定禁用的农药；四是合理的采收时期和科学的产地初加工技术。

但由于中药材种类很多，不同药材的生产关键技术有一定的差异，因此要根据品种、产地等因素制定关键技术。

三、中药材质量溯源

（一）中药材质量溯源的背景

中药材质量可追溯体系的概念最早是于 2010 年 11 月在 "第三届中医药现代化国际科技大会" 上提出的。2012 年 10 月，国家多个部委联合颁布了《关于开展中药材流通追溯体系建设试点的通知》，将中药材质量可追溯体系的建设提高到了国家战略高度。2017 年 7 月 1 日，我国首部《中华人民共和国中医药法》正式实施，该法明确表示，国家鼓励发展中药材现代流通体系，提高中药材包装、仓储等技术水平，建立中药材流通追溯体系。

（二）中药材质量溯源的概念及建设进展

中药材质量溯源就是要求中药材从种植基地、集中仓储、饮片厂、消费终端等整个链条进行管控，做到流向可追、源头可溯、责任可究。

2017 年底以来，江西、河南、广西等多地都重点提到了要进一步建立中药材质量溯源体系等内容。溯源体系制度虽好，但在实施的过程中却涉及很多问题，比如药材在包装运输过程中涉及收购商混杂、溯源系统运行以及人员成本等问题，这使得很多经营者参与热情不高，而且还存在信息造假、数据缺失问题。目前关于中药材质量可追溯体系的建立已经有了积极的探索，但总体仍处于探索、尝试阶段，尚未形成最终统一的技术及信息平台；加之中药材种类多、生产周期长、流通环节多、涉及行业多、需采集的信息复杂等，所以中药材质量可追溯技术的建立和全面实施仍需要不断地尝试和积累经验。

第三节　中药材规范化种植基地建设

规范化中药材生产基地的建立，需按照中药现代化对中药材"品种与内在质量稳定、生产基地固定、种植生产规范、可持续供应"的要求。为贯彻这一指导思想，必须坚持以骨干企业为龙头，品种为中心，基地为基础，市场需求为导向，科技为依托，经济利益为纽带，以满足均衡供应为目标，把中药材生产提高到一个新的水平。

一、中药材规范化种植基地的基本要求

中药材 GAP 生产基地的大气、土壤、水质是影响动植物生长发育的主要因子，也是影响产量和质量的重要因子，如果这些因子不符合要求，那么就不能进行无公害药材生产。《中药材生产质量管理规范》第二章第五条明确规定，"中药材产地的环境应符合国家相应标准：空气应符合大气环境质量二级标准，土壤应符合土壤质量二级标准，灌溉水应符合农田灌溉水质量标准；药用动物饮用水应符合生活饮用水质量标准。"因此，选择中药材 GAP 基地时，首先要对环境进行监测，结果符合要求者才能作为中药材 GAP 生产基地。

二、中药材规范化种植规程的制订

各生产基地根据各自的生产品种、环境特点、技术状态、经济实力和科研实力，制定出切实可行、达到 GAP 要求的方法和措施，这就是标准操作规程（standard pperating procedure，SOP）。SOP 是由各中药材生产基地按照中药材 GAP 的要求制订的，关于某种中药材生产加工全过程的详细操作规定，是生产管理人员必须遵循的行为准则。其根本目的在于将中药材 GAP 的要求细化，落实到生产加工的每一个环节，以确保中药材质量稳定、优良。由此可见，制订和实施 SOP 是中药材 GAP 基地的首要任务，是确保中药材质量的根本环节。

SOP 的制定是在总结前人经验的基础上，通过科学研究、技术实验，并经过生产实践证明操作的可行性，具有科学性、完备性、实用性和严密性。SOP 的制订要体现传统与创新相结合，既要立足于传统经验，又要融入现代科学研究、科学方法。特别

是那些道地药材，其生产加工经验是在长期的栽培实践中形成的，具有丰富的真理性，其道理虽然并不被人们所认识，但是也是不能随意改变的，若要改变必须要有充分的科学根据。另一方面，也应意识到，传统经验并不一定十分可靠和完美，归根结底它是当时科学技术水平的产物，还可能存在不足甚至谬误，因此需要通过科学研究加以提升、发展。SOP 的制订还要体现可行性原则，不能脱离农业生产的现状和我国的国情，否则不具有实际的应用价值和可操作性。

应注重研究和制定的 SOP 有以下几个方面：农业环境质量现状、评价及动态变化；药用动物、植物的生物学特性及良种选育与复壮等；物种鉴定及种子、种苗标准；栽培技术经验总结及优化组合；病虫害种类、发生规律及综合防治方法；农药使用规范及安全使用标准；农药最高残留及安全间隔期的确定；肥料的合理使用及农家肥的无害化处理；药用植物专用肥的研制；活性成分和指标成分的积累动态及最佳采收期的确定；药材采收、产地加工方法；药材质量的检测与认证（国家标准与企业标准）；药材的包装、运输与贮藏；文件档案的建立与管理等。

目标检测

一、单项选择题

1. 规范中药材种植全流程的规范简称是（　　）。
　　A. GAP　　　　　　　B. GCP　　　　　　　C. DLP　　　　　　　D. GSP
2. （　　）不是中药材规范种植的关键技术。
　　A. 正确的基原　　　　　　　　　　B. 适宜的生态条件
　　C. 合理的采收时期　　　　　　　　D. 不施化肥和农药
3. 下列（　　）不是中药现代化对中药材的基本要求。
　　A. 品种与内在质量稳定　　　　　　B. 生产基地固定
　　C. 种植生产规范　　　　　　　　　D. 产量高
4. 在中药材规范化种植过程对环境质量一定要求，对于土壤要求达到（　　）。
　　A. 土壤质量一级标准　　　　　　　B. 土壤质量二级标准
　　C. 土壤质量二级标准　　　　　　　D. 土壤质量特级标准

二、问答题

1. 为什么要开展和推广中药材规范化种植技术？
2. 中药材质量溯源具体包括哪些环节？

书网融合……

📝 划重点

📖 自测题

PPT

▶▶ 第二章 中药材规范化种植与生态适宜性

学习目标

知识要求

1. **掌握** 土壤质地类型、特点；土壤养分、水分的类型和土壤质地的判断；土壤样品的采集与处理；土壤养分、水分、pH 的测定。

2. **熟悉** 药用植物生长发育过程、年生长周期、生长的相关性；药用植物生长发育与生态因子的关系；土壤有机质的作用。

3. **了解** 温度、湿度、光照、降水量等气象数据的采集与处理。

能力要求

1. 能根据药用植物生长发育特性，正确选择栽培的生态环境并实行科学管理。

2. 正确选择生态环境，并实行科学管理，了解提高药材的产量与质量的方法。

☞实例分析

实例 作为公司的中药材种植基地员工，目前公司承包了一片土地，请你对基地药材进行布局。

分析 根据基地的哪些因子选择适于基地生长的药材品种？如何选择？

第一节 药用植物生长发育

药用植物的生长和发育是药用植物生命过程中的两个方面。生长是指药用植物体积和重量的增加；发育的指药用植物形态、结构、机能的一系列变化。了解药用植物的生长发育特性及环境因素的影响，是中药材栽培中的一个重要方面。

你知道吗

我国中药材栽培的规模

据 2018 年统计，全国已有 600 多个中药材生产基地，药材生产专业合作社 1.3 万个，中药材专业户达34万户，种植面积达3300多万亩；民族地区药材种植面积占全国的11%，收购量占全国的20%。家种药材产量最大的品种依次为地黄、山药、茯苓、党参、当归等。药用植物栽培面积最大的省份是四川省，其次为陕西省、甘肃省和河南省。家种药材生产量最大的省份是甘肃省，主要为当归和党参等。

随着国家"中药现代化研究与产业化行动"的推进和中药材GAP的实施，在全国范围内已先后建立了180多种药用植物的规范化生产基地。

一、药用植物的生长发育特点

（一）药用植物生长发育过程

不同的药用植物，其生长发育过程各不相同，前期以营养器官（根、茎、叶）生长为主，称为营养生长，后期以生殖器官（花、果、种子）的生长发育为主，称为生殖生长。一般可划分为四个阶段。

1. 幼苗期 无论是用种子繁殖（有性繁殖）还是利用营养器官繁殖（无性繁殖），其最初都有一个幼苗生长阶段。此时植株较小，根系不发达，对外界适应能力弱，高温、霜冻、冷害、强光、干旱等易使植株死亡。栽培上常需采用搭棚遮阴、覆盖保温等措施。

2. 成株期 经过幼苗阶段的缓慢生长后，植株生长明显加快，根、茎、叶等营养器官生长迅速，在成株期的后期，其光合产物已有剩余，逐渐转化为养分积累，形成膨大的块根、块茎、鳞茎、球茎等贮藏器官，或逐渐转化形成生殖器官（花芽）。

3. 开花期 植物生长到一定阶段，在外界因素（如温度、光照等）诱导下形成花芽，然后变成花蕾，开花。花蕾开花到受粉受精的过程对外界因素极为敏感，温度过高或过低、干旱、光照不足等都会影响花蕾开放和受精，引起落花。大多数植物靠风传粉受精（风媒），亦有靠昆虫传粉者（虫媒）。

> **请你想一想**
>
> 开花期，植物靠风传粉受精（风媒）的有哪些？靠昆虫传粉者（虫媒）的有哪些？

4. 结果期 开花受精后，由子房膨大形成果实。在结果期也需适宜的温度和较充足的阳光，否则易落果。

植物开花以后，则进入生殖生长，此时大量光合产物转化为果实和种子的养分，营养生长明显变慢。

（二）药用植物的年生长周期

药用植物中大部分为多年生，多年生药用植物具有年生长周期现象。从播种到收获需要较长时间，如人参、黄连需6年，山茱萸、杜仲等需5~10年。

一个植物体从合子经种子发芽，进入幼年期、成熟期，形成新合子的过程，称为植物的生命周期。根据周期不同可把植物分成以下几种。

1. 一年生植物 种子植物在播种当年内完成从萌发、生长、开花、结果、植株衰老死亡的全过程，如薏苡、红花等。

2. 二年生植物 种子植物则在两年内完成其生命历程，经过第一年的营养生长后，再经过一个冬季的休眠，到第二年抽薹开花、结果至衰老死亡，如当归、菘蓝等。

3. 多年生植物 种子植物的生命在两年以上，每完成一个从营养生长到生殖生长的周期需要经历两个以上的冬季（休眠）。多年生草本植物的地上部分每年开花结果之后枯萎而死，而地下部分的根或根状茎、鳞状茎、块茎则可在第二年又萌发生长形成新植株，存活多年。如人参、贝母、延胡索等。其中有一部分多年生木本植物在第二年春季萌发新枝；还有一部分多年生草本植物能保持四季常青，该类植物每年通过枝端和根尖生长维持形成层生长连续增大体积。多数多年生植物一生中每年都重复大致相同的过程：萌发、生长、开花、结果、休眠，每年形成一个生长周期。少数植物一生只开花结果一次，如天麻等。也有个别植物一年多次开花，如忍冬等。

一年生和二年生植物之间，或二年生与多年生植物之间，有时是不容易截然区分的，如菘蓝、红花等。

（三）药用植物生长的相关性

植物体是一个有机整体，各器官的生长存在相互关联的现象，称为生长的相关性。这种关联既有相互促进的一面，又有相互制约的一面。

1. 地上部分与地下部分的相关性 地上部分的生长依赖植物发达的根系供给足够的水、营养等物质才能正常代谢，从而生长良好；地下部分的生长也需利用地上部分光合作用产物，地上部分与地下部分相互促进。但地上部分与地下部分的生长发育所需外界条件有所不同，因而也会相互抑制。例如，氮肥施用过多，丹参茎叶生长过于繁茂，则会影响地下根茎的膨大。生产上常采用调节水、肥、气、热及整枝修剪、摘心等措施，控制根部发育或抑制地上部分生长。

2. 主芽与侧芽（主枝与侧枝）的相关性 植物的顶芽生长旺盛，而侧芽生长缓慢或潜伏不萌，这种现象称为顶端优势。顶端优势产生的原因是顶芽产生的生长素积累在侧枝侧芽部位，使其生长素浓度过高而抑制了其生长。由于顶端优势的存在，因而主茎比侧枝长得快。生产上常采用打顶、摘心等方法抑制顶端优势，促进侧枝、侧芽的生长。

植物的主根与侧根也有类似顶端优势现象，药用植物多利用主根顶端优势，摘除侧根，以促进主根伸长肥大，如附子、白芍的修根。

3. 营养器官与生殖器官的相关性 营养器官与生殖器官也存在着相关性。营养器官生长良好、光合产物多，可为花和果实的生长输送大量养分，促进生殖器官的生长；另一方面，生殖器官产生的一些物质对营养器官的生长也有一定促进作用。但是，营养器官与生殖器官也存在着相互抑制。当茎叶生长过于繁茂时，则光合产物大量用于茎叶生长，会导致花期延迟、开花结果减少、种子不饱满等；反之，植物的开花结果会消耗大量养分，抑制营养器官的生长和膨大。尤其是根和根茎类药材，生产上常采用摘蕾、摘花薹等方法，促进地下部分的膨大。

二、药用植物生长与发育的调控

药用植物生长发育与生存条件是辩证统一的，生存条件又是经常变化的。在不同的环境下，同种药用植物及其形态结构、生理、生化及新陈代谢等特征不一样；相同环境对不同药用植物的作用也不相同。了解药用植物栽培与环境条件的辩证统一关系，对获得高产、稳产、优质、高效的中药材是极其重要的。

诸多生态因子对药用植物生长发育的作用程度并不相同，其中光照、温度、水分、养分和空气等是药用植物生命活动不可缺少的，缺少其中任何一项，药用植物就无法生存，这些因子称为药用植物的生活因子。除生活因子以外，其他因子对药用植物也有直接或间接的影响作用。

药用植物各生态因子之间是相互联系、相互制约的，它们共同组成了药用植物生长发育所必需的生态环境，若某些因子发生改变，其他因子和生态作用也会随之发生变化。同时，各生态因子对药用植物生长发育又有其独特的作用，不能被其他因子所代替，在一定的时间、地点或生长发育的某一阶段，总有一些因素起主导作用。因此，生态因子对药用植物的影响是复杂的，往往是各因子综合作用的结果。

每一个因子对药用植物的生长都有一个最佳适宜范围以及忍耐的上限和下限，超过这个范围，药用植物就会表现出异常，造成药材减产、品质下降，甚至绝收。各种各样的药用植物，具有不同的习性，遇到的是千变万化、错综复杂的环境条件，只有采取科学的"应变"措施，处理好药用植物与环境的相互关系，让植物适应当地的环境条件，创造环境条件满足植物的要求，才能获得优质、高产、稳产、高效的中药材。

第二节 药用植物生产与生态因子

药用植物的生长发育是按照其固有的遗传信息进行的，但与外界环境也有密切联系，外界环境因素对植物的生长发育有重要影响。因此，了解药用植物与外界环境的关系对中药材栽培十分重要。

影响植物生长发育的外界环境因素称为生态因子，如光照、温度、水分、养分、空气等，它们对植物的影响是综合的，并且各种因素之间存在相互转化和制约的关系。

一、光照对植物生产的影响

光是植物光合作用的必要条件。植物茎叶中的叶绿体通过吸收太阳光而把 CO_2 和 H_2O 转化为有机物（葡萄糖），并且释放 O_2 的过程称为光合作用。光合作用是植物生长发育和物质积累的基础，有了光合作用产生的糖类物质，才能进一步合成构成植物必需的蛋白质、核酸、脂类等成分。另外，光可以抑制植物细胞的纵向生长，使植株生长健壮，依靠光来控制植物的生长、发育和分化称为光的形态建成。光质、光照强度及光照时间都与药用植物生长发育密切相关，影响药材的品质和产量。

植物的光合速率随光照强度的增加而加快，在一定范围内二者几乎成正相关，但超过一定范围后，光合速率的增加转慢。当达到某一光强度时，光合速率就不再增加，这种现象称为光饱和象，此时的光照强度称为光饱和点。在光照较强时，光合速率比呼吸速率快几倍，但随着光照强度的减弱，光合速率逐渐接近呼吸速率，最后达到平衡点，即光合速率等于呼吸速率，此时的光照强度称光补偿点。

（一）光照强度

不同植物的光饱和点与光补偿点各不一样，根据各种植物对光照强度的适应性，通常分阳生植物、阴生植物和中间型植物。

1. 阳生植物（喜阳植物或称阳地植物）　要求生长在直射阳光充足的地方。其光饱和点为全光照的100%，光补偿点为全光照的3%～5%。当缺乏阳光时，植株生长不良，产量低。如薏苡、地黄、枸杞、北沙参、菊花、红花、芍药、山药、龙葵、知母等。

2. 阴生植物（喜阴植物或称阴地植物）　不能忍受强烈的日光照射，喜欢生长在阴湿的环境或树林下，光饱和点为全光照的10%～50%，而光补偿点为全光照的1%以下。如人参、西洋参、石斛、黄连、三七、细辛、淫羊藿等。

3. 中间型植物（耐阴植物）　处于喜阳和喜阴之间的植物，在日光照射良好环境能生长，在微荫蔽情况下也能较好地生长。如麦冬、豆蔻、款冬、天门冬、紫花地丁、莴苣等。

在自然条件下，药用植物生长发育时，接受光饱和点（或略高于光饱和点）左右的光照越多，时间越长，光合积累也越多，生长发育也最佳。一般情况下，光照度低于光饱和点，则光照不足；光照度略高于补偿点时，植物虽能生长发育，但品质不佳，产量低下；如果光照度低于光补偿点，植物不但不能制造养分，还会消耗养分。因此，在生产上应注意合理密植，保证透光良好。

在自然界，药用植物各部位受光照的程度是不一致的。通常植物体外围茎叶受光照程度大（特别是上部和向光方向），植株内部茎叶受光照的程度小。田间栽培的药用植物是群体结构状态，群体上层接受的光照度与自然光基本一致（遮阴栽培或保护地栽培时，群体上层接受的光照度也最高），而群体株高的2/3到距地面1/3处接受的光照度则逐渐减弱。一般群体株高1/3以下的部位，受光强度均低于光补偿点。群体条件下受光照度问题比较复杂，在同一田间，植物群体光照度的变化因种植密度、行的方向、植株调整以及套种、间种等不同而异。光照度的不同，直接影响光合作用的强度，随着光照强度的增加而加快。光照不足会导致叶绿素含量下降而使叶色变浅或黄化；但光照过强则会使植物体内热而灼伤叶片、嫩枝。此外，不同波长的光对植物的生长发育也有不同影响，故选择农膜时需注意其颜色，一般以浅色的为好。此外，光照度也影响叶片的大小、厚薄，茎的节间长短、粗细等。这些因素都关系到植株的生长及产量。因此，群体条件下，种植密度必须适宜。某些茎皮类入药的药材（如麻类植物），种植时可稍密些，使植株间枝叶相互遮蔽，以减少分支，使茎秆挺直粗大，从而获得产量高、质量好的茎皮。了解药用植物所需光强度等特性和群体条件下光照度分布特点，是确定种植密度和搭配间混套种植方式的科学依据。

同一植物在不同生长发育阶段对光照度的要求不同。如厚朴幼苗期或移栽初期忌强烈阳光，要尽量做到短期遮阴，而长大后则不怕强烈阳光；黄连虽为阴生植物，但生长各阶段耐阴程度不同，幼苗期最耐阴，但栽后第四年则可除去遮阴棚，使之在强光下以利于根茎生长。一般情况下，植物在开花结果阶段或块茎贮藏器官形成阶段需要的养分较多，对光照的要求也更高。

虽然光是光合作用所必需的，但光照过强时，尤其是炎热的夏季，光合作用会受到抑制，光合速率下降。如果强光时间过长，甚至会出现光抑制现象，使光合系统和光合色素遭到破坏。低温、高温、干旱等不良环境条件会加剧光抑制的危害。因此，在药用植物栽培上应特别注意防止多种胁迫因子的同时出现，最大限度地减轻光抑制。

（二）光周期

植物随自然界日照长度（每天的日照时数）的季节性变化而变化的现象称为光周期。自然界光照长度周期性变化对植物生长发育具有重要影响。影响植物的花芽分化、开花、结果、分枝习性以及某些地下器官（块茎、块根、球茎、鳞茎等）的形成。植物对于白天和黑夜的相对长度的反应，称光周期现象。植物在生长季节，特别是由营养生长向生殖生长转化之前，通常需要一定天数一定日照长度的光照，否则不易形成花芽，植株滞留在营养生长阶段，故日照时数长短对药用植物的发育是重要的影响因素。

按照诱导植物花芽形成所需的日照长度，植物可分为长日照植物、短日照植物、中间型植物三类。

1. 长日照植物　日照必须大于某一临界日长（一般 12～14 小时以上），或者暗期必须短于一定时数才能成花的植物。如红花、木槿、当归、牛蒡、萝卜、紫菀等。

2. 短日照植物　日照长度只有短于其所要求的临界日长（一般 12～14 小时以下），或者暗期必须超过一定时数才能成花的植物。如紫苏、菊花、穿心莲、苍耳、大麻、龙胆等。

3. 中间型植物　对光照时间没有严格要求，任何日照下都能开花的植物。如曼陀罗、颠茄、千里光、红花、蒲公英、地黄等。

此外，还有一些植物，只能在一定的日照长度下开花，延长或缩短日照时数都抑制其开花，称为中日性植物（或限光性植物）。如某些甘蔗品种，只有在日照 12.5 小时下才能开花。植物成花的光周期反应与植物地理起源和长期适应于生态环境有密切关系。寒带植物多属于长日照植物，其自然成花多在晚春和初夏；热带和亚热带植物多属于短日照植物，成花期有些在早春，有些则在夏末或初秋日照较短时；中间型植物可在不同的日照长度下成花，它们的地理分布受温度等其他条件的限制。

临界日长是指昼夜周期中诱导短日照植物开花所需的最长日照时数或诱导长日照植物开花所需的最短日照时数。对长日照植物来说，日照长度应大于临界日长，即使是 24 小时日照也能开花；而对于短日照植物来说，日照时数必须小于临界日长才能开花，然而日照太短也不能开花，植物可能会因光照度不足而成为黄化植物。

植物只有在其自身发育到一定生理阶段时才能感受光周期的诱导而开始花原基的分化。多数植物在达到这一生理阶段时必须经过一段时期的光周期诱导，并非简单的短期诱导就能引起开花。

光周期不仅影响药用植物花芽的分化与开花，同时也影响药用植物器官的形成。如慈姑、荸荠球茎的形成要求有短日照条件，而洋葱、大蒜鳞茎的形成要求有长日照条件。另外，如豇豆、红小豆的分枝、结果也受到光周期的影响。

认识和了解药用植物的光周期反应，在药用植物栽培中具有重要作用。在引种过程中，必须考虑所要引进的药用植物在当地的光周期诱导下能否及时地生长发育、开花结果；栽培中应根据药用植物对光周期的反应确定适宜的播种期；通过人工控制光周期，提早或延迟开花，在药用植物育种工作中具有重要作用。

你知道吗

植物名称趣谈

我国植物种类繁多，有三万种左右，其中有些植物的名称非常形象生动。

1. 根据植物的某些特征取名。如聚合瘦果上有羽毛状花柱的白头翁，犹如白发苍苍的老翁，所以被称为白头翁。

2. 根据植物颜色差异取名。菊科的墨旱莲，茎折断时，会流出墨黑色的汁液。

3. 根据味道不同而取名。有苦参、甘草、五味子等。

4. 根据生长季节取名。如夏枯草、半夏等。

5. 根据产地取名。如甘肃山楂、北京丁香等。

6. 有的植物是用数字取名的。如一叶兰、二色补血草、三棱箭、四季海棠、五色梅、六月雪、七叶一枝花等。

7. 有些花草名称和禽鸟有关。如鸡冠花（花穗似鸡冠）。

8. 有些植物名前加洋、番、胡等字。如西洋参、番红花、番石榴、胡椒等，多为从国外引进的。

二、温度对植物生产的影响

（一）药用植物对温度的要求

温度是植物生长发育的重要环境因子之一，每种药用植物的生长发育都是在一定温度范围内进行的，都有温度"三基点"——最高温度、最适温度、最低温度。超过最高和最低温度范围，植物生理活动会停止，甚至全株死亡。植物处于最适温度的时间越长，对其生长发育越有利。了解每种药用植物对温度适应的范围及其与生长发育的关系，是确定生产分布范围、安排生产季节、获取优质高产药材的重要依据。

药用植物种类繁多，对温度的要求也各不一样，依据药用植物对温度要求不同而分为耐寒植物、半耐寒植物、喜温植物、耐热植物四类。

1. 耐寒植物 一般能耐 -2 ~ -1℃的低温，短期内可以忍耐 -10 ~ -5℃低温，同化作用最适温度为 10 ~ 20℃。如人参、百合、平贝母、细辛、大黄、羌活、五味子、刺五加等。特别是根茎类药用植物在冬季，地上部分枯死，地下部分越冬仍能耐0℃以下，甚至 -10℃的低温。

2. 半耐寒植物 通常能耐短时间 -2 ~ -1℃的低温，同化作用最适温度为 17 ~ 23℃。如菘蓝、萝卜、黄连、知母、枸杞等。在长江以南可以露地越冬，在华南各地冬季可以露地生长。

3. 喜温植物 种子萌发、幼苗生长、开花结果都要求较高的温度，同化作用最适温度为 20 ~ 30℃，花期气温低于 10 ~ 15℃则不宜受粉或落花落果。如枳壳、川芎、颠茄、金银花等。

4. 耐热植物 生长发育都要求温度较高，同化作用最适温度多在30℃左右，个别药用植物可在40℃正常生长。如槟榔、冬瓜、丝瓜、南瓜、砂仁、苏木、罗汉果等。

药用植物在不同的生长阶段，对温度的要求亦有差别。一般种子萌发和幼苗需温度稍低，营养生长期温度则逐渐增高，在生殖生长期也需较高温度。了解药用植物各生育时期对温度要求的特性，是合理安排播种期和科学管理的依据。

（二）温周期和春化作用

1. 温周期 植物随季节和昼夜温度的周期性变化而变化的现象称温周期。在一天之中，白天温度较高，有利于植物进行光合作用积累物质；夜晚温度略低，有利于减弱呼吸作用而降低消耗，因此，适宜的昼夜温差对植物生长有利。但是温差过大，也会使植物生长不良或死亡。

2. 春化作用 指低温对植物生长发育的诱导作用，主要体现在一些植物需经低温刺激才能抽薹开花，例如菘蓝、当归、白芷、牛蒡子等。生产上常利用这种特性达到栽培目的，例如菘蓝春播当年不会开花，可获得较理想的根，而秋播则可采收种子。

植物春化作用有效温度在 0 ~ 10℃，最适温度为 1 ~ 7℃，但因药用植物种类或品种的不同，各种植物所要求的春化作用温度也不同。另外，不同药用植物对春化作用的低温所要求持续的时间也不一样。在一定范围内，冬性越强，要求的春化温度越低，春化天数也越长。药用植物通过春化的方式有两种：其一是萌动种子的低温春化，如萝卜、芥菜等；其二是营养体的低温春化，如白芷、当归、牛蒡、大蒜、菊花等。萌动种子春化处理时掌握好萌动期最为关键，控制水分法是控制萌动状态的一个有效方法。营养体春化处理需在植株或器官长到一定大小时进行，若没有一定的生长量，即使遇到低温，也不能进行春化作用。如：当归幼苗根重 <0.2g 时，植株对春化处理没有反应；根重 >2g 时，经春化处理后100%的抽薹开花；根重在 0.2 ~ 2g 之间，抽薹开花率与根重、春化温度和时间有关。只有正在分裂的细胞才具有春化能力。因此，营养体的春化部位主要是在生长点。在药用植物栽培生产中，应根据栽培的目的，合理控制春化的温度和时期。如在当归栽培中，若要采收药材，则要防止"早期抽薹"现象，可通过控制温度和水分，避免春化；若要采种，则需进行低温春化处理，促使其开花结果。

三、水分对植物生产的影响

水是一切生命的基础，植物的生命活动与水息息相关。植物由于蒸腾作用（指水以水蒸气的形式从叶的气孔中散失于大气中）不断散失水分，因此必须不断从土壤中吸水。蒸腾作用降低了植物的体温，促进了养分、水分的吸收和在体内的运输。

药用植物的含水量有很大的不同，一般植物的含水量占组织鲜重的 70% ~ 90%，水生植物含水量最高，可达鲜重的 90% 以上，有的能达到 98%，肉质植物的含水量约为鲜重的 90%，草本植物含水量约占 80%，木本植物的含水量约 70%，树干含水量为 40% ~ 50%，干果和种子的含水量为 10% ~ 15%。处于干旱地区的旱生药用植物含水量则比较低。

按照植物对水分的要求不同分为四类：旱生植物、湿生植物、中生植物、水生植物。

1. 旱生植物　能在干旱的气候和土壤环境中维持正常的生长发育，具有高度的抗旱能力。如芦荟、仙人掌、麻黄、骆驼刺以及景天科植物等。

2. 湿生植物　生长在潮湿的环境中，蒸腾强度大，抗旱能力差，水分不足就会影响生长发育，以致萎蔫。如水菖蒲、水蜈蚣、毛茛、半边莲、秋海棠以及灯芯草等植物。

3. 中生植物　对水的适应介于旱生植物与湿生植物之间，绝大多数陆生的药用植物均属此类，其抗旱能力与抗涝能力都不强。

4. 水生植物　生活在水中，根系不发达，根的吸收能力很弱，输导组织简单，但通气组织发达。水生植物又分挺水植物、浮水植物、沉水植物等。如泽泻、莲、芡实等属于挺水植物；浮萍、眼子菜、满江红等属于浮水植物；金鱼藻属于沉水植物。

除了水生药用植物要求有一定的水层外，其他药用植物主要靠根系从土壤中吸收水分。当土壤在适宜的含水条件下，根系入土较深，构型合理，生长良好；在潮湿的土壤中，根系不发达，多分布于浅层土壤中，易倒伏，生长缓慢，而且容易导致根

系呼吸受阻，滋生病害，造成损失；在干旱条件下，植物根系将下扎，入土较深，直至土壤深层。因此，在药用植物栽培过程中要加强田间水分管理，保证根系的正常生长，从而获得优质、高产药材。

四、养分对植物生产的影响

（一）植物所需的营养元素

药用植物的生长和产量形成都需要有营养保证，药用植物所需营养主要来自土壤、

肥料和空气。药用植物必要营养元素有 16 种，即碳、氢、氧、氮、磷、钾、钙、镁、硫、铁、锰、硼、钼、铜、锌、氯，有了这 16 种元素，药用植物一般能正常地生长发育。前 9 种元素需要量大，称为大量元素；后 7 种元素需要量小，称为微量元素。另外，其他一些元素（如钠、氟、碘、硅、锶等）对一些植物的生长也是有益的。

药用植物生理活动需要的元素较多，但大多数元素能从环境中得到满足，因而一般不需要另外追加。在必要元素中，药用植物最易缺乏的是氮、磷、钾，通常称之为"营养三要素"，氮肥、磷肥、钾肥称为"肥料三要素"。

1. 氮　占植物干重的 1%～3%，是植物体内许多重要有机化合物的主要成分，如氨基酸、蛋白质、核酸、酶及大多数植物激素。它对植物生命活动有重要影响，称为"生命元素"。

缺氮时，植物体内多种代谢受到影响，叶绿素含量降低而影响光合作用，蛋白质的合成受阻碍而导致细胞分裂减少，使生长停止。缺氮的形态表现是：植株矮小、叶色浅绿或黄化，尤其是下部叶片，易枯死脱落。但是，过多的氮素也会带来不良影响，此时光合产物大量用于合成蛋白质、叶绿素等，致使茎叶生长过快，植株柔软而易倒伏，植株汁液多，鲜嫩而易感病虫害，开花期延迟或开花减少及种子不饱满而影响果实、种子产量，尤其是根和根茎类药材，过多的氮使根或根茎不易膨大。氮素含量也影响植物有效成分含量，如薄荷施氮肥过多时，薄荷油含量下降。

2. 磷　是植物体内许多重要化合物的成分，如核酸、磷脂、高能磷酸化合物及一些激素，这些化合物对植物的生长发育、遗传变异、能量传递等极为重要，故通常将磷称为"能量元素"。

药用植物缺磷时，会使其生长发育受阻，表现为植株生长迟缓、矮小、瘦弱、直立、分枝少、果实细小。磷对根、根茎、花、果实、种子类药材尤为重要，可促进根、根茎、果实、种子的发育膨大。磷还能提高植物的抗逆性，如抗旱、抗寒、抗盐碱的能力。

3. 钾　植物体内的钾主要以离子态存在细胞质和液泡中。钾是许多酶的辅酶或活化剂，对植物代谢有重要作用。

药用植物缺钾会引起生长迟缓，严重时叶缘变黄变褐，焦枯似灼烧状。如丹参缺钾时，老叶叶缘有大褐斑。钾可促进根及根茎的发育，故对根及根茎类药材非常重要。钾对花、果实和种子的发育也有一定促进作用。钾还能消除氮、磷过多带来的不良影响，并能提高植物的抗逆性。

除了氮、磷、钾外，药用植物生长发育还需要一定量的微量元素。不同的药用植物所需微量元素的种类和数量也不一样。药性功效相似的药用植物，所含微量元素的量有共性。每一种道地药材都有几种特征性微量元素图谱，不同产地同一种药材之间的差异与生长环境、土壤中的化学元素含量有关。适量施用微量元素能有效地提高药材的质量和产量，如施用硫酸锌可以提高丹参的产量；施用钼、锌、铁、锰等微量元素可使党参获得增产。但微量元素施用量过多也会产生毒害作用。因此，在栽培中施用微量元素时应根据土壤中微量元素种类和不同药材的需求进行合理施用。

（二）药用植物吸收养分的特点

1. 选择性吸收　植物对养分的吸收具有选择性。植物对同一种盐的阴阳离子吸收不等，如土壤中施用硫酸铵 $[(NH_4)_2SO_4]$，则植物吸收的铵离子（NH_4^+）多于硫酸根离子（SO_4^{2-}），易使土壤酸化；反之，施用硝酸钾（KNO_3）则植物吸收的硝酸根（NO_3^-）离子多于钾离子（K^+），易使土壤碱化。对同一类肥料，不同植物吸收的形态亦有所不同，如西洋参更易吸收 NH_4^+ 而不易吸收 NO_3^- 离子，而毛花洋地黄则相反，更易吸收 NO_3^- 而不易吸收 NH_4^+。

> **请你想一想**
>
> 药用植物在缺乏哪种元素时会引起生长迟缓，严重时叶缘变黄变褐，焦枯似灼烧状等现象？

2. 阶段性吸收　植物在生长发育的各个阶段，对养分的需求不同。例如川芎，越冬前应以追施氮肥为主，对磷、钾的需求量不大，但越冬后应增加磷、钾肥，以促进块茎的膨大。需要指出的是，有些植物对某种元素的最大吸收量时期并不一定是最大利用量时期。

五、空气和风对植物生产的影响

（一）空气

空气中含有氧气、二氧化碳、氮气等气体。

1. 氧气（O_2）　植物的生命活动需要消耗大量能量，这主要由呼吸作用来提供。植物细胞主要通过有氧呼吸获得能量，即在 O_2 的参与下，将体内有机物分解，释放能量（主要为 ATP）。植物缺氧会导致呼吸作用减弱或停止，使植物枯萎死亡。

对于陆生植物而言，土壤的通气程度不仅影响到根部的呼吸作用，进而影响到根对养分、水分的吸收，还影响到土壤微生物的生长和对土壤养分的分解和转化，间接影响植物的生长发育。当土壤积水时，根的呼吸作用减弱，养分不易转化为植物可利用的形态，植株易窒息死亡和烂根。

2. 二氧化碳（CO_2）　是光合作用的必要物质，而光合作用是绿色植物物质积累的起点。因此，空气中的 CO_2 浓度对植物生长发育亦有重要影响。空气中有较多的 CO_2，一般不需另外供给。

3. 氮气（N_2）　豆科植物的根瘤菌及土壤中的固氮菌能够吸收和转化空气中的 N_2，成为植物氮素营养的重要来源。大部分植物不能直接利用 N_2，一般也不需要另外供给。

此外，空气中的一些废气（如 SO_2、HF 等）常对植物造成危害。

（二）风

风对各地气候特点的形成有很大影响，直接或间接地影响药用植物的生长发育。我国受季风影响，夏季来自低纬度的海洋气流，形成了湿热多云雨的天气；冬季来自高纬度陆地气流，造成晴朗、寒冷、干燥的天气。风能促进土壤蒸发和植物蒸腾作用，降低土壤和植物的温度，还能传播花粉和种子。风也会传播病虫害，损伤茎、叶，引起落花落果。有的地区夏季可出现干热风，造成旱害。生产上可营造防风林，设置风障、棚架等降低风害。

第三节　药用植物生产与土壤适宜性

　　土壤是植物重要的生活环境，除了少数寄生和漂浮的水生药用植物外，绝大多数药用植物生长在土壤中，土壤是药用植物栽培的基础，是药用植物生长发育所必需的水、肥、气、热的供给者。土壤的这些条件相互影响，相互制约。如水分多了，土壤的通气性就差，有机质分解慢，有效养分少，而且容易流失；相反，土壤水分过少又不能满足药用植物所需的水分，同时由于好气菌活动强烈，土壤的有机质分解过快，也会造成养分不足。各种药用植物对土壤酸碱度（pH）都有一定的要求，多数药用植物适于在微酸性或中性土壤中生长。药用植物生长发育需要有营养保证，需从土壤中吸收氮、磷、钾、钙、镁、硫、铁、锰、硼、锌、钼等养分，其中尤以氮、磷、钾的需要最多。因此，在栽培过程中应注意平衡施肥，同时重视农家肥的利用，创造良好的土壤结构，改良土壤性状，不断提高土壤肥力，以改良土壤。提供适合药用植物生长发育的土壤条件和土壤状况，对中药材的产量和质量具有重要作用。

一、土壤质地

（一）土壤分类

　　土壤固体物质大小和形态各异，称为矿物质土粒或矿质土粒，简称土粒。按土壤土粒的大小可将土粒分为砂粒、粉粒、黏粒三类。不同的土壤，三类土粒的比例不同，其特点也各异。

　　1. 砂土　土壤颗粒中直径为 0.01～0.03mm 之间的颗粒占 50%～90% 的土壤称为砂土。这类土壤砂粒较多，黏粒和粉粒相对较少。此类土壤大孔隙多，小孔隙少，通透性强，通气良好，好气性微生物活动占优势，可以促进有机质分解，有机质矿质化加快，且土壤疏松，易耕作；由于毛细管少，因而吸水力弱，水分易流失，蓄水力差，易干旱，有"夜潮"现象；因为透气性好，微生物易于生长繁殖，养分分解快，并且土粒吸附力弱，保肥性能差，发小苗不发老苗，易导致药用植物后期易脱肥早衰；这类土壤通常含水量少，因而土温易升易降，白天升温快，夜晚降温速，昼夜温差大，春季发苗早，晚秋易受冻。本类土壤黏性低，用水调和后，不能捏成团，松手即散。适宜在砂土种植的药用植物有北沙参、甘草和麻黄等。

　　2. 黏土　土壤颗粒中含直径小于 0.01mm 的颗粒占 80% 以上的土壤称为黏土。这类土壤黏粒较多，此类土壤特性与砂土相反，土壤结构致密，蓄水力强，但透气性差，易积水，不耐涝；黏性大，干时坚硬，湿时泥泞，不易耕作；有机质不易分解，吸肥力强；昼夜温差小，春季出苗晚，冬季土温高。此类土壤对大多数药用植物不宜。这类土壤用水调和后，能搓成细条并弯曲成环状而不易折断。所以，适宜在黏土中栽种的药用植物不多，如泽泻等。

3. 壤土　此类土壤介于砂土与黏土之间，是最优良的土质。壤土土质疏松，容易耕作，能较好地调和水、肥、气、热的矛盾，尤其解决了水、气矛盾。由于透水良好，又有相当强的保水保肥能力，用水调和后，手捏能成团，搓条易折断。适宜于绝大多数药用植物生长，特别是根及根茎类中药材更宜在壤土中栽培，如地黄、山药、人参、黄连、当归、丹参等。

（二）土壤改良

1. 重黏土和重砂土的改良　重黏土的主要特点是土质黏重，结构紧密，耕作困难。同时，土壤缺乏有效养分，尤其是磷。但土层较厚，且能保水保肥。针对这类土壤的缺点，可采用深耕改土，合理轮作，增施有机质肥料，种植绿肥，适当施用石灰，以改良土壤养分状况，也可采用掺砂，改良土壤质地。

重砂土的主要特点是松散、瘦、保水保肥能力差。采用植树种草、增加地面覆盖、种植绿肥、增施有机肥料等措施，防止风沙危害，是提高土壤肥力的根本措施；选种抗风沙植物，合理耕作，增施有机肥，适时合理播种，全面提高土壤肥力。

2. 盐碱土的改良　盐碱土又称盐渍土，主要分布于华北、西北及东北西部和东南海滨地区。根据含盐种类和酸碱度不同，可分为碱土和盐土两类。碱土主要含碳酸盐和重碳酸盐，呈碱性或强碱性，pH 达 $9 \sim 10$，有机质被碱溶解，常遭淋失，严重破坏土壤肥力；盐土主要含氯化物和硫酸盐，呈中性或弱碱性。盐碱土的通透性和耕作性能都很差，耕作十分困难。

改良盐碱土应采用以水肥为中心，因地制宜、综合治理的措施。其方法是：种植绿肥，植树造林，以降低风速，减少地面蒸发，减轻和抑制土壤返盐；精耕细作，合理灌溉，增施有机肥料，选种耐盐碱植物；开沟排水，泡田洗盐，淡化耕作层，种植水稻边改良边利用。此外，配合施用化学改良物质如石膏、磷石膏、硫酸亚铁等，降低土壤碱性。

3. 红壤的改良　我国红壤主要分布于长江以南地区，地处热带和亚热带，雨量充沛，日照充足，林木生长繁茂，有机质增长快，分解也快，且易流失，同时因雨水多，土壤中大部分碱性物质流失，而不易流动的铁、铝等相对聚积，尤其是铝的累积造成红壤呈酸性及强酸性反应。铁、铝等成分又很容易和磷结合成难溶的状态，使土中磷的有效性降低。红壤由于风化作用强烈，岩石矿物大部分分解成很细的黏粒，使土壤结构不良，当水分多时，土粒吸水分散成糊状；干旱时水分容易蒸发散失，土壤变得紧实坚硬。

针对红壤存在的不良性状，可采用以下措施进行改造利用：种植绿肥，增施有机肥料，提高保水保肥能力；施用磷肥和石灰，改善土壤性状，改良土壤结构；选择适宜植物进行合理轮作，用养结合，提高土壤肥力。此外，大面积利用和改良红壤，还必须把治山、治水结合起来，做好水土保持。

二、土壤有机质

土壤的有机质来源于动植物、微生物残体和人工施入的有机肥料。土壤有机质是土壤肥力的核心，是评价土壤肥力的重要指标。

（一）土壤有机质是植物养分的主要来源

有机质含有植物所需的全部营养元素，如碳、氢、氧、氮、磷、钾、钙、镁及多种微量元素。土壤有机质经微生物分解和各种矿化作用，易转化为可被植物吸收的形态，满足植物生长发育的需要。由于药用植物的种类不同，故吸收营养的种类、数量、相互间比例等也是不同的。从需要氮、磷、钾的量上看，有喜氮的药用植物，如薄荷、紫苏、地黄、藿香、荆芥等；有喜磷的药用植物，如枸杞、五味子、薏苡、补骨脂、荞麦等；有喜钾的药用植物，如甘草、人参、黄芪、黄连、山药、麦冬、芝麻等。

药用植物各生长发育时期所需营养元素的种类、数量和比例也不一样。以花果入药的药用植物，幼苗期需氮较多，磷、钾就可少些；进入生长期后，吸收磷的量剧增，吸收氮的量减少，如果在后期供给大量的氮，则茎叶徒长，会影响开花结果。以根和根茎入药的药用植物，幼苗期需要比较多的氮（但丹参在幼苗期比较忌氮，应少施氮肥），以促进茎叶生长，但不宜过多，以免徒长，此外还要施加适量的磷以及少量的钾，到了根茎器官形成期则需要较多的钾，适量的磷和少量的氮。

（二）土壤有机质能提高土壤蓄水保肥能力

新鲜有机质经分解和转化可形成腐殖质。腐殖质是一类复杂的高分子有机化合物（如胡敏酸、富里酸等），它与土粒紧密结合，贮藏于土壤中，每年只有2%～4%腐殖质分解，成为植物氮素营养的一个来源。腐殖质又是亲水的胶体，能够吸附大量水分，故可增加土壤的保水蓄水能力。腐殖质含有多种功能基团（如羧基、羟基等），可以吸附大量的阳离子和一部分阴离子，使之不易流失，因而也增强了土壤的保肥能力。

（三）土壤有机质能改善土壤的物理性质

腐殖质是良好的胶结剂，其黏性介于砂粒和黏粒之间，可增强砂土的黏性，降低黏土黏性，可使土粒胶结成对水稳定性好的团粒结构，使得土壤大小孔隙比例适度，从而使土壤水、肥、气、热处于良好状态。腐殖质还会使土壤变黑而增大土壤吸热量，从而提高土温。

在药用植物的规范化栽培中，应根据药用植物的营养特点及土壤的供肥能力，确定施肥种类、时间和数量。施用肥料的种类应以有机肥为主，根据不同药用植物生长发育的需要有限度地施用化学肥料。

三、土壤养分

药用植物生长发育和产量形成需要有营养保证。药用植物生长发育所需的各种营养元素主要从土壤吸收，其来源大致为 5 个方面：土壤矿物的风化分解（除氮以外）；土壤固氮菌对空气中氮的固定；土壤中有机质分解；降雨降雪；施肥。按照这些物质能被植物吸收的早迟，土壤养分大致可分为两大类。

（一）速效性养分

此类养分是植物可利用的形态，可立即被植物吸收利用，一般为可溶性矿物和小分子有机物质。本类养分包括水溶性养分和交换性养分。水溶性养分是指溶解于土壤溶液中的养分，如 NH_4^+、NO_3^-、$H_2PO_4^-$、K^+、Ca^{2+} 及氨基酸、尿素等。交换性养分是指吸附于土粒上的养分，可通过同型电荷交换而被植物吸收。速效性养分主要来自矿物的风化、有机残体的分解及化学肥料。

（二）迟效性养分

迟效性养分指目前暂不能被植物吸收利用，需经进一步分解转化为有效态才能被植物吸收的养分，一般为难溶性矿物和大分子有机物质。本类养分主要包括土壤矿物中的一些养分和未经充分腐烂熟化的有机残体。从总体看，有机肥（农家肥）是迟效性养分，但也包含一部分速效性养分，其速效养分的多少与其腐烂熟化程度有关。

药用植物种类不同，吸收营养的种类、数量、相互间比例等也是不同的。从需肥量看，药用植物有需肥量大的，如枸杞、地黄、薏苡、大黄、玄参等；有需肥量中等的，如补骨脂、贝母、当归等；有需肥量小的，如小茴香、柴胡、王不留行等；有需肥量很小的，如地丁、石斛、夏枯草、马齿苋等。

四、土壤水分

土壤中的水分并非都能被植物吸收利用，如土壤矿物质中的一些化合水，由于与矿物质结合紧密而不能被植物吸收；又如土壤大孔隙中的水，由于吸附力小而易流失，这些水都是无效水。土壤毛细管吸水力强，其中吸附的水分不易流失，成为土壤有效水的主要来源。土壤干燥时，浇水过少，不能满足植物的需要；浇水过多，大孔隙中的水易流失而成为无效水，并且易使土壤通气不良，使植物窒息、烂根或死亡。

土壤含水量通常用水重百分数表示，即是水重占烘干土重的百分数：

$$水重（\%）=[（湿土重-烘干土重）÷烘干土重]×100\%$$

五、土壤酸碱度

土壤的酸碱度对药用植物的生长发育有直接或间接影响。不同植物对 pH 的要求不同，大多数植物适宜微酸性或中性（pH 5.0~6.0）土壤。但有一些植物耐酸，如荞麦、肉桂、白木香、萝芙木、槟榔、黄连等；也有一些植物耐碱，如枸杞、红花、甘草、土荆芥等。pH 还影响土壤养分的供应形态，从而影响植物对养分的吸收，一般 pH 在 5.5~7.0 植物吸收氮、磷、钾最多。在强酸（pH<5.0）或强碱（pH>9.0）环境中，土壤中的铝溶解度增大而易引起植物中毒；也不利于土壤中有益微生物的活动。另外，土壤 pH 的变化与病虫害的发生也是有关联的，一般酸性土壤中立枯病较重。

不同地区土壤的 pH 有一定范围，但大多数土壤的 pH 在 5.5~7.5 之间，小于 5.0 或大于 9.0 的土壤是极少的。土壤 pH 与土壤自身特性有关，但也受植物种类、灌溉、施肥等影响。总之，选择或创造适宜于药用植物生长发育的土壤 pH 是获得优质高产的重要条件。

实训一 土壤样品的采集与处理

一、实训目的

掌握土样采集的方法。
了解土样处理方法及过程。

二、实训器材

土钻、小土铲、米尺、布袋（盐碱土需用油布袋）、标签、铅笔、土筛、广口瓶、天平、胶塞（或圆木棍）、木板（或胶板）等。

三、实训内容

（一）土壤样品的采集

1. 采样时间 土壤中有效养分的含量随季节的改变而有很大变化。分析土壤养分供应情况时，一般都在晚秋或早春采样。同一时间内采取的土样，其分析结果才能相互比较。

2. 采样方法 因分析目的和要求的不同而有所差别。

（1）选点与布点 一般应根据不同的土壤类型、地形、前茬以及肥力状况，分别选择典型地块采取混合土样，切不可在肥料堆或路边选点。混合样品实际上相当于一个平均数。借以减少土壤差异，提高样品的代表性。

混合样品的点数，从理论上讲，采样点愈多，构成混合样品的代表性愈高，但是实际上因为工作量的关系，不容易达到理论上的要求。一般小区试验可考虑 3~5 点混合。为制定大田合理施肥为目的的采样，地块面积小于 10 亩时，可取 5 点左右；面积 10~40 亩，取 5~15 点；面积大于 40 亩时取 15~20 点混合构成混合样品，布点方法用蛇形取样法进行采样。

（2）采土 采集混合样品时，每一点采取的土样，深度要一致，上下土体要一致。采土时应除去地面落叶杂物。采样深度一般取耕作层土壤 20cm 左右，最多采到犁底层的土壤，对作物根系较深的土壤，可适当增加采样深度。

采土可用土钻或小土铲进行。打土钻时一定要垂直插入土内。如用小土铲取样，可用小土铲斜着向下切取一薄片的土壤样品，然后将土样集中起来混合均匀。

如果采来的土壤样品数量太多，可用四分法将多余的土壤弃去，一般 1kg 左右的土样即够化学、物理分析之用。四分法的方法是：将采集的土壤样品弄碎混合并铺成四方形，划分对角线分成四等份，取其对角的两份，其余两份弃去，如果所得的样品仍然很多，可再用四分法处理，直到所需数量为止。

取土样 1kg 装袋，袋内外各放一标签，上面用铅笔写明编号、采集地点、地形、土壤名称、时间、深度、作物、采集人等，采完后将坑或钻眼填平。

（二）土壤样品的处理

土壤样品的处理包括风干、去杂、磨细、过筛、混匀、装瓶保存和登记操作。

1. 风干和去杂 从田间采回的土样，应及时进行风干。其方法是将土壤样品放在阴凉、干燥、通风，又无特殊的气体、灰尘污染的室内风干，把样品全部倒在干净的木板、塑料布或纸上，摊成薄薄的一层，经常翻动，加速干燥。切忌阳光直接暴晒或烘烤。在土样半干时，须将大土块捏碎（尤其是黏性土壤），以免完全干后结成硬块，难以磨细。

样品风干后，应拣出枯枝落叶、植物根、残茬等。若土壤中有铁锰结核、石灰结核或石子过多，应细心拣出称重，记下所占的百分数。

2. 磨细、过筛和保存 进行物理分析时，取风干土样 300～500g，放在木板或胶板上用胶塞或圆木棍碾碎，放在有盖底的 18 号筛（孔径 1mm）中，使之通过 1mm 的筛子，留在筛上的土块再倒在木板上重新碾碎，如此反复多次，直到全部通过为止。不得抛弃或遗漏，但石砾切勿压碎。留在筛上的石砾称重后须保存，以备石砾称重计算之用。用时将过筛的土样称重，以计算石砾重量百分数，然后将土样充分混合均匀后盛于广口瓶中，用于土壤颗粒分析及其他物理性质测定之用。

测定土壤全氮、有机质等项目的样品，还要另做如下处理：在已通过 1mm 筛孔的土样中，用四分法或多点取样法取出样品 100～200g，放入瓷研钵中进一步研磨，使其全部通过 60 号筛（孔径 0.25mm）为止。如果需要测定全磷、全钾，还需从 1mm 土样中同样取出约 20g，磨细并使之全部通过 100 号筛（孔径 0.15mm），分别混匀后，装入广口瓶中。

样品装入广口瓶后，应贴上标签，记明土样号码、土类名称、采样地点、采样深度、采样日期、采样孔径、采集人等。

瓶内的样品应保存在样品架上，尽量避免日光、高温、潮湿或酸碱气体等因素的影响，否则影响分析结果的准确性。

实训二 土壤自然含水量的测定

一、实训目的

掌握测定土壤含水量的方法。

熟悉土壤含水量测定原理。

二、实训器材与试剂

（一）实训仪器

铝盒、烘箱、干燥器、天平（感量 0.01g）、土钻、小刀、蒸发皿、火柴、滴管、量筒（10ml）。

（二）实训试剂

酒精（纯度 96% 以上）。

三、实训内容

土壤自然含水量是指田间土壤中实际的含水量，它随时在变化之中，不是一个常数。土壤自然含水量测定的方法，本实训介绍烘干法和酒精燃烧法。

（一）烘干法

1. 方法原理　将土壤样品放在 105℃ ±2℃ 的烘箱中烘至恒重，求出土壤失水重量占烘干土重的百分数。在此温度下，包括吸湿水在内的所有水分被烘掉，而一般土壤有机质不致分解。

2. 操作步骤

（1）取一干净铝盒在 1/100 天平上称重（A），并记下铝盒号码。

（2）在田间用土钻钻取有代表性的土样（0 ~ 20cm），用小刀刮去钻中浮土，挖取土钻中部土样 20g 左右，迅速装入铝盒中，盖好盒盖，带回室内（注意铝盒不可倒置，以免样品撒落），在天平上称重（B），每个样品至少重复测 3 份。

（3）将打开盖子的铝盒（盖子放在铝盒旁侧或平放在盒下），放入 105℃ ±2℃ 的恒温烘箱中烘 6 小时。

（4）待烘箱温度下降至 50℃ 左右时，盖好盖子，置铝盒于干燥器中 30 分钟左右，冷却至室温，称重，如无干燥器，亦可将盖好的铝盒放在磁盘或木盘中，待至不烫手时称重。

（5）启开盒盖，再烘干 3 小时，冷却后称重（C），直到前后两次称重相差不超过 0.05g 时为止。

$$土壤含水量(水_{重}\%) = \frac{B - C}{C - A} \times 100$$

式中，A 为铝盒重（g）；B 为铝盒重加湿土重（g）；C 为铝盒重加烘干土重（g）。

（二）酒精燃烧法

1. 方法原理　主要是利用酒精和水互相溶解和酒精在土中燃烧，使其水分蒸发，由燃烧前后土样的减重算出土壤含水量。但有机质含量高于 50g/kg 的样品不适用本方法。据研究，本法较用烘干法测定土壤含水率的差值一般在 0.5% ~ 0.8%。

2. 操作步骤

（1）用 1/100 天平称蒸发皿重量（A）。

（2）用蒸发皿称土样 3~5g，注意操作迅速，取样均匀。称重（B）。

（3）用滴管向蒸发皿滴加酒精，至皿中呈现自由液面时为止，稍加振荡，使土样均匀分布于皿中。

（4）点燃酒精（注意勿使火柴屑掉入土样中），经数分钟后熄灭，待土样冷却后，再滴加酒精（1.5~2ml）进行第二次燃烧。一般情况下，样品经 3~4 次燃烧后，即可达恒重。然后称重（C），精确到 0.01g。

3. 结果计算

$$土壤含水量(水_重\%) = \frac{B - C}{C - A} \times 100$$

式中，A 为蒸发皿重（g）；B 为湿土重加蒸发皿重（g）；C 为干土重加蒸发皿重（g）。

实训三　土壤酸碱度的测定

一、实训目的

掌握测定土壤 pH 测定的方法。

熟悉土壤 pH 测定原理。

二、实训器材与试剂

（一）实训仪器

pH 酸度计 pH 玻璃电极、甘汞电极、白瓷板、玻璃研钵。

（二）实训试剂

1. pH 4.01 标准缓冲液　称取经 105℃烘干的苯二甲酸氢钾 10.21g，用蒸馏水溶解后稀释至 1000ml。

2. pH 6.87 标准缓冲液　称取在 45℃烘干的磷酸二氢钾 3.39g 和无水磷酸二氢钠 3.53g，溶解在蒸馏水中，定容至 1000ml。

3. pH 9.18 标准缓冲液　称取 3.80g 硼砂溶于蒸馏水中，定容至 1000ml。此溶液的 pH 容易变比，应注意保存。

4. pH 4~11 混合指示剂的配制　称取 0.2g 甲基红、0.4g 溴百里酚蓝、0.8g 酚酞，在玻璃研钵中混合研习，溶于 400ml 95% 乙醇中，加蒸馏水 580ml，再加 0.1mol/L 氢氧化钠调至 pH 7.0（草绿色），用酸度计或标准 pH 溶液校正，最后定容至 1000ml。

三、实训内容

（一）电位法

1. 原理　pH 计的原理是当一个指示电极与一个参比电极同时浸入同一溶液中时，两电极间产生电位差，电位差的大小直接与溶液的 pH 有关。在测定过程中，参比电极电位保持不变，而指示电极的电位则随溶液 pH 而改变，这种指示电极电位的改变，可通过一定换算装置直接表示为 pH。电位计测定法精确度较高，pH 误差在 0.02 左右。

2. 操作步骤　称取通过 1mm 筛孔的风干土样 10g，放入 50ml 小烧杯中，加入 25ml 去 CO_2 的蒸馏水，搅拌 1 分钟，放置半小时，然后用 pH 计测定。

由于 pH 计有多种型号，其使用方法详见该仪器的使用说明书。

（二）混合指示剂比色法

1. 原理　利用每种指示剂在不同 pH 的溶液中显示不同颜色的特性，用混合指示剂滴在土壤样品上，观察指示剂呈现的颜色，与具有标准 pH 的色卡比较来确定其 pH。此法精度较差，只能测到 0.5pH 单位，多用于野外土壤的 pH 约测。pH 4 ~ 11 混合指示剂的配制变色范围如下：

pH	4.0	5.0	6.0	7.0	8.0	9.0	10.0	11.0
颜色	红	橙	黄（稍带绿）	草绿	绿	暗蓝	紫蓝	紫

2. 操作步骤　取黄豆粒大小的土壤样品，放于白瓷板凹槽中，滴加混合指示剂 3 ~ 5 滴，以能湿润土样并稍有余液为宜，用玻棒充分搅拌约半分钟，使指示剂与土壤充分作用，静置澄清后倾斜瓷板，与 pH 色卡进行目视比色，确定 pH。

实训四　土壤有机质的测定

一、实训目的

掌握测定土壤有机质的方法。
了解测定土壤有机质的原理。

二、实训器材与试剂

（一）实训仪器

1/10000 天平、三角瓶（250ml）、滴定管、小漏斗、硬质试管（18mm × 180mm）、铁丝笼、油浴锅（可用铝锅代用）、洗瓶、温度计（0 ~ 360℃）。

（二）实训试剂

0.4000mol/L 1/6$K_2Cr_2O_7$ – H_2SO_4（分析纯）溶液，0.2mol/L $FeSO_4$（化学纯），邻二氮菲（$C_{12}H_8N_2 \cdot H_2O$）指示剂，液体石蜡或植物油 2 ~ 2.5kg。

三、实训内容

（一）方法原理

采用重铬酸钾－硫酸氧化法测定。在加热条件下，用一定量的标准重铬酸钾－硫酸溶液，以氧化土壤中的有机质，剩余的重铬酸钾以邻二氮菲作指示剂，用标准硫酸亚铁溶液进行滴定，由消耗的重铬酸钾量计算出有机碳量，再乘以常数1.724，即为土壤有机质量。其反应式如下：

$$2K_2Cr_2O_7 + 3C + 8H_2SO_4 = 2K_2SO_4 + 2Cr_2(SO_4)_3 + 3CO_2 + 8H_2O$$

$$K_2Cr_2O_7 + 6FeSO_4 + 7H_2SO_4 = K_2SO_4 + Cr_2(SO_4)_3 + 3Fe_2(SO_4)_3 + 7H_2O$$

邻二氮菲指示剂变色的氧化还原状态：

$$Fe(C_{12}H_8N_3)^{3+} \rightarrow Fe(C_{12}H_8N_2)^{2+}$$

$$\text{氧化态（无色）　　还原态（棕红色）}$$

（二）操作步骤

1. 称样　准确称取通过60号筛孔的风干土样0.1～0.5g（精确到0.0001g），放入干燥的硬质试管中，注意土样勿沾在试管壁上。

2. 氧化　用移液管或滴定管准确加入0.4mol/L的重铬酸钾（$1/6K_2Cr_2O_7$）－硫酸溶液10ml，将试管插在带网孔的铁丝笼中，管口放一小漏斗（以冷凝蒸出水汽，减少蒸发），以备消煮。

3. 加热消煮　预先将液体石蜡浴锅加热至185～190℃，将铁丝笼放入油浴锅中加热，此时温度应控制在170～180℃，要注意严格控制这个温度范围。从试管内液体开始翻动起计时，准确控制沸腾5分钟，沸腾时间力求准确，否则分析结果会有较大误差。加热后立即把铁丝笼提起，稍停，使油沿管壁流下。然后放在磁盘上，将试管取下，用废旧纸擦去表面油质，放凉。

4. 滴定　用倾泻法将试管中的消煮液小心地全部洗入250ml三角瓶中，并使瓶内总体积保持在60～80ml，然后加入邻二氮菲指示剂3～5滴，用0.2mol/L $FeSO_4$溶液滴定，溶液颜色由黄色经过绿色突变到棕红色即为终点。记录$FeSO_4$用量。

5. 空白试验　在测定样品的同时应做空白试验，求出滴定10ml 0.4mol/L重铬酸钾（$1/6K_2Cr_2O_7$）－硫酸溶液所需0.2mol/L $FeSO_4$的用量。方法和以上测有机质完全相同，只是用灼烧土或石英砂代替土样，以免溅出溶液。

（三）结果计算

$$\text{有机碳}(\%) = \frac{(V_0 - V)\dfrac{10 \times 0.4}{V_0} \times 0.003}{\text{样品重}} \times 100 \qquad \left(0.003 = \frac{0.012}{4}\right)$$

$$\text{有机质}(g/kg) = \frac{(V_0 - V) \times \dfrac{10 \times 0.4}{V_0} \times 0.003 \times 1.724 \times 1.1}{\text{烘干土重}} \times 1000$$

式中，V_0 为滴定空白液时所用去的硫酸亚铁的毫升数；V 为滴定样品液时所用去的硫酸亚铁的毫升数；0.012 为 1mmol 碳的重量；1.724 为有机碳占有机质全部的 58%，将有机碳换算为有机质需乘以 1.724；1.1 为由于本法仅能氧化土壤有机质的 90%，折合有机质应乘以 1.1。

目标检测

一、单项选择题

1. 麻黄能在干旱的气候和土壤环境中维持正常的生长发育，具有高度的抗旱能力，它属于（　　）。

　　A. 湿生植物　　　　B. 旱生植物　　　　C. 中生植物　　　　D. 水生植物

2. 不同地区土壤的 pH 有一定范围，但大多数土壤的 pH 在下列（　　）。

　　A. 6.5～7.5　　　　B. 4.5～7.5　　　　C. 5.5～7.5　　　　D. 3.5～6.5

3. 下列（　　）是药用植物栽培的基础，是药用植物生长发育所必需的水、肥、气、热的供给者。

　　A. 水分　　　　　　B. 养分　　　　　　C. 温度　　　　　　D. 土壤

4. 下列哪种药用植物是属于二年生植物（　　）。

　　A. 薏苡　　　　　　B. 贝母　　　　　　C. 延胡索　　　　　D. 当归

5. 植物春化作用有效温度在 0～10℃，最适温度为（　　）。

　　A. 2～8℃　　　　　B. 0～6℃　　　　　C. 1～7℃　　　　　D. 3～10℃

6. 下列属于阳生植物的药用植物是（　　）。

　　A. 麦冬　　　　　　B. 黄连　　　　　　C. 山药　　　　　　D. 三七

7. 对植物生长发育具有重要影响因素的是下列（　　）周期性的变化。

　　A. 光照长度　　　　B. 光照时间　　　　C. 光照周期　　　　D. 光照现象

8. 下列药用植物中，（　　）属于短日照植物。

　　A. 穿心莲　　　　　B. 当归　　　　　　C. 牛蒡　　　　　　D. 紫菀

9. 喜温植物的种子萌发、幼苗生长、开花结果都要求较高的温度，下列（　　）药用植物属于喜温植物。

　　A. 细辛　　　　　　B. 大黄　　　　　　C. 川芎　　　　　　D. 羌活

10. 同化作用最适温度为 20～30℃，花期气温低于（　　）则不宜受粉或落花落果。

　　A. 15～20℃　　　　B. 10～20℃　　　　C. 10～15℃　　　　D. 15～30℃

二、多项选择题

1. 根据各种药用植物对光照度的需求不同，通常可以分（　　）。

　　A. 阳生植物　　　　B. 阴生植物　　　　C. 中间型植物　　　　D. 寄生植物

2. 下列（　　）药用植物属于耐寒植物。

A. 人参　　　　　　　B. 细辛　　　　　　　C. 萝卜　　　　　　　D. 平贝母

3. 植物生长发育一般可划分为（　　）。

A. 幼苗期　　　　　　B. 成株期　　　　　　C. 开花期　　　　　　D. 结果期

4. 按照诱导植物花芽形成所需的日照长度，将植物分为（　　）三类。

A. 阳生植物　　　　　B. 短日照植物　　　　C. 中间型植物　　　　D. 长日照植物

5. 空气中含有（　　）。

A. 氧气　　　　　　　B. 三氧化硫　　　　　C. 二氧化碳　　　　　D. 氮气

三、思考题

1. 药用植物生长发育的各个阶段对环境的一般要求是什么？

2. 药用植物生长的相关性主要表现在哪些方面？生产上是如何利用的？

3. 土壤质地一般分为哪些类型？各有什么特点？

书网融合……

划重点　　自测题

第三章 中药材规范化种植与种质资源

PPT

学习目标

知识要求

1. **掌握** 野生药材引种驯化的基本方法；防止药用植物良种退化措施。

2. **熟悉** 野生药材引种驯化和育种的基本原理；良种退化的原因。

3. **了解** 中药材野生变家种的过程及市场前景。

能力要求

1. 能对野生药材进行引种驯化。

2. 能分析药用植物发生种质退化的原因，并采取相应措施防止药用植物种质退化。

实例分析

实例 江西进贤县的3位农民联手办公司，承包土地700亩，播种了防风和黑柴胡，本想好好赚一笔，谁知播种后不发芽，种子公司承诺的发芽率为80%，实际只有10%。经该县法院判决，种子公司赔了租地损失费和种子款。中药材种质退化、种子种苗质量较差等问题普遍存在，严重制约了中医药行业健康发展。

分析 1. 为什么作物留种种植会一代不如一代？

2. 中药材在栽培过程中存在种质退化现象的原因是什么？

第一节 中药材生产与基原

种质资源又称品种资源、遗传资源、基原，是指亲代传递给子代的遗传物质或遗传特性。种质资源一般包括地方品种、新育成或推广的新品种、植物突变种、稀有种和近缘野生种等。凡是可供药用研究、开发、利用的各种中药材类型，都是中药材的种质资源。中药材种质资源常有一源至多源性、道地性、野生种群多、可解体性等特点。中药材种质资源蕴藏量小，经受不住人为破坏，易致资源蕴藏量迅速下降，甚至濒临绝灭的危险。目前，由于对野生中药材资源的过度采伐和生态环境的破坏，很多中药材资源已明显减少或濒临绝灭，亟须加强保护和抚育。

一、中药材的基原

中药材所来源的动植物物种即为基原。有的中药材的基原只有一种植物或动物，例如，人参 *Panax ginseng* C. A. Mey、川芎 *Ligusticum chuanxiong* Hort.；有些中药材有两种基原，如白芷的基原植物有白芷 *Angelica dahurica*（*Fisch. ex Hoffm.*）Benth. et Hook. f. 和杭白芷 *Angelica dahurica*（*Fisch. ex Hoffm.*）Benth. et Hook. f. var. formosana（Boiss.）Shan et Yuan；有些药材具有三种以上的基原，例如大黄的基原植物有掌叶大黄 *Rheum palmatum* L.、唐古特大黄 *Rheum tanguticum* Maxim. ex Balf.、药用大黄 *Rheum officinale* Baill. 等，黄连的基原植物有黄连 *Coptis chinensis* Franch.、三角叶黄连 *Coptis deltoidea* C. Y. Cheng et Hsiao、云连 *Coptis teeta* Wall. 等。多源性的基原在中药材中比较多，准确地进行物种鉴定有一定的难度。因为它们都是近缘种，在形态和生理上非常近似。

同一种药材由于基原不同，其性味、功效、质量会有差别。因此，在进行药材种植时，首先要进行物种鉴定，要确认它是否为正品，即为《中华人民共和国药典》规定的物种。否则其药材为伪品、替代品，不可入药。另外，中药材种质资源还存在名称的混乱性，同一种药材或植物在不同地区称谓不同，具有同物异名、同名异物、一物多名等现象。因此，在中药材引种、栽培时要进行物种的确认，避免错误发生。

> **请你想一想**
> 同一种中药当基原不同是时候，它们在入药使用时有没有什么讲究，药效都一样吗？

二、药用植物的基原与中药材质量

（一）同一中药材基原不同药效成分含量及组成比例有差异

中药常有一药多基原现象，不同基原的同一药材功效上有何区别呢？如大黄药材中的主要泻下成分为结合性蒽醌衍生物，掌叶大黄根茎含蒽醌衍生物总量为 1.01% ~ 5.19%，其中游离状态的为 0.14% ~ 0.75%，结合状态的为 0.87% ~ 4.44%；唐古特大黄根茎含蒽醌衍生物总量为 1.14% ~ 4.36%，其中游离状态的为 0.30% ~ 1.20%，结合状态的为 0.82% ~ 3.16%；药用大黄根茎含蒽醌衍生物总量为 3.00% ~ 3.37%，其中游离状态的为 1.24% ~ 1.31%，结合状态的为 1.69% ~ 2.13%。由此可见，大黄药材以掌叶大黄的泻下效果最强，其次是唐古特大黄、药用大黄。再如，黄芪药材中，蒙古黄芪中含有的黄芪甲苷含量比膜荚黄芪的高；甘草药材中甘草酸的含量以乌拉尔甘草的最高（8.44%），其次是胀果甘草、光果甘草等。

（二）基原相同、产地不同中药材的质量有差异

中药材种质资源有很强的区域性，分布很分散。它们长期生长在一定地区，形成了适应一定地区生态环境的遗传特性。生态环境不同时，生长发育差，甚至不能存活。

如广藿香 *Pogostemon cablin*（Blanco）Benth.，栽培于广州石牌者，香气纯正，含挥发油虽较少（茎含 0.1%～0.15%，叶含 0.3%～0.4%），但广藿香酮含量却较高；产于海南岛的广藿香，气较浊，挥发油含量虽高（茎含 0.5%～0.7%，叶含 3%～6%），但广藿香酮的含量却甚微。又如，附子主要栽培于四川江油；川芎主要栽培于四川都江堰、彭州；地黄、牛膝、山药主要栽培于河南武陟、怀庆等地；白术、浙贝母、延胡索主要栽培于浙江东阳、鄞县等地。多年来的研究表明，这些道地药材离开原产地引种到其他地区后，大多生长发育不良，品质差，产量低。这是由它们的遗传特性决定的，也是中医理论指导下长期临床应用选择的结果。中药材生产必须考虑中药材种质资源的道地性，才能获得优质高产。

（三）不同基源的中药材传统商品性状质量有差异

传统的药材商品性状指标是人们在长期的用药实践中，逐渐形成的一套用于评价中药材在商品交换中的体系，一般仅限于药材的外形、规格、颜色等外观性状特征。不同基源的同一种中药材往往存在明显的外观性状特征差异。

三、中药材种质资源的鉴定方法

中药材种质资源的鉴定要求准确鉴定该中药材的物种。一般是采用植物分类学鉴定法，即是采集植物标本，查阅植物检索表，按照植物的形态特征，由门、纲、目、科逐级检索，最后再检索所属的属、种。另外，还有植物化学分类鉴定法、高效液相色谱法、指纹图谱法、显微鉴定法等。

你知道吗

种质概念的起源

Frankel 和 Brown 于 1984 年最早提出核心种质（core collection）的概念。认为核心种质是保存的种质资源的一个核心子集，以最少数量的遗传资源最大限度地保存整个资源群体的遗传多样性，同时代表了整个群体的地理分布。核心种质最大限度地去除了种质资源中的遗传重复，以极少的种质数量即囊括了原资源群体中的全部或大多数变异类型，这无疑为解决当前巨大的资源收集量与资源深入评价及有效利用之间所存在的突出矛盾提供了一个十分有利的契机，从而极大地推动和促进了种质资源研究的进一步发展。药用植物核心种质应具有如下特性：①核心种质组成应包括和体现当前药用植物的主要变异类型。②核心种质彼此间要有异质性，最大限度地避免遗传上的重复。③核心种质存在动态交流和调整，而不是一成不变。④包含生产实践所需要的优异农艺性状或基因。⑤包含临床疗效所需要的有效成分及其调控基因。

第二节　中药材野生变家种技术

一、野生药材的驯化技术

（一）野生药材引种驯化的概念

中药栽培过程，常需从外地或国外引种栽培，或者将野生植物变为家种，以满足生产需要。无论是从外地引种还是将野生变家种，其原产地与引种地都有一定区别，生态环境有所不同，都需使之适应新的环境，这即是驯化的本义。在多数情况下，驯化是指将野生药材变为家种、家养。

引种驯化的基础是生物对环境都有一定的适应性。引种的关键是使引种地与原产地的气候生态环境尽可能相同，环境不同时，则要采取人为的措施进行调节，补足环境条件的不足。另一方面，当原产地与引种地环境条件差异较大时，直接引种不易成活或生长不良，则可采取逐步过渡法，最后引种到引种地。驯化也只能逐渐改变栽培环境和手段，否则不能成活。

（二）野生药材引种驯化的意义

1. 通过野生药材的引种栽培工作，丰富本地区药用植物资源　如西洋参于1948年从北美开始引种，1975年开始有计划大规模引种；有"植物青霉素"之称的穿心莲是从斯里兰卡引进的；价格昂贵的西红花是于1965年和1980年两度引种后在我国推广栽培的。这些举措大大丰富了我国的药用资源。

2. 通过药用植物的引种栽培工作，可以提高药材的产量和质量　据统计，中华人民共和国成立以来，我国野生变家种成功的药用植物有300余种，主要有天麻、阳春砂、罗汉果、防风、杜仲、巴戟天等。通过引种驯化使原来的野生资源变为人工栽培，保证了药用资源和药物产量，保证了中医临床用药。

3. 通过野生药材的引种驯化工作，可以保护药用植物资源　随着医药卫生事业的发展，一些药用植物的野生资源日益减少，甚至濒临灭绝，而需求量又日益增大，因此，这些种类的野生变家种就尤为重要。

（三）野生药材引种驯化的主要任务

野生药材引种驯化的主要任务包括：第一，大面积推广常用大宗类的药材，尤其是对于常见病及多发病有疗效的药用植物，如川贝母、罗汉果、杜仲等。第二，积极驯化引种需求量大的野生药用植物，如肉苁蓉、金莲花、甘草、黄芪等。第三，引种需进口的紧缺药用植物，如番红花、乳香、没药、胖大海等。第四，引种驯化对临床疗效确切的新药资源，如绞股蓝、水飞蓟、三尖杉等。

（四）野生药材引种驯化的方法

利用科学的实验方法来研究外界环境条件对药用植物生长繁殖、次生代谢过程的影响，辩证地理解药用植物和环境的相互关系，进而对可以引种药用植物驯化，提高其产量和质量。

引种驯化方法主要有简单引种法和复杂引种法。

1. 简单引种法　又称直接引种法。是指在相同的气候带（如温带、亚热带、热带），或环境条件差异不大的地区之间进行相互引种，对于微小差异可以采取人工补助措施。例如，人参 *Panax ginseng* 从东北吉林省海拔 300～500m 处引种到重庆金佛山海拔 1700～2100m 和江西庐山海拔 1300m 的地区，都获得了成功。又如，从豫西向北京地区引种山茱萸 *Cornus officinalis*，第一、二年可于室内或地窖内假植防寒，第三、四年即可露地栽培。一般来说，相同气候带内相互引种、可以不通过植物的驯化阶段，所以又称为简单植移。

（1）不需特殊处理，给药用植物创造一定的条件即可直接引种　如各地区引种商陆 *Phytolacca acinosa*、洋地黄 *Digitalis purpurea*、玄参 *Scrophularia ningpoensis*、牛膝 *Achyranthes bidentata*、牡丹 *Paeonia suffruticosa* 等，冬季经过简单包扎或用土覆盖防寒即可过冬；另一些药用植物如苦楝 *Melia azedarach* 等，第一、二年可于室内或地窖内假植防寒，第三、四年即可露地栽培。

（2）控制植物生长、发育　如穿心莲 *Andrographis paniculata* 调整光照时数，使其在北方结实；番红花 *Crocus sativus* 控制芽的数目，使球茎增大，增加开花数等。

（3）南种北引和北种南引　把南方高山和亚高山地区的药用植物向北方低海拔地区引种，以及从北方低海拔地区向南方高山或亚高山地区引种，都可以采用直接引种法。如云木香 *Saussurea costus* 在云南维西 3000m 的高山地区栽培，已直接引种到北京低海拔地区种植；三七 *Panax notoginseng* 从广西、云南海拔 1500m 处引种到江西海拔 500～600m 地区；人参 *Panax ginseng* 从吉林省海拔 300～500m 处引种到云南丽江海拔 2000m 左右的山区等都能获得成功。

（4）不同气候引种　不同气候带如亚热带、热带某些药用植物向北方温带地区引种，采用变多年生植物为一年生栽培，也可用直接引种法，如穿心莲 *Andrographis paniculata*、姜黄 *Curcuma longa*、蓖麻 *Ricinus communis* 等，已在我国温带广大地区普遍栽培。某些根茎类的药用植物向北方温带地区引种，采用深种的方法也可引种成功。如引种三角薯蓣 *Dioscorea deltoidea* Wall.、纤细薯蓣 *Dioscorea gracillima* Miq 等，通过将根茎深栽于冻土层下面，使其在我国北方安全越冬。同样，热带向亚热带引种也可以采用此法。此外，黑龙江从甘肃引种当归，播种后，当年生长良好，但不能越冬，需采用冬季窖藏的方法，第二年春季栽出，秋季可采挖入药。这也属于简单引种法之一。

（5）采用栽培技术调整播种期　如红花 *Carthamus tinctorius* 属于长日照植物，短日照有利于营养生长，长日照则有利于生殖生长，要获得丰产，可通过调整适当的播种期来实现。在生产上就有在南方"秋播宜晚"，而在北方"春播宜早"的经验，即在南方引种红花，宜采用秋播，但又不宜早播种，否则大苗容易越冬时受冻害；北方宜春播，应抓住土壤开始解冻、墒情好的有利时机播种，且越早越好，以尽可能地增加其营养生长期。

（6）组织培养法　该法可加速种苗繁殖，是药用植物野生变家种引种工作的一个重要新途径，如铁皮石斛 *Dendrobium officinale* 采用组织培养方法，通过工厂化生产途径使野生变为人工栽培。

（7）遮蔽和施肥　采用秋季遮蔽植物体的方法，使植物提早做好越冬准备。此外，在秋季曾施氮肥、钾肥，以增加植物抗寒能力的方法等。

事实上，在引种实践中，很多种药用植物引种到一个新的地区，植物从生理和形态上都会发生变化。如东莨菪 *Scopolia japonica* Maxim. 从青海高原或从西藏高山地区引种到河北，其地上部分几乎变为匍匐状。

2. 复杂引种法　对气候差异较大地区的药用植物，在不同气候带之间进行相互引种，称复杂引种法。如把热带和南亚热带地区的萝芙木 *Rauvolfia verticillata* 通过海南、广东北部逐渐驯化移至浙江、福建栽培；槟榔 *Areca catechu* 从热带地区逐渐驯化到广东栽培等。

（1）进行实生苗多世代选择　在两地条件差别不大或差别稍超出植物适应范围的地区，通过在引种地区进行连续播种，选育出抗寒性强的植株进行引种繁殖。如洋地黄、苦楝等。

（2）逐步驯化　把要引种的药用植物，分阶段逐步移到所要引种的地区，称为逐步驯化法。多在南药北移时采用，但是时间较长，一般较少采用。

在引种某种重点南药时，可以开展大协作，利用相邻地区对该药用植物引种试种的成功经验和所得种子进行引种，同样可以达到驯化北移的目的。通过群众性广泛引种和交流经验，可以达到多、快、好、省的目的。如三七，过去局限在广西、云南少数地区栽培（或野生），现在江西、四川等地区引种三七成功，扩大了三七的种植面积。

此外，还可以通过杂交法改变植物习性进行引种驯化，目前在药用植物上做得比较少。

（五）野生药材引种驯化技术

野生药材引种驯化技术包括引种植物的材料处理、繁殖、幼苗锻炼与定向培育等。

1. 材料的处理与繁殖

（1）繁殖材料的处理　从外地引进的新鲜种子、插条、球茎、鳞茎、块茎等繁殖材料，都必须经过检疫、消毒等处理，然后进行育苗繁殖。

繁殖材料从原分布地区到达目的地过程中要保持材料的成活率，同时要对繁殖材料进行检疫和消毒，防止病原物及害虫的侵入。

（2）播种育苗　是引种的重要手段，也是增强药用植物适应性的措施之一。播种期可以秋播，也可以春播。珍贵稀有的药用植物种子宜用盆播容器育苗，以便精细管理。为保持苗床水分，播种后应加一层覆盖物，如稻草、麦秆等，但不宜过厚，否则会降低地温，延缓发芽。出苗期及出苗后的管理是育苗的关键，阳性植物一般只要保持床土湿润，就能正常出苗生长；阴性植物及向高海拔地区引种的植物，往往经不起日晒（如竹柏 *Podocarpus nagi*、南方红豆杉 *Taxus chinensis var. mairei* 等），必须从出苗之日起遮阴。待苗木长到一定高度时，应加强管理，包括除草、松土、施肥及病虫害的防治。移植时间宜选择阴雨天进行，移植后浇足定根水，成活后及时施肥管理。

（3）扦插繁殖　是药用植物引种过程中普遍采用的方法。通过扦插，首先可以保持药用植物个体原来的性状，其次能提早开花结果；并且扦插繁殖时发生的变异（一般属芽变），只要符合人们的需求，亦可以成为独立品系。

（4）嫁接　在药用植物引种中亦是常用的方法。嫁接有利于保持品种的优良特性，提早结实，增加药用植物对环境的适应性。此外，嫁接还可以增加产量，改良品种。

2. 幼苗锻炼与培育　经过育苗繁殖之后，就要对幼苗进行锻炼与定向培育。

（1）幼苗锻炼　幼苗，尤其是实生苗，容易适应改变的新环境。当原分布地与引种地的生态环境差异较大时，苗木一时难以适应，则必须给以锻炼，使其逐步地适应。锻炼的方法随植物种类、迁移方向、引种目的不同而异。

1）萌动种子与幼苗的低温处理　在南种北移时，主要的限制条件是冬季低温，如通过萌芽种植的低温处理可提高植株耐寒力。处理时应注意，在种子萌动刚开始时进行处理效果较佳。

2）直播育苗，循序渐进　直播育苗目的是保护根系不受损伤。移栽苗木时尽量保持根系完整，移栽后加以管理，保持土壤水肥充足，促进早发根、多发根，寒冷时加强保护，使早日恢复生机，亦能达到同样的目的。有了强大的根系，才能增强苗木对新环境的适应能力。原分布与引种区间环境无悬殊，可引入幼苗进行锻炼。

幼苗在锻炼过程中还要按"顺应自然、改造本性"的原则，给予适当的顺应性培育，使锻炼与顺应相结合，既使苗木能基本生长又能得到锻炼。

（2）逐步迁移与多代连续培育　药用植物的定向培育往往不是在一个短期内或一两个世代中所能完成的，而是需要多地点、多世代才能达到。逐步迁移在我国的引种史上常见于南种北移或北种南移的过程中。南种北移时，可在分布区的最北地方引种；北种南移时，可在分布区的最南端引种，容易获得成功。通过植物的定向培育仅完成了一个世代，仍然得不到足够的适应类型，故需要连续多代培育。

3. 引种措施　药用植物引种工作者为了使新引入的植物能逐步适应新环境，先给其创造一些保护性措施，然后慢慢锻炼，使植物在顺应与改造的驯化过程中发挥良好作用。

（1）温床与温室栽培　温床与温室是植物引种必备的设施。

温床主要用于喜温植物南种北移时，防止幼苗冻害，是提早播种育苗的临时性保护措施，可作为不耐寒植物幼苗越冬抗寒锻炼的场所。在夏季可在地面上搭建一个避阴棚，亦可引种栽植一些喜阴植物。温床的设备简单，省钱省料，使用方便，但不经久。

温室是人工创造的生态环境，可对引入的药用植物种子进行播种育苗、枝条扦插繁殖，以及开展生物学特性、杂交育种、小型栽培等研究。温室里的药用植物多种多样，形态和习性各异，所以在种植管理、驯化锻炼时，必须对光照、温度、水分、湿度随时调控，加强施肥管理和病虫害防治。

（2）塑料棚　用于引种药用植物的保护性栽培设施，能打破自然条件下的限制，人工控制并创造适于作物生长发育的栽培环境。塑料薄膜透光性好，大棚内增温快，保温性好，一般可提高棚温 1～4℃，能提早定植或延缓栽培，达到提前与延后收获的目的。大棚内湿度也较高，一般为 70%～80%，高者达到 90%～100%，棚内气流稳定，所以栽培条件优越，有利于植物引种工作的开展。

（3）荫棚　一般用于引种药用植物的扦插繁殖和苗木的越夏避阴，特别是北种南移、高海拔植物向低海拔迁移，在夏季需要凉爽或阴凉湿润的条件下，则宜置于荫棚内，用不同层次芦帘（或竹帘）控制光照强度，以喷雾调节湿度进行保护性栽培与必要的锻炼。

另外，还可以通过无土栽培、生物技术来完成药用植物的引种驯化。

4. 药用植物引种驯化成功的标准　对于药用植物来说，应从以下几个方面来衡量引种是否成功。

（1）与原产地比较，植株不需要采取特殊的保护措施，能正常生长发育，并获得一定产量。

（2）没有改变原有的药效成分和含量及医疗效果。

（3）能够以原有的或常规可行的繁殖方式进行正常生产。

（4）引种后有较好的经济效益、社会效益及生态效益。

> **请你想一想**
>
> 当我们成功驯化好一个野生中药品种后，接下来我们应该做什么工作？

（六）良种繁育防止种质退化

1. 良种繁育的意义及任务　驯化野生品种成功变家种后，选育和推广良种将是提高中药产量和质量的重要措施，也是发展中药生产的一项基本建设，但单有新品种的选育而无大量高品质良种种子供应推广应用，新品种就不可能在生产上发挥应有的作用，因此，良种繁育是品种选育工作的继续。良种繁育的任务主要是大量繁殖和推广良种。

2. 保持品种的纯度和种性　优良品种在大量繁殖和栽培过程中往往由于播种到贮存运输等一系列过程中某一个或多个环节所造成的机械混杂，或天然杂交引起的生物学混杂，以及由于自然突变等原因，使品种纯度降低。因此，防止品种退化、保证种子质量，必须进行品种更新，对于已退化混杂的要进行提纯复壮工作。

3. 品种混杂退化的原因及防止方法

（1）品种混杂退化的原因

1）机械混杂　在生产的一些作业环节，如种苗处理、播种、收获、运输、脱粒、贮藏等，由于操作不严格，人为地造成机械混杂。此外，不同品种连作时，前茬自然落地的种子又萌发，或使用未充分腐熟的肥料中带有的种子又萌发，都可能造成机械混杂。机械混杂后，还容易造成生物学混杂。

2）生物学混杂　有性繁殖植物在开花期间，由于不同品种间或种间发生天然杂交造成的混杂，称生物学混杂。生物学混杂使别的品种基因混杂到该品种中，即常说的"串花"。生物学混杂使得品种变异，品种种性改变，造成品种退化。

3）自然突变和品种遗传性变异　在自然条件下，各种植物都会发生自然突变，包括选择性细胞突变和体细胞突变。自然突变中多数是不利的，从而造成种质发生退化。另外，一个品种，尤其是杂交育成的品种，其基因型不可能是绝对纯合的，其后代也会发生基因重组产生变异。品种自身遗传物质基础贫乏或品种已衰老等因素都会导致品种发生变异和退化。

4）长期的无性繁殖和近亲繁殖　长期的无性繁殖，后代始终是前代营养体的继续，植株得不到复壮的机会，得不到新的基因，致使品种生活力下降。一些植物长期近亲繁殖，基因贫乏，不利于隐形基因纯化，也会导致种质退化。

5）不科学的留种　一些生产单位在选择留种时，由于不了解选择方向和没有掌握被选品种的特点，进行了不正确的选择，不能严格去杂去劣。还有很多中药材产品收获部位和繁殖器官是相同的，如地黄的根茎、贝母的鳞茎等，一些种植户只顾出售产品，而忽视留种，往往将大的、好的作为产品销售，剩下次的、小的作种；或有籽就留，留了就种，随便留种，不知选种，从而造成种质退化。

6）病毒感染　一些无性繁殖常受到病毒的感染，破坏了其自身的生理协调性，甚至会引起某些遗传物质的变异。如果留种时不严格选择，用带有病毒的材料进行繁殖，也会导致种质退化。

（2）防止中药材种质退化、提高种性的技术措施

1）严防机械混杂　造成机械混杂主要是发生在种子生产过程中，各项作业不认真。为此，要建立严格的规章制度，做到专人负责，长期坚持，杜绝人为造成的机械混杂。具体操作要注意：合理安排轮作，一般不重茬；接受发放手续登记；进行选种、浸种、拌种等预处理时应保持容器干净，以防残留其他种子混杂；播种时按品种分区进行，设好隔离区；不同品种要单收、单晒、单放，并均应附上标签。

2）防止生物学混杂　主要是设好隔离区，利用隔离防止自然杂交。虽然药用植物种植比较分散，容易施行空间隔离。但是，对于一些虫媒植物还是比较困难的。因此，隔离区的设置，既要考虑植物的传粉特点，又要研究昆虫、风向等自然因子。对于比较珍贵的种子和原原种种子，可以施行人工套袋隔离、温室隔离和网罩隔离。当品种比较多的时候，还可以采取时间隔离，即将不易发生自然杂交的几个品种，同年或同月采种；易发生自然杂交的几个品种，则错开花期采种。

3）加强人工选择，实行科学留种　对种子田除应加强田间管理外，还要经常去杂去劣，选择具有该品种典型特征、特性的植株留种。对于收获的种子还应再精选一次，以保证种子质量。去杂主要是针对遗传变异而言，拔除非本品种特性的植株。去劣主

要是拔除那些发育不良、有病的退化植株。

4）改变生育条件和栽培条件，以提高种性 改变生长发育条件和栽培条件，使品种在最佳条件下生长，使其优良性状充分表现出来；此外，由于长期在同一地区生长，种子会受到一些不良因素，如土壤肥力、类型、病虫害等的限制。如改变或调节播种期、一季变两季、改变土壤条件都能提高种性。

5）建立完善的良种繁育制度 为保证栽培中药优良品种在生产上充分发挥作用，当前急需建立良种繁育制度。良种繁育单位应根据所繁育的药用植物良种制定出具体实施方案，以保证良种繁育工作顺利进行。

你知道吗

植物驯化历史

人类最早的植物引种驯化活动可以追溯到距今约 7000 年前的新石器时期，可以说，植物引种驯化的历史就是农业发展的历史，植物的引种驯化使农业得以产生和发展。如美国原本农作物种类贫乏，其现代化农业完全建立在植物引种驯化的基础上。植物引种驯化的主要意义有扩大植物的栽培范围和引种资源、改善地区植物品种、丰富地区生物多样性、改良作物基因发挥植物优良特性等。药用植物的引种驯化技术以农业作物引种驯化技术为基础，并结合现代生物学技术进行。

二、中药材野生变家种的市场前景

1. 野生中药材资源锐减，野生变家种迫在眉睫 历来无论是用于汤剂，还是用于制备成丸、散、膏、丹的绝大部分中药材都来自野生采集。随着人们保健养生意识的提高，对药食同源中药材的需求量增多，导致野生药材资源供不应求。目前，我国栽培的药用植物有 300 余种，其中大规模种植品种约有 100 种，药材年产量达 40 多万吨。我国的中药材（1～3 年生）种植面积每年 34 万公顷左右，最高年份达 45 万公顷，而中药材野生变家种的品种规模十分有限。据第三次中药资源普查结果，我国药用植物多达 11146 种。但由于近年来对野生中药资源无节制地采挖，使一些野生中药材濒临灭绝甚至已经灭绝，据统计，我国处于濒危状态的植物近 3000 种，其中用于中药或具有药用价值的占 60%～70%，中药资源的可持续发展受到严重威胁。对于野生中药材，人们了解不多，尤其是对它们的生存、繁衍、生长发育、有效成分的动态积累等，知之甚少，因而难以控制、调节和掌握它的产量与质量，需要做大量的研究工作。但是野生种质资源种类多，是选育良种的丰富材料，是开发、利用、引种的基础。

2. 野生中药材驯化变家种栽培有政策扶持保障 2009 年国务院下发《关于扶持和促进中医药事业发展的若干意见》提出，"要保护药用野生动植物资源，加快种质资源库建设"。中药材保护和发展规划（2015—2020 年）指出，实施野生中药材资源保护工程作为第一要任务，实施优质中药材生产工程为第二要任务，建设濒危中药材种植基地。重点针对资源紧缺、濒危的野生中药材，鼓励加快人工繁育驯化进程。攻克资源濒危、减少及大宗类野生中药的驯化技术是当前市场前景广阔且迫切的项目。因地制宜栽培驯化野生药材品种将是脱贫致富的较佳选择。另外，中药资源的有效开发与利用与"三农"息息相关，药用植物属于特种经济作物，各地有相应的补贴扶持政策。

目标检测

一、单项选择题

1. 在相同的气候带内或差异不大的条件下进行相互引种，这种方法被称作（　　）。
   A. 复杂引种法　　　B. 简单引种法　　　C. 气候引种法　　　D. 地区引种法
2. 下列（　　）不是引种技术。
   A. 材料处理　　　　B. 繁殖　　　　　　C. 生产原种　　　　D. 幼苗锻炼
3. 下列（　　）不是预防种质退化的原因。
   A. 机械混杂　　　　B. 人工选择　　　　C. 生物学混杂　　　D. 不科学留种

二、多项选择题

1. 野生药材引种驯化的方法有（　　）。
   A. 气候带引种法　　　　　　　　　　B. 经纬度引种法
   C. 简单引种法　　　　　　　　　　　D. 复杂引种法
2. 可采取（　　）措施防止药用植物栽培过程发生种质退化。
   A. 严防机械混杂　　　　　　　　　　B. 施行科学留种
   C. 防止生物学混杂　　　　　　　　　D. 建立完善的良种繁育制度

三、思考题

1. 基原与中药材的质量有哪些关系？
2. 引种驯化的基础是什么？
3. 野生药材引种驯化有何意义？
4. 野生药材驯化的技术有哪些？
5. 野生药材引种驯化技术包括哪些内容？
6. 中药材在栽培过程中发生种子退化的原因有哪些？
7. 中药材在栽培过程中如何防止种质退化？

书网融合……

划重点　　　　　自测题

>>> 第四章　中药材规范种植与繁殖技术

PPT

学习目标

知识要求

1. **掌握**　种子的寿命、生活力、休眠及萌发的基本含义；药用植物的扦插、嫁接繁殖的方法。

2. **熟悉**　种子质量检验的步骤；评价种子质量的方法；营养繁殖的基本方法。

3. **了解**　打破种子休眠的方法；种子常采用的贮藏方法；种子萌发的因素；营养繁殖的特点。

能力要求

1. 会按照标准操作流程合作完成种子品质检验、发芽试验及种子生活力测定。

2. 会按照标准操作流程完成常用药用植物的扦插、嫁接操作。

第一节　药用植物的种子繁殖技术

实例分析

实例　1953 年，有人在辽宁省大连市普湾新区普兰店莲花泡地层里的泥炭中发现五粒古莲子，送到中国科学院植物研究所古植物研究室的徐仁教授手中。1974 年用碳 14 测得古莲孢粉是 1014 年左右的。种子在实验室内进行了一系列的处理，然后被栽入盆中，在潮湿的水土条件下，几天便萌发，长出了幼小荷叶，直至在池塘开花，结果与现代的莲荷几无任何区别。

分析　1. 千年古莲子为什么能存活千年？莲子萌发受哪些因素影响？

　　　　2. 如何延长种子生命力的年限？

药用植物的繁殖方法可以分为有性繁殖与无性繁殖两大类，利用植物的茎、芽、叶、根等繁殖的为无性繁殖；而采用种子播种，繁殖形成新个体的方法为有性繁殖，即种子繁殖。植物种子由胚珠发育而来，由于含有淀粉、脂肪、蛋白质等营养成分、构造及贮藏条件的不同，使种子呈现出不同的特点，一般脂肪、蛋白质含量较低的种子易于贮藏。

一、种子的特性

种子最基本的特性是处于休眠状态时具有生活力。而生活力的长短受营养成分、构造及贮藏条件的制约。

（一）种子的寿命

种子的生活力即种子的发芽潜力。种子从成熟到丧失生活力的所经历的时间，即种子的寿命。种子采收后在贮藏期间生命活动并没有停止，仍在进行着新陈代谢，但随着时间延长逐渐降低，最后完全丧失。

药用植物种子的寿命差异很大，如马王堆出土的古莲子的寿命长达一千多年；百合、牵牛、藿香种子的寿命为 2～3 年；而天麻、三七的种子必须采收后立即播种，短时存放就会丧失发芽力。

种子寿命由遗传物质、生长发育程度、环境因素等决定。生长发育程度主要指是否成熟，结构是否健全；环境因素则指收获时天气，收获后贮藏的温度、湿度、空气等因素。一般含淀粉的种子比含油脂的种子耐贮藏；许多休眠种子含有抑制物质，也能抑制霉菌的侵染，其寿命也较长；一般充分成熟的种子比未成熟的种子寿命长；收获时遇雨，种子含水量高，就会霉变，不易保存。

（二）种子的休眠

种子的休眠是指具有生活力的种子停留在不能萌发的状态，是植物个体发育中生理后熟的一种自然现象，可分为生理休眠和被迫休眠。种子的休眠特性是植物在长期演化过程中形成的，是对环境条件、季节性变化的生物适应性。致种子休眠的原因主要有以下几个方面。

1. 温度、湿度的影响　生长在高寒山区或干旱地区的药用植物，其种子多以休眠状态度过不良环境。因此，野生植物特别是原产温带的植物，它们的种子大多具有深而长的休眠期。我国药用植物有很多还是野生或半野生状态，有的已经栽培多年但野生性状还很强，如黄连、川贝母、山茱萸等种子，休眠期长达半年至 2 年。

2. 种子结构的影响　种皮坚硬，如种皮厚实，含胶质、油脂等不易透水透气或形成机械约束而难萌发，如杜仲、山茱萸、山楂、皂角的种子；胚尚未成熟，有些种子形态上表现成熟而生理上还未成熟，如人参、黄连的种子，黄连种子要经 5～10℃条件下 180 天的变温完成形态成熟，再经 0～5℃条件下 90 天完成生理成熟。只有当胚完成后熟之后，种子才能萌发。

3. 种子中抑制剂影响　有些种子可能含有抑制物质，如挥发油、生物碱、酚类等。如山楂、女贞、川楝子，需要转化解除才能萌发。

在各种休眠类型中，以需要低温刺激才能打破休眠的最为多见，种子休眠的原因不同，解除休眠

> **请你想一想**
>
> 种子生理休眠是什么原因导致的？ 一般在具有哪些特征的药用植物中常见？

的方法也各异。种子硬实、不透水的，可采用擦伤种皮、药剂腐蚀种皮或温水、碱水浸泡等方法；需要低温刺激的，一般采用冬播或湿砂层积，用赤霉素处理常有较好效果。

二、种子的采收与贮藏

（一）种子采收

种子采收一般以充分成熟后采收为最佳。采收后应及时进行脱粒、清选、干燥，注意筛选整齐、颗粒饱满、无病虫害的种子在适宜条件下保存。种子颜色变深、质地变硬、籽粒干重达到最大值、含水量迅速降低时，即为成熟标志。过熟、未充分成熟或陈种子会影响其品质，如一般发芽率低、幼苗生长不良、不耐贮藏等。但是，有些药用植物的种子则例外，如白芷、当归的老熟种子，播种后植株易早抽薹，只能采适度成熟的种子；黄连、穿心莲种子充分成熟，则果实开裂，种子脱落，只能在未充分成熟时采收；黄芪等种子充分成熟，则硬实种子增多，休眠加深，只能采收稍嫩的种子。

（二）种子贮藏

由于种子含水丰富，容易发生霉烂、滋生病虫害，而使种子失去萌发能力。为了保持种子的生活力，种子的贮藏显得尤为重要。因药用植物不同而种子有差异，贮藏方法也各有不同，常采用的贮藏方法有以下几种。

1. 干燥贮藏 采回的种子干燥后装入麻袋、布袋或开放的容器中，存放于仓库或干燥、凉爽、通风的室内。种子数量较少的，气候较湿润的地方，可将种子储存于罐、坛、瓶中，底部放些石灰或干燥木炭等防潮。如需长期保存，应将种子干燥至安全含水量，装入密封容器内，在低温条件下储存，如冰箱、冷藏库等。适用于自然寿命长且不因干燥而丧失生活力的种子，如板蓝根、党参、知母、百部等。

2. 湿润贮藏 将种子与湿润基质混合贮藏。湿润基质一般都是就地取材，有腐殖土、沙、泥、蛭石、苔藓等。种子细小的多与腐殖土、润沙混合储存；种子颗粒大的多与润沙、润土层积贮藏，即一层沙、土，再铺一层种子，每层3~5cm，层积2~3层。所用的腐殖土、沙等不宜过湿或过干，一般以手握之成团，落地即散，指间不滴水为度。过湿易发生烂种，或者在贮藏期萌发；过干易使种子脱水干燥，丧失生活力。此类种子常有低温休眠特性，可在室外挖坑贮藏，上面盖土盖草，严防积水。贮藏期间要定期翻动检查，保持适当湿度。适用于含水量较高、种壳坚硬，休眠期干燥就会丧失生活力的种子，如黄连、三七、肉桂、细辛、辛夷、厚朴等。

3. 悬挂贮藏 对不宜脱粒需连果壳储存的种子，如泽泻、白芥、栝楼、丝瓜、川牛膝等，一般将果穗绑扎成小把悬挂于阴凉通风的室内、房檐下，让其自然干燥，储存至播种前脱粒。贮藏期忌烟熏火烤、雨淋等。

你知道吗

药农种子贮藏经验

在长期的生产实践中，为了提高种子的活力和发芽率，药农归纳出种子贮藏经验八忌：一忌用密封性强的容器（如塑料袋）；二忌接触地面；三忌烟熏；四忌虫蛀；五忌憋气；六忌混杂；七忌与农药、化肥混存；八忌储种不检查。

（三）种子的萌发

种子萌发是指种子从吸水膨胀开始至胚根、胚芽出现之间复杂的生理、生化和形态发生变化的过程。而其萌发是水分、温度、空气、光照等因素综合作用的结果。

1. 水分是种子萌发的首要条件　可以使种皮吸水膨胀变软，利于氧气、二氧化碳的出入；细胞质由凝胶状态变为溶胶状态，增强种子相关酶的活性，利于呼吸，物质转化、贮藏物质分解，为萌发提供能量。

2. 温度是种子萌发的必要条件　种子萌发过程物质转化旺盛，离不开相关酶的参与，适宜的温度是酶发挥催化效力的必备条件，因此必须保证适宜的温度。

3. 氧气是种子萌发的必要保证　种子萌发伴随胚的生长，需要呼吸代谢提供能量，而有氧呼吸需要充足的氧气。

4. 光照是种子萌发的重要条件　有些喜光的种子（如地黄）需要在光照下萌发；而另一些种子（如番茄）光照下萌发受到抑制，黑暗环境易于萌发。

三、种子质量评价

优良的种子是获得高产、优质药材的重要物质材料，因此，种子质量评价尤为重要。种子品质包括品种资源特性和播种特性，良种两者不可或缺。

品种资源特性是指种子的资源种类、优良程度及真实性，一般要通过田间播种观察才能准确鉴定。

播种特性是指种子的生活力、纯净度、含水量、饱满度、健康状况、外形整齐状况等。种子质量检验是了解种子质量的科学方法，就是用科学的方法对生产上的种子品质进行细致的检验、分析、鉴定，判断其优劣，可分为田间检验与室内检验两部分。室内检验是在收获脱粒后或对库房中种子样品进行的检验，它对于保证种子质量、实现种子标准化具有重要作用，也是预防植物病虫害传播的重要手段。

（一）种子质量检验的步骤

种子（质量）检验分为扦样（取样）、检验、评比、签证几个步骤。扦样就是按规定的方法、步骤，从大量的种子或繁殖材料中扦取小部分有代表性的样品，供检验品质之用。检验是用科学的方法、仪器对种子各项品质进行分析鉴定。评比则是根据检验获得的各种数据，与该品种质量标准进行比较、评判。签证就是将检验的各项目的结果填入种子检验结果单，由检验单位出具种子合格证书，并且定出种子等级，对不合格的种子则签发不合格通知书，并且提出处理意见。

（二）评价种子质量的方法

种子的质量可以采用经验方法评价。如用手探测种子的黏滞性、硬度评判种子含水量；据外观色泽、破损、霉烂程度评判种子生活力；据种子大小揣测其千粒重等。但经验方法不准确，因而通常要采用科学的方法测定。

1. 种子纯净度的测定 将取出的种子充分混合，随机取样，先称取其总重量，再清除种子中各种混杂物、泥沙、瘪粒、废种子等，剩下的即为净种子，称取重量。净种子重量占总重量的百分数，称为种子净度。种子净度低，说明混杂物多，应进行清选，以有利于贮藏和播种。

2. 种子千粒重测定 评判种子大小、饱满程度和充实程度，通常用千粒重表示。千粒重是指自然干燥的 1000 粒种子的重量〔用克（g）来表示〕。种子颗粒大的也可以用 100 粒重量来表示。种子较小的也可以先称取 10g，进行计数，再换算成千粒重。

3. 种子水分的测定 种子水分用种子含水量的百分率来表示。测定种子水分的含量，一般采用烘干减重法。大多数药用植物种子应用 130℃ 标准烘干法，含挥发油的种子，如茴香、当归、阿魏、砂仁等只宜应用 105℃ 标准烘干法。

4. 种子发芽力的测定 种子发芽力是指种子在适宜的条件下发芽，并且生长出幼苗的能力，通常用发芽率和发芽势来表示。发芽率是指发芽试验中已萌发种子数量占试验种子总数的百分数，表示种子能萌发的程度高低。发芽势是指发芽试验初期，在规定日期内种子的发芽率，表示种子萌发的整齐程度。

测定种子发芽率或发芽势可用培养皿、陶瓷浅盆或其他容器，内装河沙（小粒种子也可改用滤纸或吸水纸），加水使之充分吸水湿润，然后将种子放入，在适宜温度下让其萌发。

5. 种子生活力的测定 种子生活力，就是种子在一定外界环境条件下的生存能力。在一般情况下，要了解种子有无生活力是通过发芽试验来测定种子的发芽力。药用植物种子寿命、休眠期长短各异，有一些休眠期长的种子，如用常规发芽试验来测定种子发芽力，则需较长时间，因此多用生活力测定来代替发芽试验。测定生活力的方法很多，为目前国际上公认的、应用较广泛、效果较好的为红四氮唑法。

第二节　药用植物的营养繁殖技术

实例分析

实例 百合有性（种子）繁殖，因为多数种子发芽后生长速度缓慢、利用杂交百合的后代还会发生分离、不能保持原有的种性等缺陷，目前仍以无性繁殖为主。种子繁殖法在百合的种植中很少采用，目前产区药农最常用的繁殖法是在收获的鳞茎中，选择由数个（一般 4~6 个）围绕主轴带心聚合而成的大鳞茎，用手掰开作种。选择此类鳞茎的个体较大，不用进行培育就可以直接栽入大田，第二年 8~10 月份就可以丰收。

分析 1. 请问实例中的繁殖技术是什么？

2. 为什么药农会选择该繁殖技术？优势有哪些？

营养繁殖即是利用植物营养器官（根、茎、叶等）进行繁殖，又称无性繁殖。其利用的是植物营养体的再生能力、分生能力、接穗与砧木的亲和能力。在中药生产上，常将药用植物的茎、地下根茎、鳞茎、块根等作为无性繁殖的材料，被称为种茎、种根、种栽，如白术习称术栽、人参习称栽子。

一、营养繁殖的特点

营养繁殖的植株有天然优势：产生后代变异小，能保持母体的优良性状，不会出现性状分离；比种子繁殖的速度快，可以提前开花结果，可适用于种子繁殖植株生长慢、年限长或产量低的药用植物。如山茱萸、酸橙、玉兰等植物种子繁殖生长慢、开花迟，运用营养繁殖可提前 3~4 年开花。因而被广泛用于生产。

营养繁殖的植株也存在固有缺陷：营养苗的根系不如实生苗发达，对不良环境的抵抗力差，寿命短；适应性弱，生活力差，品种易衰退。如地黄、山药、半夏等。因此在生产上营养繁殖与种子繁殖应交替进行。

你知道吗

试管育苗

试管育苗是一种现代生物技术，是指通过组织培养快速繁殖获得植物幼苗的方法。试管育苗是利用植物细胞的全能性，截取植物一小部分组织或器官（外植体），在人工培养基和培养条件下诱导培养，获得完整植物的方法。此法具有用材少、繁殖速度快、繁殖系数大等优点，而且可以通过茎尖等培养获得无病毒植株，对于恢复品种的优良种性具有重要作用。主要缺点是技术复杂、成本较高，因而限制了其使用范围。目前通过组培育苗成功地长成完整植株的中草药品种很多，如人参、西洋参、当归、怀地黄、石斛、薄荷、半夏、百合、菊花、桔梗、川芎、景天、浙贝母等。试管组培育苗可用于大多数草本植物，但是大多数木本植物还不能用这种方法成功繁殖。

二、营养繁殖的基本方法

（一）分离繁殖

分离繁殖指将植株的萌蘖、茎或珠芽等营养器官从母体上分离出来，繁殖成新个体的方法。常见的方法有以下几种。

1. 分株繁殖 又叫分蘖繁殖，指将株丛分割成单株或将母株萌发的幼株分割下来繁殖。例如木瓜、菊花、薄荷、玉兰等均可采用此法。

2. 分根茎繁殖 利用地下横走的根茎或主根，根据芽数进行分割成数段，培养成新的独立个体。如射干、黄精、玉竹、仙茅、地黄等种植。

3. 分鳞茎繁殖　大鳞茎用作商品，小鳞茎用来作繁殖材料，若干年后形成大鳞茎。如百合、浙贝母、水仙等。

4. 分块茎繁殖　将新生的小块茎挖出，另行栽培，培育成新个体。如天南星、半夏、延胡索、白及等。

（二）压条繁殖

压条繁殖是将植物的枝条或茎压入土中，使其生根后与母体分离形成新个体的繁殖方式。这种方法最简便，成活率最高。压条时期视植物种类和当地气候条件而定，一般常绿植物多在梅雨季节、落叶植物多在秋季或早春萌发前。因梅雨季节温度高、湿度大，秋季或早春萌发前养分积累丰富，都有利于压条生根。常用的压条方法有空中压条和地面压条两种。

1. 空中压条　即是将所选枝条基部割伤，深1/3～1/2，撕裂后用塑料膜等装湿润腐殖土包裹伤口部位，保持土壤湿润，生根后分割繁殖，适用于酸橙、佛手、龙眼等植物（图4-1）。

2. 地面压条　是将所选枝条割伤后压向地面，伤口部位压入土坑中并盖土，固定枝条防止移动，生根后分割繁殖（图4-2）。

> **请你想一想**
> 促进压条生根的方法有哪些？常用的植物激素有哪些？

图4-1　空中压条示意图

图4-2　地面压条示意图

（三）扦插繁殖

扦插繁殖亦称插条繁殖，是从植株上剪取营养器官如根、茎、叶等的一部分插入土中，使其生根、萌芽形成新个体的繁殖方法。扦插法主要有枝插法和根插法两种。扦插的时期，一般自4月下旬至10月上旬均可进行，若有温室调节设备，一年四季均可扦插。

在枝插法中，木本植物多选一、二年生硬枝扦插，一般以休眠期为宜，如蔓荆、木槿、木瓜等；草本植物一般用半木质化的当年生嫩枝或芽扦插，时间多在5～7月，如菊花、藿香等；常绿植物宜在温度较高、湿度较大的雨季扦插。插床应疏松透气，以利生根成活和移栽，宜用砂土、砂壤土、蛭石、草炭等疏松基质制作。扦插时选取枝条，剪成10～20cm的小段，每段应有2～3个芽，上切面在芽的上方微斜，下切面在节的稍下方剪成斜面。常绿木本植物的插条应剪去叶片或只留顶端 1 ~ 2 片叶，嫩枝扦插一般也只保留少量叶片。不易生根的插条，下端可蘸取生根粉等生长素后再扦插。插后要保湿遮阴，有条件的可采用"全光照间歇喷雾扦插法"，通过叶片上形成的水膜防止阳光灼伤，并能进行光合作用，效果良好。

（四）嫁接繁殖

嫁接繁殖是将一株植物上的枝条或芽接到另一株植物上，使它们愈合生长而形成一个新个体的繁殖方法。嫁接用的枝条或芽叫接穗，承接接穗带根系的植物叫砧木，一般用适应性强的矮树做砧木。

嫁接获得的植株具两种植株的优点，既可体现砧木的矮化、抗寒、抗旱、耐涝、耐盐碱、抗病虫等特性，又能保持接穗的优良种性。以花果类入药的木本药用植物应用较多。一般规律是亲缘越近的植物，亲和力越强，嫁接时成活率越高。药用植物的嫁接要注意有效成分的变化。

常用的嫁接方法主要有枝接法和芽接法两大类。一般是采用低位嫁接法，即将接穗嫁接于砧木基部；也可采用高位嫁接法更新枝条。嫁接技术中最关键的是使砧木的形成层与接穗的形成层相密合，并要防止接口感染和水分蒸发。

1. 枝接法　一般用 1 ~ 2 年生枝条（带 2 ~ 3 个芽）为接穗进行嫁接。凡砧木粗大，皮层不易剥离或直接在基部嫁接的多用此法。嫁接时间多在早春，以植物休眠期将过、树液开始流动时为宜。根据嫁接的形式又可分为劈接、切接、舌接、皮下接等。劈接和切接是应用最普遍的两种枝接法（图 4 - 3）。

劈接　　　　切接　　　　皮下接　　　　　　舌接

图 4 - 3　枝接法示意图

切接法是用利刀于接穗下端芽的对面削成斜面，再用刀在砧木横断面的木质部与皮层之间向下深切，将接穗插入，并使接穗形成层与砧木形成层紧密相接。劈接法是在砧木横切面的中间或一侧向下切一刀口，将接穗下方两侧削成平滑的楔形斜面，轻轻插入砧木劈口，使接穗与砧木的形成层相互对准并紧密相接。

2. 芽接法　是在接穗上削取一个芽片（不带或稍带木质部），嫁接于砧木上，成活后由接芽萌发形成新植株。它具有接合牢固、易成活、操作简便等优点。一般在早春或夏末秋初（7 ~ 9 月）进行。秋季嫁接时间宜早，太晚的低温会影响接芽成活或冻死接芽抽生的嫩枝。目前应用最广泛的是 T 字形接法，即是在砧木侧面切 T 字形刀口，撕开树皮，将盾形接芽接入（图 4 - 4）。芽接后 9 ~ 10 天，轻触芽下叶柄脱落，芽片皮色鲜绿，说明已经成活。反之，叶柄不落，芽片表皮显褐色皱缩状，说明未接活，应重新嫁接。待接芽萌发抽枝后，在芽接处上方将砧木上部剪除即可。

1. 削取芽片　2. 取下的芽片　3. 插入芽片　4. 绑缚

图 4 – 4　T 字形芽接法示意图

实训五　种子品质检验及普通发芽实验

一、实训目的

会按规范操作完成种子纯净度、千粒重、发芽率、发芽势、生活力的测定。

二、实训器材与试剂

（一）仪器

培养皿、细砂（消毒）或脱脂棉、滤纸或吸水纸、镊子、烧杯、量筒、移液管、温度计、铅笔、标签、解剖刀（刀片）、放大镜、天平等。

（二）材料

生产上常用的药用植物种子。

三、实训方法

（一）种子纯度的测定

纯（净）度指在供试样品中除去杂质后，剩余的纯属该样品好种子重量所占的百分数。即：

$$种子纯度（\%）= \frac{供试样品总重 - 杂质总重}{供试样品总重} \times 100$$

式中所说的杂质包括该品种中的伤残、霉变、瘪粒等废种子和其他种类、品种的好坏种子，以及泥沙、枝叶花残体等。

将待测试种子随机取样 5 份，每份试样称取 20g（0.5g 以下称量保留三位小数，1～9g 保留两位小数，10～99g 保留 1 位小数），然后用挑选法拣去杂质，再依次称量净种的重量，根据公式计算各样品的种子纯度，计算 5 次平均值，即为该样品的净度。

（二）种子千粒重的测定

千粒重指随机数出的 1000 粒干燥种子的重量，以克为单位。它是种子活力与质量的重要指标，可以了解种子充实饱满状况、发育强弱，从而为播种量提供依据。

将待测试种子随机数取 5 份 1000 粒种子，称其重量即可。然后计算 5 次平均值，即为该样品的千粒重。种子颗粒特大的也可以用百粒重量。

（三）种子发芽率和发芽势的测定

1. 普通发芽试验方法

（1）取样　将经过净度测定的好种子随机数取试样 4 份，中、小粒种子，如黄芪、人参、地黄等，每份 100 粒，共 400 粒；大粒种子，如薏苡、芍药等，每份 50 粒，共 200 粒。

（2）摆样　发芽床的材料应根据种子的性质来选择，大粒种子用细砂或脱脂棉，小粒种子用滤纸或吸水纸，中粒种子两者均可。将干净而湿润的细砂盛装在消毒过的培养皿里，加入适量的水，再将比培养皿稍大的滤纸或吸湿纸贴在砂面上。将数好的每份种子均匀地排列在发芽床上，种子之间保持与种子同样大小的距离，使不互相接触，以免病菌或霉菌的传染。如用净砂床，应把种子压入砂内，使与砂面相平。然后在发芽皿上贴上标签，注明品种名称、样品号码、实验日期等，并将以上项目登记在发芽试验记载本上。

（3）发芽　将培养皿放在发芽箱或温室内，根据种子发芽的要求调好温度，一般控制在 20 ~ 30℃ 之间。如是变温，则在每日规定的时间加以调节。

（4）记录　在试验过程中应定期管理和检查，每天检查温度 2 次，并经常补给适量水分。如发现种子发霉，应将种子取出，如仅种子表面生霉，则经处理后仍放回发芽床；如种子内部已腐烂，应予剔除，将情况登记在发芽试验记载本上；如 5% 以上种子发霉，则应更换发芽床。种子开始发芽后，每天要观察记录发芽粒数。

（5）计算发芽率或发芽势　将观察记载的结果按公式算出各组种子的发芽势和发芽率。①种子发芽率是指在最适宜的条件下，发芽种子数与供试验种子数的百分比。②种子发芽势是指种子在最适宜的条件下发芽时，于规定的短期内（或从开始至发芽高峰为止的）发芽种子数占供试种子数的百分率。即：

$$发芽率(\%) = \frac{发芽种子粒数}{供试种子粒数} \times 100$$

$$发芽势(\%) = \frac{规定天数内发芽种子粒数}{供试种子粒数} \times 100$$

最后，将 4 份试样的发芽势和发芽率分别求出平均值，就是该批种子的发芽势或发芽率。

2. 种子发芽力的鉴定标准

（1）凡是符合下列条件的为正常发芽的种子。

1）禾本科药用植物的种子幼根至少达种子长度，幼芽至少达种子长度的 1/2。

2）单子叶药用植物的球形种子幼根和幼芽的长度不小于种子的直径，双子叶球形种子的幼根长度达到种子直径。

3）豆科药用植物的种子有正常的幼根，并至少有一个子叶与幼根相连，或两片子叶保留 2/3 以上。

（2）凡是有下列情况之一出现的，都作为不正常发芽的种子。

1）禾本科药用植物种于幼芽或幼根残缺、畸形或腐烂。

2）幼很显著萎缩，中间呈纤维状，或幼根、幼芽水肿状，无根毛。

豆科药用植物种子在真叶生出以前，两片子叶脱落或两片子叶残缺 2/3 以上。

四、考核方式

（一）按照要求提交记录详实的实训报告。

（二）思考题

1. 为什么发芽实验的结果通过求平均值来确定？

2. 请思考发芽势和发芽率之间的关联度？

实训六　种子活力的快速测定

一、实训目的

能熟练使用常用方法进行种子活力快速测定。

二、实训原理

（一）氯化三苯基四氮唑法（TTC 法）

凡有生命活力的种子胚部，在呼吸作用过程中都有氧化还原反应，而无生命活力的种胚则无此反应。当 TTC（2,3,5 - 三苯基氯化四氮唑）渗入种胚的活细胞内，并作为氢受体被脱氢辅酶（$NADH_2$ 或 $NADPH_2$）上的氢还原时，便由无色 TTC 变为红色的三苯基甲替（TTF）。

（二）溴麝香草酚蓝法（BTB 法）

凡活细胞必有呼吸作用，吸收空气中的 O_2，放出 CO_2。CO_2 溶于水成为 H_2CO_3，H_2CO_3 解离成 H^+ 和 HCO_3^-，使得种胚周围环境的酸度增加，可用溴麝香草酚蓝法 BTB 法来测定酸度的改变。BTB 的变色范围为 pH 6.0~7.6，酸性呈黄色，碱性成蓝色，中间经过绿色（变色点为 pH 7.1）。色泽差异显著，易于观察。

（三）红墨水染色法

凡活细胞的原生质膜均具有选择性吸收物质的能力，而死的种胚细胞原生质膜丧失这种能力，于是染料便能进入死细胞而染色。

三、实训器材与试剂

（一）实训仪器

恒温箱、烧杯、培养皿、镊子、刀片、天平、漏斗、滤纸、琼脂。

（二）实训试剂

1. 0.5%TTC 溶液　称取 0.5%TTC 放在烧杯中，加入少许 95%乙醇使其溶解然后用蒸馏水稀释至 100ml，溶液避光保存，若变红色，即不能再用。

2. 0.1%BTB 溶液　称取 BTB 0.1g，溶解于煮沸过的自来水中（配制指示剂的水应为微碱性，使溶液呈蓝色或蓝绿色，蒸馏水为微酸性不宜用），然后用滤纸滤去残渣。滤液若是黄色，可加数滴稀氨水，使之变为蓝色或蓝绿色。此液贮于棕色瓶中可长期保存。

3. 1%BTB 琼脂凝胶　取 0.1% BTB 溶液 100ml 置于烧杯中，将 1g 琼脂剪碎后加入，用小火加热并不断搅拌。待琼脂完全溶解后，趁热倒在数个干洁的培养皿中，使成一均匀的薄层，冷却后备用。

4. 5%红墨水

（三）实训材料

薏苡、红花等常用药用植物的种子。

四、实训方法

种子生活力指种子发芽的潜在能力和种胚具有的生命力。测定种子生活力的方法很多，常见的方法如下。

（一）氯化三苯基四氮唑法（TTC 法）

1. 浸种　将待测种子在 30～35℃温水中浸种 6～8 小时，以增强种胚的呼吸强度，使显色迅速。

2. 显色　取吸胀的种子 200 粒，用刀片沿种子胚的中心线纵切为两半，将其中的一半置 2 只培养皿中，每皿 100 个半粒，加入适量的 0.5% TTC，以覆盖种子为度。然后置于 30 恒温箱中 0.5～1 小时。观察结果，凡胚被染成红色的是活种子。

将另一半在沸水中煮 5 分钟杀死胚，进行同样染色处理，作为对照观察。

3. 计算　计算活种子的百分率。

（二）溴麝香草酚蓝法（BTB 法）

1. 浸种　同 TTC 法。

2. 显色　取吸胀的种子 200 粒，整齐地埋于准备好的琼脂凝胶培养皿中，种子平放，间隔距离至少 1cm。然后将培养皿置于 30～35℃下培养 2～4 小时，在蓝色背景下观察，如种胚附近呈现较深黄色晕圈的是活种子，否则是死种子。

用沸水杀死的种子作同样处理，进行对比观察。

3. 计数 统计种胚附近出现黄色晕圈的活种子数，算出活种子百分率。

（三）红墨水染色法

1. 浸种 同 TTC 法。

2. 染色 取已吸胀的种子 200 粒，沿胚的中线切为两半，将一半置于培养皿中，加入 5% 红墨水（以淹没种子为度），染色 10~15 分钟（温度高时间可短些）。

染色后倒去红墨水，用水冲洗多次，至冲洗液无色为止。检查种子死活，凡种胚不着色或着色很浅的为活种子；凡种胚与胚乳着色程度相同的为死种子。可用沸水杀死的种子作为对照进行观察。

3. 计数 统计种胚不着色或着色浅的种子数，算出活种子百分率。

五、考核方式

（一）按照要求提交记录详实的实训报告。

（二）思考题

请比较三种种子活力快速测定方法的异同？

实训七 药用植物的扦插繁殖技术

一、实训目的

掌握扦插繁殖的操作技术。

了解扦插繁殖的基本原理及生长素、化学物质对插条生根的影响。

二、实训原理

扦插是利用植物营养器官的再生作用，自母体割取一部分，在适当的条件下扦插于土或沙中，发生新的根及芽，而成为独立的新植株。一定浓度的生长素具有促进插条生根的作用，利用适宜浓度的生长素处理插条可促进插条生根。

三、器材与试剂

（一）实训仪器

培养钵（苗床）或扦插箱、枝剪、瓷盘、1000ml 烧杯、量筒、试剂瓶等。

（二）实训试剂

蒸馏水、萘乙酸、2,4-D（生长素类似物）、蔗糖、高锰酸钾。

（三）实训材料

木瓜、石榴、枳壳、杜仲或其他木本药用植物的一、二年生枝条，菊花嫩枝，秋海棠的叶片、丹参、防风的根等。

四、实训方法

（一）准备扦插床

先在培养钵底部的排水孔盖好瓦片，铺 4~5cm 湿润细砂，再铺 2~8cm 疏松细碎的腐殖质，作为扦插床。

（二）配制试剂

配制 5% 蔗糖溶液，0.1% 高锰酸钾溶液，10ppm 2,4-D 溶液，200ppm、300ppm、400ppm、500ppm 萘乙酸溶液。生长素配制方法：先将 1mg 生长素溶解于 50ml 95% 乙醇中，再加 50ml 蒸馏水稀释成 1% 的原液，使每毫升溶液中含有 0.01mg 生长素，盛于黑色玻瓶中放阴暗处贮藏。使用时，取 1ml 原液加 1000ml 蒸馏水即得 10ppm 的 2,4-D 溶液。

（三）材料选择

木本材料应在母株的中部选取当年或一年生健壮枝条；草本植物如秋海棠选生长充实的叶片；菊花、石竹等选用健壮的新梢；丹参、防风等选用一年生直根。

（四）材料处理

从母株上选好枝条，剪成 5~10cm 长的插条，其上至少具有 2 个芽。截剪插条时，下端应齐节平剪或稍斜剪，上端则稍离节部处斜剪。常绿树或软扦插，每插条上端必须保留 1~2 个叶片，如叶片较大，可剪去一部分。根扦插将根剪成 5~7cm 的插条。

插条剪好后捆成小束，基部浸入盛有处理试液的容器内。浸渍时间视溶液的种类、浓度，插条的种类、成熟度及季节（温度）而定。本实训拟进行如下几种处理：叶插（秋海棠）不作处理，直接插于扦插床。杜仲或其他木本药用植物插条用不同浓度的萘乙酸溶液处理（表4-1），探索促进插条生根的适宜浓度。根插条可不作处理。

表 4-1 不同浓度的处理

试液	材料	枝数（条）	浓度	处理时间（h）
蔗糖	菊花	5	5%	3
高锰酸钾	杜仲	5	0.1%	3
2,4-D	杜仲	5	10ppm	3
萘乙酸	杜仲	5	200ppm	3
萘乙酸	杜仲	5	300ppm	3
萘乙酸	杜仲	5	400ppm	3
萘乙酸	杜仲	5	500ppm	3

（五）扦插

将处理好的插条，用清水冲洗后，按一定的株行距斜插入扦插床里，顶端露出床面为插条长度的 1/4~1/3。根扦插直立插入床土中，顶端覆盖土 2~3cm 厚，并注意上下端不可颠倒。插后喷水，使床内土壤湿润，遮阴避免阳光直射。同一组试验的不同处理应在同一环境下进行同样管理。注意及时淋水，保持空气和土壤一定湿度，以利成活。每组试验都要认真观察记载。

五、考核方式

（一）按照要求提交记录详实的实训报告。

（二）思考题

扦插操作中，注意事项有哪些？为什么？

实训八 药用植物的嫁接繁殖技术

一、实训目的

掌握嫁接的一般操作技术。

能描述嫁接繁殖基本原理。

二、实训原理

植物嫁接能成活，主要靠砧木和接穗结合部的形成层的再生能力。嫁接后，形成层的薄壁细胞进行分裂，形成愈伤组织，然后分化出结合部的输导组织，与砧木和接穗的组织相连通，使两个异质部分结合成一个整体，成为新的植株。

三、实训器材与试剂

（一）实训仪器

芽接刀、劈接刀、枝剪、塑料袋等。

（二）实训材料

佛手、山茱萸的枝条和芽，酸橙、山茱萸的实生苗。

四、实训方法

常用的嫁接方法有枝接和芽接。本实验只进行佛手的短枝嫁接。

（一）砧木的选择与接穗的采集

以佛手为接穗，以酸橙的实生苗为砧木。接穗必须从经过评选的优良母本树上选取发育充实的春、夏梢。

（二）嫁接操作方法

1. 腹接法

（1）削接穗 选芽饱满、健壮的枝梢，截成 1.5cm 的小段，下端切口在叶柄下

1cm处，一侧削成45°的斜面，另一侧从芽基部起平削一刀，削穿皮层，不伤或微伤木质部，呈现出黄白色的形成层。

（2）切砧　在砧木5～10cm之间，选平滑少节处，从上往下纵切一刀，长约1.8cm。切的深度要切穿皮层，不伤或微伤形成层。

（3）嵌芽　用拇指和食指拿着接穗两侧，插入砧木切口内，接芽下端抵紧砧木切口，两者削面要对准贴紧，如砧木较粗，接芽应偏在一边，以便形成层对准。

（4）绑缚　用1cm宽的塑料袋从接口下方向上绑缚，将接口全部包扎，仅芽及叶柄外露，打成活结，切莫使接芽移动位置。

2. 切接法　此法操作方便，苗木生长健壮，但嫁接时间短，主要在春初进行。

（1）削接穗　同腹接法。

（2）切砧　在离地面2～3cm处剪除砧干，选皮厚、光滑、纹理顺处把砧木切面斜削少许，再在皮层内略带木质部垂直下切2cm左右。

（3）插接穗　将接芽插入砧木的切口中，使接芽的长斜面两边的形成层和砧木两边的形成层对准。靠紧，如果接芽细小，必须保证一边的形成层对准。

（4）绑缚　接芽插入砧木后，用塑料带从上往下把接口绑紧，露出叶柄。绑缚时注意不要触动接芽。

（5）埋土　绑缚后用黄黏泥盖好切口，再用土把砧木和接芽全部掩埋。埋土时，砧木以下部位稍镇压，接芽部分埋土稍松，接芽上方埋土更要松些，以利接芽萌发。

（三）接后管理

1. 检查成活情况　接后3～4天检查接芽，如其叶柄一触即落，芽片皮色鲜绿，即属成活；如叶柄不脱落，芽片干枯，表示未成活，要进行补接。

2. 解绑　接活10余天后，要解除绑缚，以利生长。对于单芽切接的解绑，要在芽体膨大时，用刀尖挑破芽点上端的塑料带，等新梢抽出10～15cm时再解除全部塑料带。

3. 剪砧　腹接成活后要剪砧。一般分两次进行，第一次在接口上10～15cm处剪断，当接穗长到15cm左右已木质化时，再从接口处上方把砧木桩全部剪去。如一次剪在接芽近上方，会因剪口水分蒸发使接芽新梢失水干枯。

五、考核方式

（一）按照要求提交记录详实的实训报告。

（二）思考题

1. 腹接法与切接法适用范围是什么？

2. 嫁接后如何进行管理可提高成活率？

目标检测

一、单项选择题

1. 种子的寿命与（　　）因素无关。

    A. 种皮颜色　　　　　　　　　　　　B. 种子基因型

    C. 种子个体发育程度　　　　　　　　D. 种子在母体生长的生态环境

2. 净度分析时，发现种子的胚被虫子吃掉，其他部位完整，这类种子应列为（　　）。

    A. 净种子　　　　B. 废种子　　　　C. 杂质　　　　D. 其他植物种子

3. 鉴别种子的大小、饱满和充实度，用眼看不可靠，而颗粒比较小的种子一般应取（　　）粒种子。

    A. 25000　　　　B. 10000　　　　C. 1000　　　　D. 100

4. 为了测定菟丝子的发芽率，随机选取 1000 粒种子，其中有 150 粒没有萌发，请问该批种子的发芽率是（　　）。

    A. 15%　　　　B. 90%　　　　C. 85%　　　　D. 70%

5. 下列不是种子成熟标志的是（　　）。

    A. 含水量迅速降低时，籽粒干重达到最大值

    B. 质地变硬

    C. 颜色变浅

    D. 颜色变深

6. 木本植物嫁接成活的关键是下列（　　）要对接。

    A. 髓心　　　　B. 形成层　　　　C. 木质部　　　　D. 皮部

7. 草本植物的枝扦插法繁殖的时间一般为（　　）。

    A. 3~7 月　　　　B. 3~4 月　　　　C. 5~7 月　　　　D. 全年均可

8. 扦插促进生根的技术和方法是（　　）。

    A. 机械处理　　　　B. 化学药剂处理　　　　C. 生长激素处理　　　　D. 以上都属于

9. 下列不属于营养繁殖材料的是（　　）。

    A. 种茎　　　　B. 种子　　　　C. 种栽　　　　D. 种根

10. 空中压条多用于高大乔木或木质化强的灌木，下列不宜用此法繁殖的药材是（　　）。

    A. 酸橙　　　　B. 佛手　　　　C. 栀子　　　　D. 龙眼

二、多项选择题

1. 种子萌发必备的条件是（　　）。

    A. 水分　　　　B. 光照　　　　C. 温度　　　　D. 氧气

2. 硬实种子休眠的原因是（　　　）。

　A. 种子不透水、不透气　　　　　　　B. 种胚未成熟

　C. 种皮的机械约束作用　　　　　　　D. 缺少光照

3. 分离繁殖包括（　　　）。

　A. 分株　　　　　B. 分球茎　　　　　C. 分块茎　　　　　D. 分鳞茎

4. 嫁接获得的植株具两种植株的优点，既可体现砧木的耐涝抗病虫等（　　　）特性，又能保持接穗的优良种性。

　A. 矮化　　　　　B. 抗寒　　　　　C. 抗旱　　　　　D. 耐盐碱

三、思考题

请简要描述种子质量检验的具体步骤，并注明有哪些需要注意。

书网融合……

划重点　　　　自测题

PPT

第五章 中药材规范化种植的基本技术

学习目标

知识要求

1. **掌握** 复种、间作、混作、套作等种植制度；土壤耕作方法；种子质量与种子的清选、育苗与移栽技术；施肥与水分管理等田间管理技术。

2. **熟悉** 连作减产和轮作增产；土壤耕作方式和作用；播种、育苗与移栽的方式和特点；田间管理的方法和作用。

3. **了解** 立体种养；常见的中药材种苗繁育技术。

能力要求

1. 能够根据植物的特性选择合适的种植制度及土壤耕作技术。

2. 能够根据不同的植物选择合适的种子处理方法，进行播种或育苗。

3. 通过查阅资料，能够根据具体的中药材进行规范种植的基本田间管理技术操作。

实例分析

实例 假设你所在的公司经营有中药材种植的业务，某天，领导找到你，说公司准备在某地种植广藿香，让你去现场考察一下具体怎么种植，回来跟领导汇报。

分析 请问去到现场你会考察哪些因素？

第一节 中药材规范化种植与种植制度

种植制度，又称栽培制度，是一个地区或生产单位种植植物的布局和种植方式的总称。它是某单位或某地区所有栽培植物在该地空间上和时间上的配置（布局），以及配置这些植物所采用的如复种、间作、套作、轮作等种植方式所组成的一套种植体系。我国幅员辽阔，土壤、气候、地形等复杂，栽培的作物种类、品种繁多，故各地的栽培制度差异很大。合理的栽培制度才能提高中药材的产量和质量，增加总的经济效益。

一、复种

复种是指一年之内在同一块土地上种收两季或多季植物的种植方式。

复种的类型因分法不同而异。按年和收获次数分有一年一熟、一年二熟、一年三熟、一年四熟、二年三熟、二年五熟及二年七熟；按植物类别和水旱方式分有水田复种、旱地复种、粮食复种、粮肥复种、粮药复种；按复种方式分有接作复种、套作复种、间套作复种等。如广东粤西地区的"水稻—经济作物—水稻"种植方式，一年三熟，在有限的土地上，合理的复种能充分利用自然资源，保持水土，还能恢复和提高地力，提高单位面积的产量。

复种程度的高低，通常用复种指数表示。复种指数是以全年播种总面积除以耕地总面积的百分数。

$$复种指数（\%）=（全年播种总面积÷耕地总面积）×100\%$$

我国长江以南多数省份复种指数多在为230%左右，西南地区及长江以北、淮河秦岭白龙江以南均在150%~170%之间，长城以南淮河秦岭白龙江以北的华北各省（山西省除外）多数在140%以上。我国人多地少，提高复种指数非常必要。

一个地区能否复种以及复种程度的大小，与一定的自然条件、生产条件与技术水平相关。自然条件主要是热量和降水量，生产条件包括人畜力及机械化程度、水利设施和肥料准备等。药用植物一般不单独复种，常与粮食作物、蔬菜等搭配复种。

二、单作、间作、混作与套作

1. 单作　指在一块地上，在一个生育期内，只种植一种植物。如人参、黄连、当归、郁金、红花等常采用单作。

2. 间作　指在同一块地上分行或分带间隔种植两种或两种以上的植物，这些植物生育季节常相近似，如四川江油附子间作马蓝。间作有利于相互利用对方特性，并充分利用光照、土地等自然资源，提高经济效益。多行成带状间隔种植的称为带状间作，有利于田间作业，提高劳动生产率，同时便于发挥不同植物各自的增产效能。

3. 混作　指两种或两种以上生育季节相近的植物，按一定比例混合撒播或同行混播在同一块地上的种植方式，如山西黄芪混种油菜。混作与间作相似，但混作的植物在管理方面应该近似，否则不便管理和难以提高效益。

4. 套作　是指在前季植物生育后期，在其株行间播种或移栽另一种后季作物的种植方式。这种一前一后结合在一起的种植方式，可以充分利用时间和空间，或利用前一作物为后一作物苗期遮阴。

> **请你想一想**
>
> 间作、混作和套作分别适用于种植什么植物？相比单作，它们各有什么优点？

间作、混作、套作是在人为的调节下，组成的合理的复合群体结构。这种群体结构能充分利用光能和地力，利用不同植物间某些互补关系，减少竞争，相互利用，可保证稳产增收。但如果处理不当，则不能达到目的，甚至反而导致减产减收。因此，要注意以下几个问题。

一要充分利用生长季节，通过不同植物在生育时间上的互补性，如果树或木本药用植物幼龄期间作蔬菜、粮食、药材等。二是充分利用光能，选择具有不同时空分布特点的植物组成复合群体，如植株一高一矮、叶片一宽一窄、叶夹角一大一小、生理上一阴一阳、最大叶面积出现时间一早一晚等。三要充分利用土壤养分。不同的植物，根系有深有浅、有疏有密，将不同类型根系（如直根系与须根系）的植物合理间混套作，形成对土壤养分充分利用的立体根群。四是选择组合时，必须考虑能否增强群体的抗逆性。间混套作是人类通过模仿自然群落，使单一的生物相变成了复杂的生物相，有利于群体抗击自然灾害和不良的生态环境。

三、立体种养

（一）立体种养

立体种养指在同一块田地上，植物与食用微生物、农业动物或鱼类等分层利用空间种植和养殖的结构；或在同一水体内，水生或湿生药用植物与鱼类、贝类相间混养、分层混养的结构。前者如玉米（甘蔗）和菌菇、莲子和鱼共同种养，后者如藻类（海带）和扇贝、海参共养。立体种养的发展历史虽不长，但这种模式的前景较为广阔。

（二）立体种植

与立体种养相类似，立体种植指在同一块田地上，两种或两种以上的植物从平面、时间上多层次地利用空间的种植方式。如云南植物研究所建成的立体种植模式，上层是橡胶树，第二层是中药材肉桂和罗芙木，第三层是茶树，最下层是耐荫的名贵中药砂仁，使能量和物质转化效率及生物产量均比单一纯林显著提高。

四、连作与轮作

（一）连作

连作指在同一块地上连续种植同一植物的栽种方式。药用植物连作会导致生长发育不良，产量大幅下降，品质变劣。主要原因是：由于连年种植相同的植物，势必会造成该种植物偏好的营养元素出现匮乏，从而影响土壤养分的平衡，同时，连作过程中，土壤内会不断积累一些有毒物质，影响植物生长；伴生杂草也会增多，病虫害积聚加重；土壤理化性状变坏，由于连作同种作物，因自身代谢，分泌某些物质增多，使土壤 pH 等理化性状变差，施肥效果降低。由此可知，药用植物连作弊病较多，一般不宜连作，而应轮作，轮作则可避免上述缺点，保证药材优质高产。

（二）轮作

轮作是指在同一块地上，按照一定的植物或不同的复种方式的顺序，轮换种植不同植物的种植方式。前者称为植物轮作，后者称为复种轮作。轮作增产是人类总结出来的经验，一方面，轮作能充分利用土壤营养元素，提高肥效；另一方面轮作能减少病虫害，克服自身排泄物的不良影响；此外，轮作能改变田间生态条件，减少杂草危害。在安排药用植物轮作时应注意的问题如下。

1. 对于叶类、全草类药用植物，要求土壤肥沃，需氮量高，应选择豆类或蔬菜作前茬。这类药用植物如穿心莲、薄荷、细辛、颠茄、紫苏、荆芥、毛花洋地黄、长春花等。

2. 对于播种浅的细小粒种子的药用植物，应选择豆科或收获期较早的中耕作物作前茬。这类药用植物如桔梗、党参、藿香、柴胡、穿心莲、紫苏、白术、牛膝等。

3. 对于某些药用植物与作物、蔬菜等同属某种病菌虫害的寄主，不能轮作，或轮作时茬口安排必须错开。如地黄与大豆、花生有相同的胞囊线虫，枸杞与马铃薯有相同的疫病，红花、菊花、水飞蓟、牛蒡等易受蚜虫危害。

4. 有些药用植物生育年限长，轮作周期长，可单独安排其轮作顺序。如人参需 10 年，大黄 5 年，黄连 7 年，丹参 1～2 年才能轮作。

你知道吗

连作减产的原因

许多中药材，特别是多年生中药材连作时，生长发育不良，产量大幅下降，品质也低下。如红花、薏苡、玄参、天麻、当归、大黄、黄连、三七、人参等。主要原因有：①植物生长发育全程或某个生育时期所需的养分不足或肥料元素比例不调。由于每块地都有一定的肥力基础，栽培某种植物后，原有的肥力减少，特别是该植物所需的营养元素种类和数量大幅度减少。②病菌害虫侵染源增多，发病率、受害率加重。该植物被病菌害虫侵染后，植物残体和土壤中存留了许多侵染源，连作时，这些病菌害虫又遇到了适宜寄主，容易连续侵染危害，故发病率高。同时连作的植物抗病力差，所以受害率高。③土壤中该植物自身代谢产物增多，土壤 pH 等理化性质变差，施肥效果降低。④伴生杂草增多。

但是，也有少数作物和药用植物是耐连作的，如水稻、莲、洋葱、大麻、平贝母等。

🗐 第二节　土壤耕作技术

土壤耕作是指在栽培过程中，利用犁、耙、耱等农具，通过物理机械作用，改善土壤耕层构造和地面状况，使土壤中水、肥、气、热状况相互协调，提高有效肥力，为植物的播种出苗、生长发育而采取的一系列改善土壤环境的技术措施；包括耕翻、耙地、耱地、镇压、起垄、作畦等。

土壤耕作的任务可以概括为以下几点：一是适当加深耕层，改变耕层土壤的固相、液相、气相比例，调节土壤中水、肥、气、热等因素的存在状况；二是保持耕层的团粒结构；三是创造肥土相融的耕层；四是粉碎、清除或混拌根茬和杂草残体；五是创立适合中药材生长发育的地表状态。

一、耕翻

耕地经过种植作物后，土壤逐渐沉实板结，需要进行耕翻。翻地可以变换土壤上下层次、松散土壤、掩埋有机肥料和作物残茬、杂草、病虫残体等作用。耕翻后，土壤孔隙度增加，通气性改善，可促进养分释放，使土壤蓄水、渗水、供肥、保肥能力提高。

（一）翻地深度

翻地深度因药用植物根系分布深浅和土壤性质而异。研究表明，0～50cm 范围内，产量有随深度的增加而提高的现象。超过这一范围，增产、平产、减产均有，而所需劳力、动力消耗则成倍增加。绝大多数药用植物根量的80%都集中在0～50cm 范围内，这可能与土壤空气中含氧量自上而下逐渐减少，深层土温偏低，养分缺乏，不利于根系的生长有关。一般认为，旱地土壤耕翻深度以 20～25cm 较适宜，但也有如黄芪、甘草、牛膝、山药等深根性药用植物耕翻超过一般深度，而平贝母、川贝母、半夏、黄连等药用植物的耕翻低于一般深度。

采用一般农具耕翻地，深度多在 16～22cm；用机引有壁犁翻地，深度可达 20～25cm；用松土铲进行深松土，深度可达 30～35cm。

土壤耕翻时应注意以下几点：不要把大量的底层土翻于耕层，会造成表层有机质缺乏，养分少，物理机械性能差，不利于植物生长；翻地应与土壤改良和施肥结合，翻地时结合翻沙压淤或翻淤压沙、掺沙等措施改良土壤，或补施各种肥料，以改善土壤结构；结合土壤墒情适时耕作，不宜湿耕和干耕；对于大多坡地、荒地应依据地势横坡耕作或倾斜耕作，以减少水土流失。

（二）翻地时间

耕地要在前作收获后才能进行，具体时间因地而异。我国东北、华北、西北地区，冬季寒冷，土地耕翻多在春秋两季进行，即春耕和秋耕。长江流域及以南各地，冬季温暖，一般是随收随耕，但大多以冬耕为主。

秋耕多在植物收获后，土壤冻结前进行。秋耕后，土壤经过冬季冰冻，质地疏松，既消灭土壤中的病源和虫源，提高土壤持水力，又能提高春季土壤温度。北方秋耕多在植物收获后，土壤结冻前进行。经验认为，植物收获后尽快翻地利于积蓄秋墒，防止春旱。

北方的春耕是给已秋耕的地块耙地，镇压保墒和给未秋耕的地块补耕，为春播和秧苗定植做好准备，一般春耕应提早，因早耕温度低、湿度大，易于保墒。适当浅耕（16～22cm），力争随耕随耙，必要时再进行耙耢和镇压作业，以减少对春播植物的影响。

南方冬耕是在前作物收获后及时耕翻，翻埋残茬（桩），浸泡半个月至一个月，临冬前犁耙一次，直接越冬或蓄水越冬，开春后再整地作业。

二、表土耕作

表土耕作是配合基本耕作进行的辅助性措施，包括耙地、耢地、镇压、起垄、开沟、作畦等作业。通常把翻地称为基本耕作，表土耕作看作是配合基本耕作的辅助性措施。其目的在于对耕翻后的土体，在 0～10cm 耕层范围内做进一步的整理，改善地面状况，使之符合播种或移栽的要求。

（一）耙地

通常采用圆盘耙、钉齿耙、弹簧耙等破碎土垡，平整地面，混拌肥料，耙碎根茬杂草，减少蒸发，抗旱保墒等。耙地除在耕翻后使用以外，还用于收后灭茬，播种前后和某些作物苗期，生产上应用极为普遍，尤其丘陵山区，田地窄小，不便机耕，常用锄头碎土和平整地。

（二）耢地

耢地又称耱地，其工具由荆条或柳条编织而成。耙地后常有耙齿的细沟，不利保墒，耙后耢地可把耙沟耢平，兼有平土、碎土和轻压的作用，在地表构成厚约 2cm 的疏松层，下面形成较坚实的耕层，这是北方干旱地区或轻质壤土常用的保墒措施。耢地和耙地常采用联合作业方式进行。

（三）镇压

镇压是利用重力作用于土壤表层的常用耕作措施，可使过松的耕层适当紧实，压碎土块，平整土面，减少水分损失，还可使播后的种子与土壤密接，有利于种子吸收水分，促进发芽和扎根；也可消除耕层的大土块，特别是表层土块和土壤悬浮，保证播种质量，使之出苗整齐健壮。此外，镇压也常用于防止作物徒长和弥合田间裂隙。

（四）旋耕

我国南方地区近年来常用旋耕机进行整地，一次能完成耕、耙、平、压等作业。旋耕的碎土拌土力强，使耕层松碎平整，也可以压下绿肥和其他有机肥料，使土肥相融，均匀混合，提高肥效。旋耕的缺点是耕作深度一般仅 12cm 左右，单用旋耕机进行耕作往往会使耕层变浅。

（五）作畦

四川又叫厢。雨水多，地下水位高的耕地，开沟作畦是排水防涝的重要措施。作畦的主要目的是控制土壤中的含水量，便于灌溉和排水，改善土温和通气状况。常见的有平畦、低畦、高畦三种。

平畦畦面与通路相平，平整地面后不在畦面开沟，一般在雨量均匀、不常灌溉的地区采用。低畦是畦间走道比畦面高，畦面低于四周，便于蓄水灌溉，在雨量较少或经常需灌溉的区域，多采用低畦。高畦畦面突起，呈脊背形，有利排水，增加土温，一般是在降雨多、地下水位高或排水不畅的地区采用。在冷冻的地区栽培根及根茎类药用植物，大多采用高畦，既增高土温，又可使主根深入土层，提高其商品性。

关于畦向，各地不尽一致，但大多认为，畦向不同，药用植物接受日光、风和热量的强度不同。在坡地，畦向应是斜倾向，可减缓径流水速，防止冲刷；在多风地区，畦向应与风向平行，可减轻风寒和利于行间通风，尤其高棵和搭架的药用植物。一般而言，冬季以东西畦向为好，可增加光照；夏季以南北畦向为好，可降低土温。

（六）起垄

垄作常见于寒冷北方地区（南方将宽1m以下的高畦称为垄或埂），是在耕层筑起垄台和垄沟，一般垄高为20～30cm，垄距30～70cm，垄台上种植。垄作栽培的地面呈波浪形起伏状，地表面积比平作增加25%～30%，受光面积大，垄温昼夜温差大，有利于物质的积累，特别适宜于根及根茎类药用植物。垄作便于排水防涝，基部培土，促进根系生长，提高抗倒伏能力，改善低洼地农田生态条件。

三、少耕法和免耕法

少耕法和免耕法是近30年发展起来的一种新的耕作法，引起全世界的重视，许多国家正在进行广泛试验和研究。少耕法的特点是缩小耕作面积，减少耕作次数。一般是在土壤耕翻后立即播种，不进行表土平整和镇压等作业，避免压实土壤，破坏结构，土壤表面粗糙疏松，并有残茬覆盖，截留雨雪，促进水分渗入土壤，减少风蚀。

免耕法是由少耕法发展而来。是在前作收获时，将秸秆打碎还田覆盖，采用特制的免耕播种机，一次性完成播种行的灭茬、播种、施肥、施药、镇压等作业，不再耕翻、耙地，在作物生长期中，视情况使用1～2次除草剂或其他农药。目前免耕法的理论研究和应用还待完善，在药用植物栽培上，四川彭山种植泽泻已成功应用免耕法。

你知道吗
_____

免耕法和少耕法具有如下优点：①地面残茬覆盖可以减轻雨水对土壤的直接冲击，减少地面径流和水土流失，减少地面蒸发，降低风速，抗御风沙为害。②与传统耕作法相比，免耕法可以减少机具进地次数，可减轻农机具对土壤的压实和对土壤结构的破坏。③可以有效节约能源，降低生产投资。④免耕法的耕层紧实度比较适宜，减缓了土壤有机物质的矿化率，有利于有机质的积累和作物根系的生长。⑤做到不违农时，扩大了复种面积。美国在应用免耕法之后，一年两熟的面积向北纬推进了两度。

但是，免耕法也有其地域性和不利因素，一般在干旱的风沙地区效果较好，低洼的黏土地效果不好。同时，免耕法病虫害较多，多年生杂草不易根除。

第三节　中药材种苗繁育技术

此处所说的种苗是指能提供繁殖后代和扩大再生产的播种材料。包括以下几种类型：种子、果实、营养器官、孢子等。

种子、果实繁殖都是经过性发育阶段，胚珠受精后形成种子，子房形成果实。所以人们把种子、果实繁殖称作有性繁殖，靠营养器官繁殖的统称为营养繁殖。本节主要介绍最为常见的种子繁殖。

一、播种前种子处理

（一）种子准备

相比其他农作物、蔬菜、果树等，中药材在种植业务中所占比例较小，各品种的种植面积也小，分布区域狭窄，因此，列入种植计划的种子必须提前做好准备，购买或调入种子时，必须进行必要的检验，按照种子质量以及播种面积，换算足够的种子，以免耽误农时。种子质量一般用物理、化学和生物学的方法检验，主要检测的项目包括纯度、饱满度、发芽率、发芽势及有无种子生活力等。

（二）播种量

播种量是指单位面积上所播的种子重量。在实际种植时，播种量是以理论播量为基础，根据地块土壤质地松黏、气候冷暖、雨量多少、种子大小及质量、直播或育苗、耕作水平、播种方式（点播、条播、穴播）等情况，适当增减播种量。理论的播种量公式如下：

播种量$(g/667m^2)$ = ［$(667m^2/$行距×株距$)$ ×每穴粒数］／（每克种子粒数×纯度%）×发芽率

（三）种子清选

作为播种材料的种子，必须在纯度、净度、发芽率等方面符合种子质量的要求。一般种子纯度应在96%以上，净度不低于95%，发芽率不低于90%。对于那些纯度不符合要求的种子，在播种前要进行清选，清除空粒、瘪粒、病虫粒、杂草种子及秸秆碎片、泥沙等杂物，以保证种子纯净饱满、生命力强。另外，一些伪品和易混淆品也要挑出。常用的种子清选方法有以下几种。

1. 筛选　是经常使用的选种方法。选择筛孔相适合的筛子，进行种子分级，筛除细粒、瘪粒及其他夹杂物，选取充实饱满的种子作种。

2. 风选　宜用风车，不宜用自然风力。风选时，种子越重，抛落距离越近；风力越大，吹离的种子越多，留下的种子越饱满。因此，在风力作用下，空壳、瘪粒在较远的地方降落，这样就剔除了空壳、瘪粒和夹杂物，选得洁净充实饱满的种子。

3. 液体比重选　将种子放在液体中，充实饱满的种子比重大，下沉底部，不饱满轻粒比重小，上浮液体表面，中等重量种子悬浮在液体中部，这样就可以将各级种子分开。常用的液体有清水、泥水、盐水和硫酸铵水等。应根据药用植物种子类别和品种，配制适宜浓度的溶液。如人参、西洋参、大枫子等可用清水选，海南萝芙木用4%~6%盐水选，催吐萝芙木用8%盐水选，印度萝芙木为15%~17%盐水选。

（四）种子播前处理

为使种子播种后，发芽迅速整齐，出苗率高，苗全、苗壮，减少病虫害等，常于播前对种子进行下列处理。

1. 晒种 种子是有生命的活体，贮藏期间生理代谢活动微弱，处于休眠状态。播种前翻晒1~2天，可促进种子酶的活性，提高胚的生活力，增强种皮的透性，使浸种吸水均匀，提高发芽率和发芽势，同时，太阳光谱中的短波光和紫外光具有杀菌的能力，故晒种能起到一定的杀菌作用。

2. 消毒 有的病虫害是由种子传播的，种子消毒处理是预防病虫害的重要环节之一。如红花炭疽病、薏苡黑粉病、人参锈腐病、贝母菌核病、罗汉果根结线虫病等。经过消毒处理即可把病虫害消灭在播种之前。常用的消毒方法有以下几种。

（1）温烫浸种 药用植物病害中，真菌感染比较多见，其孢子对物理、化学因素抵抗力强。在适宜条件下让黏附在种子表面的病原孢子萌发，置于较低温水中浸烫便可达到消灭病害之目的。如薏苡温烫浸种，种子先放于10~12℃水中浸10小时，再转入52℃水中2分钟，随即移入57~60℃恒温水中浸烫8分钟，捞出立即放入冷水中冷却，取出稍晾干即可播种或拌药播种。

（2）烫种 适宜于带硬壳的种子，将要消毒的种子置于铁筛网中，放入沸水中浸烫几十秒，迅速取出冷却，稍晾干即可播种。烫种时间不宜过长，否则内部升温过高，损伤胚的萌发力。

（3）药剂浸种或拌种 药剂处理有浸种、拌种和闷种三种，采用浸种和拌种较多，一般浸种、闷种后要用清水洗净及时播种。常用于浸种的药剂有0.1%~0.2%的高锰酸钾，浸种1~2小时；1%~5%的石灰水，浸种1~3天；100~200mg/L农用链霉素，浸种24小时；根及根茎类的播种材料，可用400~500倍代森锌或1:1:（120~140）的波尔多液浸醮根体表面，形成保护药膜。常用的拌种药剂有50%多菌灵（0.2%~1.0%）（括号中药剂浓度为种子重量的百分数，下同），代森锰锌（0.2%~0.3%），50%福美双（0.3%），90%敌百虫可湿性粉（0.2%~0.3%）等。

3. 浸种 种子萌芽除种子自身因素外，还需要一定的温度、水分和空气，当满足这些条件后，种子才能发芽。浸种是指将种子用水浸泡，使其吸水膨胀而易出苗，还可提高种子萌发整齐度。浸种催芽是发挥生产者的主观能动作用，创造适宜发芽的条件，促使种子萌动发芽，以便播后迅速扎根出苗，达到安全早播的效用。 📱微课

浸种时间和温度因植物种类和季节而异。一般低温季节浸种时间较长，高温季节浸种时间较短。籽粒小、种皮薄、种翅纸质或膜质的种子，如党参、桔梗、白芷、北沙参、大黄、马钱子、丝瓜、冬瓜等喜低温的药用植物种子，可用20℃左右清水浸泡6~12小时；而种皮坚硬、致密或光滑、吸水膨胀慢的种子，则用种子5倍量的热水（50~70℃）浸烫，边浸烫边搅拌，待水温降至25~30℃时再恒温浸种10~48小时，如颠茄、安息香、苏木、穿心莲的种子为12小时左右，使君子、决明、枸杞、甘草、皂角等的种子为24~48小时。浸种时间长的，一般每5~6小时换水一次。待种子吸足

水分膨胀后及时捞出，需催芽的种子及时催芽。

4. 催芽　一般是指将浸泡好的种子放在适宜条件下使其萌发，待裂口后再播种。催芽的关键是要使种子保持适宜的温度、湿度和空气。通常将种子放在竹匾等渗水好的容器中进行，盖草或毛巾保湿，不宜太厚，注意浇水和翻动，防止干燥或发热霉烂。一般保护地育苗用种，于75%种子破嘴或露出胚根时，就可播种。

5. 解除种子休眠　有些种子具有较强的休眠性，播前应进行专门处理，以解除种子休眠，促进种子萌发。

（1）擦伤处理　对于一些种皮硬实、含有胶质或蜡质、吸水力差的种子，可分别采用机械损伤、人工剥壳、搓擦或用硫酸等处理，以损伤种皮，使较难透水透气的种皮破裂，可增强透性，促进种子前发。如杜仲通过剪破翅果，取出种仁直接播种，在适宜温度（平均气温18~20℃）和保持土壤湿润的情况下，27天左右出苗率可达87.5%；又如鸡骨草、黄芪、穿心莲等种皮有蜡质的种子，可先用细砂摩擦，使种皮微受损伤，再用35~40℃温水浸种1天后播种，发芽率可显著提高。

（2）层积处理　对于要求在低温湿润条件下才能完成胚后熟的种子，可实行冬播，也可采用湿砂层积低温处理的方法打破休眠。如人参、西洋参、黄连、北沙参、五味子、山茱萸、黄柏、芍药、银杏等种子常用此法来促进后熟。

（3）生长刺激素处理　一些具有生理后熟特性种子，也可用激素处理。常用的激素有赤霉素、吲哚乙酸、a-萘乙酸、2,4-D等，其中以赤霉素应用最多。例如党参种子用0.005%的赤霉素溶液浸6小时，发芽率提高115.3%。

另外，生产上也常采用温水、碱水、茶水等浸泡种子，可以软化种皮，增强种皮透水透气性，促进抑制成分的释放，促进种子的萌发。有些种子或种茎用射线、超声波等处理后，有促进种子发芽、加速幼苗旺盛生长、提早成熟、增加产量等作用。

二、直播技术

（一）播种时期

播种期的正确与否关系到产量高低、品质的优劣和病虫灾害的轻重。适期播种不仅能保证发芽所需的各种条件，而且还能满足植物各个生育时期处于最佳状态，避开低温、阴雨、高温、干旱、霜冻和病虫等不利因素，使植株生育良好，优质高产。确定播种期的原则，一般依据气候条件、栽培制度、品种特性、种植方式和病虫害发生情况综合考虑，其中气候因素最为重要。

1. 气候条件　中药材的生物学特性，即生长期的长短，对温度、光照的要求，特别是各营养器官形成期对温度、光照的要求，以及对不良条件的承受能力，是相对稳定的。在气候条件中，气温或地温是影响播种期的主要因素。通常春季播种过早，易遭低温或霜冻危害，不易全苗；播种过迟，植物处于高温环境下，生长发育加速，营养体生长不足或延误最佳生长时期，不能获得高产。一般以当地气温或地温能满足植物发芽要求时，作为最早播种期。如在东北、华北、西北地区，红花在地温稳定在4℃

就可播种，而薏苡、曼陀罗必须在地温稳定在10℃以上才能播种。

2. 栽培制度　间套作栽培和复种对植物播种期都有一定要求，特别是多熟制，收种时间紧，季节性强，应以茬口衔接、适宜苗龄和移栽期为依据，全面安排，统筹兼顾。一般根据前作收获期决定后作移栽期，按照后作移栽期和苗龄的要求，确定后作播种育苗期。通常单作播种期较早，间套作播种期较迟，育苗移栽播种期要早，直播的要晚。

3. 品种特性　品种类型不同，生长特性有较大差异，播种期也不同。一般情况下，大多数一年生的中药材为春播，如红花、决明、荆芥、紫苏、薏苡、续随子等；核果类、坚果类中药材种子多秋播或冬播；多年生草本中药材有的春播如黄芪、甘草、党参、桔梗、砂仁等，有的夏播如天麻、细辛、平贝母等，有的秋播如西红花、紫草等，有的一年四季均可以播种。有些中药材，为了达到优质高产的目的，而人为改变播种期，如当归，当年春播秋收，根体小，商品等级低，如不采收，次年就抽薹开花，不能入药；产区改为夏播，将直播调整为育苗移栽，当年长出的根体次年移栽后不抽薹为最佳。

（二）播种方式

大多数药用植物种子可直接播于大田，但有某些药用植物或在某些特殊情况下则需要先育苗，后移栽。此处主要介绍种子大田直播，常见的播种方式有撒播、条播、穴（点）播三种，育苗移栽见于后面内容。

1. 撒播　是农业生产中最早采用的播种方式，至今也是常用的播种方法。一般多用在生长期短或营养面积小的植物，如贝母、夏枯草、石竹、荆芥等。药用植物的育苗也常采用撒播，如黄连、党参、泽泻、当归、细辛、龙胆等。这种播种方式的主要优点是土地利用率高，省工、省时，但种子分布不均匀，深浅不一致，出苗率低，幼苗生长不整齐，田间管理不便，杂草较多，用种量大。因此，撒播对土壤质地、整地作业、撒种技术等的要求较高，有的撒播后要适当镇压（如黄连、泽泻等）。

撒播前要将土壤整细整平，土壤干燥的还应浇透水，然后将种子均匀撒入，旱地常需再盖细土、草和农膜，以防雨水冲刷和保温保湿，出苗后再将草和农膜揭去。种子细小的，不易撒播均匀，可拌细土、草木灰撒入。

2. 条播　是广泛采用的播种方式，一般用于生育期较长或营养面积较大的药材种子的播种。其优点是植株分布均匀，覆土深度较一致，出苗整齐，通风透光性较好，便于间、套作、经济施肥和田间管理。条播可分为窄行条播、宽行条播、宽幅条播、宽窄行条播等。条播的播幅宽窄与条距（行距），因植物种类和要求而定。播幅一般为10～15cm，植株株体小或不分枝、少分枝的可用宽幅，反之宜用窄幅。株体小的植物可用窄行，条距为15～20cm，如亚麻、红花、浙贝等；株体高大，要求营养面积也大的药用植物或生长期需要中耕除草的药用植物，如薏苡、商陆、牛膝、白芷、水飞蓟等宜采用宽行，条距为45～80cm。

3. 穴播　是按一定行株距开穴播种，又称点播。一般用于生长期较长的中药材，如木本类的中药材，植株高大的多年生药用植物，或者需要丛植栽培的药用植物；如黄芩、景天等。种子播在穴内，分布均匀，深浅基本一致，出苗整齐，便于集中施肥和田间管理，一般丘陵或山区应用较普遍。穴播优点是用种量最省，便于机械化耕作管理。

请你想一想
　撒播、条播和穴播分别有什么优缺点，各适用于种植什么植物？

　　珍贵、稀少的药用植物也多用精量播种，即按一定的行株距和播种深度单粒播种，如人参、西洋参等。精量播种是未来精细耕作的发展方向，要求精选种子、精细整地、有性能良好的播种机。

三、育苗技术

　　为便于集中管理，充分利用地力，缩短占地时间，常常采用育苗移栽。育苗移栽可以缓和季节矛盾，充分发挥地力，延长植物生长期，增加复种指数，促进各种植物平衡增产；同时，由于苗床面积小，便于精细管理，可实行集约经营，节约种子、肥料、农药等生产投资；育苗可按计划规格移栽，保证单位面积上的合理密度和苗全、苗壮并便于管理。但育苗移栽，根系易受损伤，入土较浅，不利于直根性的根系形成，吸收土壤深层养分差，抗倒伏能力弱，移栽费工较多，如白芷、北沙参、川牛膝等。育苗方式主要有保护地育苗、露地育苗和无土育苗三类。

（一）保护地育苗

　　保护地育苗是在人工创造的保温环境中进行的育苗，包括温室（大棚）、温床、阳畦（冷床）和塑料薄膜拱棚育苗。生产上应用最广泛的有塑料薄膜拱棚、阳畦、温床方式。塑料薄膜拱棚比较简易，通常用竹竿作支架，将竹竿弯曲、固定，上盖塑料薄膜。阳畦为简易的保温房，通常选择背风向阳处作苗床，四周用土、砖、木材、草等围成，上方由透明物（塑料薄膜，玻璃）覆盖，白天有利于透过阳光对床土加热，夜晚则用草栅、苇绒栅、蒲草栅等覆盖保温，还可在周围设置风障。温床床土内设有电热线或利用农副业废物作酿热物填充苗床加热；温室（大棚）用玻璃或塑料膜做成，内有控温设施。

　　1. 苗床土的调制　育苗使用的床土应以园土或塘泥、充分腐熟厩肥、草炭土或腐殖土为主体，配合充分腐熟达无害化要求的禽粪及草木灰、石灰、过磷酸钙、尿素等调制而成。一般腐殖质土与土壤的比例（按体积计）可从 30% 增加到 50%，每 $1m^3$ 可再配以腐熟无害化的禽粪 25kg、硫酸铵 0.5～1.0kg 或尿素 0.25kg、草木灰 15kg、硫酸钾 0.25kg、石灰 0.5～1.0kg。合适的苗床土应当具备有机质丰富，吸肥、保水力强，透气性好，土面干时不裂纹，浇水后不板结，土坨不易松散，营养元素齐备，pH 为中性或微酸性，符合幼苗生长要求。

　　2. 育苗时期　要根据植物种类和移栽要求决定，一般比定植期早 30～70 天。播期过晚，移栽时，秧苗偏小，抗性、适应性差，成活率低；播种过早，苗期过长，密度过大，相互抑制，秧苗生长瘦弱，影响后期生长发育和产量，或秧苗过大，受光弱而徒长，形成"晃秆"，降低成活率或影响后期生长发育。

3. 播种技术　一般选天气晴稳后播种（播后有 4~6 个晴天），床温一般控制在 25~30℃为宜。苗床在播前应浇足底水，再覆盖一层薄薄细土，然后播种。为了防止苗期病害如立枯病、镰刀霉病、腐霉病等，可在播种前撒施一层薄土，药土常用福镁锌、福镁双、敌克松等农药与细土混合制成，比例一般为 1∶100。撒播种子要均匀，小粒种子可拌细土撒播，撒后稍镇压（使种子与土粒紧贴）或覆盖薄薄一层细土，有的还需加覆盖物（如稻草、秸秆等）或塑料薄膜，以利保温保湿。幼苗出土时应揭去覆盖物。

4. 苗床管理　由于培育秧苗期的自然环境恶劣，风、霜、雨、雪、晴、阴天气变化多端，危及幼苗生长。因而必须依据天气变化及苗情采取相应的技术管理措施，以促进秧苗苗壮成长。

（1）**发芽期管理**　从播种到出苗，其关键是保证在出苗前床土有充足的水分、良好的通气性和稍高的温度（喜温植物 30℃左右，喜凉植物在 20℃左右）；子叶出土后要控水降温〔喜温植物昼/夜温度（15~20）℃/（12~16）℃，喜凉植物为（8~12）℃/（5~6）℃〕。

（2）**幼苗期管理**　此时以根、茎、叶生长为中心，需要适宜的生长发育条件。此阶段主要是提高苗床光照强度，昼/夜床温一般控制在（18~25）℃/10℃间，同时控制水分的供给和苗床通风，调节秧苗生长速度和健壮程度。分苗的中药材，多在幼苗破心前后进行分苗，此时苗小、根小、叶面积不大，移苗不易伤根，蒸腾强度小，成活快，并能促进侧根生长。

（3）**炼苗期管理**　为使幼苗定植后能尽快适应露天大田环境，使移栽后根系恢复生长较快，加速返苗，在移栽前要炼苗。炼苗主要是减少浇水，增加通风，逐渐去除覆盖，使苗床与大田环境逐渐一致；炼苗时间一般为 5~7 天。

秧苗定植前 1~2 天浇透水，方便带土起苗，同时喷一次农药防病虫害。起苗时注意检查有无病症，如有病害侵染，应果断舍弃。

（二）露地育苗

露地育苗是在自然环境中进行的，与保护地育苗近似，但也有不同之处。由于露地育苗是在自然环境中进行的，所以受自然因素影响较大，要采取相应的调控措施。

苗床用肥量较保护地略大，在雨热季节采用高畦，以利于排水，有时设防雨棚、干热季节设遮阴棚等。对于小粒种子，整地应更精细，要求保墒播种，覆薄细土，可适当覆草保湿，但对于喜光发芽的如海棠、龙胆等，切忌覆土过厚。对于苗期占地时间较长的种类，苗田要施足有机肥，播种密度略小些，保证苗期（1~2 季或年）的营养面积。在播种时间上，于当地正常季节播种，多选晴天，忌在大雨将要来临时播种。苗期要适时匀苗，常浇水保持湿润，调节光照充足，及时中耕除草、施肥等。

（三）无土育苗

无土栽培是在植物矿质营养学研究的基础上发展起来的一门新兴科学技术，它不用天然土壤，而用培养基质与营养液栽培植物。具有幼苗生长迅速，苗龄短，根系发育好，幼苗健壮、整齐，定植后缓苗时间短，易成活等优点。无土栽培使农业生产摆脱了自然环境的制约，适宜于人工调节或自动控制秧苗所需温、光、水、肥、气等条件，易于实现机械化育苗生产。

无土栽培的方式多种多样。根据作物根系是否需要基质固定分为无基质栽培和有基质栽培两大类。无基质栽培法是直接将根浸入营养液（水培），或将营养液以间隔喷雾方式喷在植株根部（气培）。基质栽培法是将植物的根系固定在有机或无机的基质中，一般通过滴灌或喷灌方法供给作物营养液。无机基质包括颗粒基质（砂、砾、膨胀陶粒、浮石等）、珍珠岩、蛭石、泡沫塑料（聚乙烯、聚丙烯、尿醛）等。有机基质包括泥炭、锯木屑、稻壳、树皮、棉子皮、麦秆、稻草等。

不同的作物和品种、同一作物不同的生育阶段，对各种营养元素的实际需要有很大的差异。所以，在选配营养液时要先了解不同品种、各个生育阶段对各类必须元素的需要量，并以此为依据来确定营养液的组成成分和比例。一方面要根据作物对各种营养元素的实际需要，另一方面还要考虑作物的吸肥特性。

你知道吗

无土栽培使作物彻底脱离了土壤环境，因而也就摆脱了土地的约束。耕地被认为是有限的、最宝贵的、不可再生的自然资源，尤其对一些耕地缺乏的地区和国家，无土栽培就更有特殊意义。无土栽培进入研究领域后，地球上许多沙漠、荒原或难以耕种的地区，都可采用无土栽培方法加以利用。此外，无土栽培还不受空间限制，可以利用城市楼房的平面屋顶种菜种花，无形中扩大了栽培面积。

据科研部门在北京地区秋季进行大棚黄瓜无土栽培试验，46天中浇水（营养液）共21.7立方米。若进行土培，46天中至少浇水5~6次，需用50~60立方米的水，统计结果显示节水率为50%~66.7%。节水效果非常明显，是发展节水型农业的有效措施之一。

第四节 中药材规范种植的基本田间管理技术

一、种苗移栽

（一）栽植前的准备

经育苗后的药用植物秧苗要移植于大田，先要按要求选地、整地并作畦，还要规划好种植方式，然后按行株距挖穴，施入有机肥后待种植。秧苗方面，无论自育或购入的种苗，都必须按要求实行检验检疫、质量分级，特别是多年生药用植物的苗木，要求根系完整、健壮、芽苗饱满、无检疫性病虫害。保护地育苗的种苗，在移栽前要进行炼苗，以提高种苗定植后的成活率及缩短还苗时间。

（二）移栽时期

一般是根据药用植物种类，适宜的苗龄和茬口而定。一般而言，大多数药用植物宜在休眠期的早期或晚期进行，即是在晚秋或早春进行，以避免冬季冷冻死亡，或浪费春季适宜生长季节。对于落叶木本类药用植物，一般在落叶后和春季萌动前进行移植成活率高，而常绿的药用植物多在秋季移植，或在新梢停止生长期进行移栽。喜冷凉的药用植物在土壤表层（10cm 以内）温度稳定在 5～10℃时即可定植，喜温的药用植物在土表层温度不低于 10～15℃时即可定植。旱雨季分明的南亚热带、热带地区多在雨季来临时移栽。

（三）移栽方法

移栽时大多采用穴栽法，按规定行株距开穴，有的在穴底施足底肥（有机质肥），这对多年生木本药用植物尤其重要，然后把秧苗栽于土的中间，覆土并适当压紧实，浇足定根水，再取细土覆盖于定植穴表面，以保温防裂，促进返青，带土移栽则更易成活。有的地区栽苗后浇水结合追肥，俗称灌苗肥，一般按 N：P：K＝0.1％：0.2％：1％配成催苗肥浇施。

（四）移栽密度

合理密植是增产的重要措施之一，合理密植后，叶面积增加，为充分利用光能创造了有利条件，植株根系的吸收面积增大，提高植物吸水吸肥能力和区域。此外，还有保墒、抑制杂草生长、改变田间小气候、减轻风霜危害等作用。栽移密度要依据中药材种类、生长习性、当地气候、土壤肥力和管理水平而定。例如党参、丝瓜、栝楼、金银花、罗汉果、五味子等蔓生或藤本类植物，搭架栽培可适当密些，因为搭架可提高其叶面积指数（3~8 倍）。

（五）栽后保苗

种苗移植要损伤根部，妨碍水分和养分吸收，致使种苗有一段时间停止生长，待新根长出后才恢复生长，人们把这一过程称为"还苗"。还苗时间越短越好，这是争取早熟、高产的重要环节。为此，各地多推行营养钵（杯、袋）育苗，尤其是根系恢复较慢的植物，用营养钵、塑料杯、纸袋育苗移植效果更佳。采用传统方式育苗的也尽量多带土移植。栽后太阳光过强时应适当遮阴，遇霜冻可用覆土防寒或烟熏、灌水防冻，还苗前应注意浇水，促进成活，还要及时查苗补苗。

二、间苗与定苗

（一）间苗

对于植物直播出苗过多的需要适当拔除一部分过密、瘦弱及染病虫的幼苗，选留壮苗，使幼苗、幼芽保持一定的营养面积。一般间苗宜早不宜迟，避免幼苗过密，生长纤弱、易发生倒伏和死亡。若间苗过迟，幼苗生长过密，植株易遭病虫害。同时，幼苗生长消耗养分，扎根过深，间苗困难，且易伤害附近植株。间苗次数可视药用植物种类而异，一般播种小粒种子，间苗次数可多些，可间 2 ~ 3 次；播种大粒种子，间苗次数可少些，如决明、薏苡等，间苗 1 ~ 2 次即可。

（二）定苗

最后一次间苗即为定苗。定苗后必须及时加强管理，才能达到苗齐、苗全、苗壮的目的，为优质高产打下良好的基础。结合间苗还应及时进行补苗，把缺苗、死苗和过稀的地方补栽齐全。

三、中耕、除草与培土

（一）中耕

在药用植物生长过程中，由于田间作业、降水等作用，使土壤孔隙度降低，表层土壤板结，所以必须松土，借助畜力、机械力使土壤疏松的作业方式称为中耕。中耕能疏松土壤、消灭杂草、减少地力消耗、流通空气、促进微生物对有机质的分解、促进保水，早春还可提高地温，中耕时结合除草或切断一些浅根来控制植物生长。

中耕的时间、次数、深度因植物种类、环境条件和精细耕作程度而异。一般植物中耕 2 ~ 3 次。苗期植株幼小、杂草易滋生、土壤易板结，中耕除草宜勤；成株期，枝叶生长茂盛，中耕除草次数宜少，以免损伤植株；天气干旱，土壤黏重，应多中耕；雨后或灌水后应及时中耕，避免土壤板结。幼苗期根入土浅，中耕宜浅，后期则应稍深。有时中耕可与培土同时进行，中耕培土以不伤根、不压苗、不伤苗为原则。

（二）除草

杂草是影响中药材产量的灾害之一。杂草的生长会与中药材争光、争水、争肥、争空间，降低田间养分和土壤温度。除草则可减少水肥消耗和植物间竞争，防止病虫滋生，尤其是苗期除草非常必要。除草一般与中耕、间苗、培土等结合进行，以节省劳力。防除杂草的方法很多，如精选种子、轮作换茬、水旱轮作、合理耕作、人工直接除（锄）草、机械中耕除草、化学除草等。目前药用植物化学除草研究不多，安全性不高，不可随意使用。

除草剂可按作用方式、施药部位、化合物来源等多方面分类。根据除草剂对中药材与杂草的作用可分为选择性除草剂和灭生性除草剂。选择性除草剂利用其对不同植物的选择性，能有效地消除杂草，而对中药材无害，如敌稗、灭草灵、2,4 - D、二甲四氯、杀草丹等；灭生性除草剂对植物缺乏选择性，草苗不分，不能用于中药材生育期间，多用于休闲地、工厂、田边、池埂、仓库或公路、铁路路边，如百草枯、草甘膦、五氯酚钠等。

除草剂施用常用喷雾法和毒土法。喷雾法在农业生产中广泛应用，一般按规定的每亩（667m²）使用量准备药品，先加入少量水调和均匀，再加水至所需要的量，一般每亩加水 75 ~ 150kg，用喷雾器喷洒处理土壤或茎叶。土壤干旱时，可使水量加至

500～1000kg，喷洒土壤表面。毒土法是将每亩药品用量与50kg细湿土混合均匀，然后撒于地面，此法适合用于潮湿地块，或生育期进行化学除草。

（三）培土

结合中耕把土壅到植株基部，称为培土。培土可以保护芽头，增加地温，提高抗倒伏能力，利于块根、块茎等的膨大（半夏、何首乌）或根茎的形成（玉竹、黄连），在雨水多的地方，还有利于排水防涝。多年生植物结合防冻在入冬前通常要培土一次。

你知道吗

化学除草剂的生物富集是农药对生物间接为害的最严重形式，植物中的除草剂可经过食物链逐级传递并不断蓄积，对人和动物构成潜在威胁，并影响生态系统。除草剂生物富集在水生生物中尤为明显，如绿藻能把环境中 1ppm 的 DDT 富集到 220 倍，水藻则能把 0.5ppm DDT 富集到 10 万倍。美国明湖用 DDT 防治蚊虫，湖水中含 DDT 0.02ppm，湖内绿藻含 DDT 5.3ppm，为水中的 265 倍，最后在食肉性鱼体中含量高达 1700ppm，富集到 85000 倍。

四、施肥技术

不同的植物吸肥能力也不一样，许多根及根茎入药的中药材，如大黄、地黄、玄参、甜菜、何首乌等，其根或根茎肉质肥大，根毛发达，与土壤的接触面积大，能吸收多种营养元素；贝母、补骨脂、黄芩等吸肥力能力中等；马齿苋、地丁等吸肥很少。不同的中药材耐肥性能也不一样，如许多茄科植物和多年生药用植物耐肥性强，生长旺盛期比幼苗期耐肥性强，耐肥性的强弱与施肥量的多少有关，也直接影响施肥效果。土壤中 pH 高低影响中药材对营养元素的吸收，大多数的中药材适宜中性或弱酸性的土壤溶液环境，pH 在 5.5～7 之间，植物吸收三要素最容易，土壤偏酸时，会减弱植物对 Fe、K、Ca 的吸收，pH 为 5 或 9 时，土壤中 Al 的溶解度随之增大，容易引起植物中毒。植物生长发育时期不同，所需要的营养元素种类、数量、比例也不同，而土壤自然肥力只能满足部分种类或部分时期中药材生长发育的要求。施肥是通过人为措施，调节土壤营养元素的种类、数量和比例关系，使之符合中药材生长发育的需要，达到优质、高产的目的。

（一）肥料的种类

肥料的种类有很多，按来源可分为农家肥料和商品肥料；按肥料物理形态可分为固态肥料、液态肥料和气态肥料；按化学组成可分为有机肥料和无机肥料；按酸碱反应可分为酸性肥料、中性肥料和碱性肥料等。通常人们把肥料分为有机肥料、无机肥料和微生物肥料三类。

1. 有机肥料　又称农家肥料，如厩肥、堆肥、沤肥、塘泥、各种农家废弃物、绿肥等。农家肥具有以下特点：一是品类多，来源广，成本低，便于就地取材；二是养分含量全面，肥力长效，能改良土壤理化性质，提高土壤肥力；三是多用作基肥使用，腐熟后可作种肥。

2. 无机肥料　又称化学肥料。无机肥料种类很多，一般依据肥料中所含的主要成分分为氮肥、磷肥、钾肥、石灰与石膏、微量元素肥料和复合肥等。无机肥料易溶于水，肥分高，肥效快，可直接被植物吸收，但种类间差异较大，种类不同，性质也不同。如碳酸氢铵（俗称碳铵）含氮17.5%，在20℃以上时会分解成氨和二氧化碳，在32℃以上时撒于地表，当天挥发2.6%，3天挥发10%以上。

3. 微生物肥料　又称菌肥，常用的有根瘤菌、固氮菌、磷细菌和钾细菌等。多配合有机或无机肥料使用。

（二）施用技术

施肥的原则是要根据中药材的营养特点及土壤的供肥能力，确定施肥种类、时间和数量。施用的种类应以有机肥料为主，根据不同的中药材生长发育有限度地使用化学肥料。栽培中药材的施肥，有基肥和追肥两种。

施肥要讲究效果，效果受多种条件的影响，主要是气候、土壤和植物特性的影响。气候条件中温度、雨量、光照影响较大。通常情况下，温度升高，植物吸收养分增加；低温条件下植物对氮、磷、钾的吸收影响较小，低温时多施磷钾肥，可以增加植物的抗逆性。土壤是植物养分、水分的供给者，土壤原有的养分状况、酸碱反应、理化性质都影响肥料在土壤中的变化及施肥效果。土壤肥沃，结构良好，少施肥就可收到很好的效果，反之效果则差。

施肥必须有量的标准，施肥的理论值计算如下：

施肥量（kg/667m²）＝单株施肥理×667m²株数/肥料利用率－土壤供肥量

土壤供肥量一般氮按吸收量的1/3计算，磷、钾按吸收量的1/2计算。肥料利用率氮按50%计算，磷为30%，钾为40%。

影响植物施肥效果的因素是多方面的，应该根据植物营养特性、土壤肥力特征、气候条件、肥料种类和特性、确定肥料的搭配、施肥量、时间、次数、方法等，才能达到经济合理施肥。

（三）追肥

在药用植物栽培定苗后，根据植株生长发育状况，可适时追肥。追肥是基肥的补充，用以满足药用植物各个生育时期对养分种类和数量的需求。追肥的时期，除定苗后追施外，一般在萌发前、现蕾开花前、果实采收后及休眠前进行。一般根据植物长势情况和外观症状追肥，要注意追施肥料的种类、浓度、用量和施用方法，以免引起肥害或植株徒长和肥料流失。追肥一般用速效性肥料，能很快被植物所吸收利用，生长前期以氮肥为主，常用人粪尿、尿素、氨水、硫酸铵、复合肥等含氮较高的液体速效性肥料；而在植物生长的中、后期多施用草木灰、过磷酸钙、磷酸氢二钾、钾肥、充分腐熟达到无害化的厩肥、堆肥和各种饼肥等含磷、钾较高的肥料。

追肥的方式有根外追肥和根侧追肥两种。根外追肥多用低浓度的液体速效性肥料直接喷雾于茎叶表面，通过茎叶的吸收，满足养分需求，如追施磷肥，除直接施入土中外，可用2%的过磷酸钙水溶液喷雾植株茎叶表面。而根侧追肥又可分为条施、环施和穴施三种，对于不能直接撒于叶面或幼嫩组织，避免烧伤叶片或幼嫩枝芽的无机化学肥料，可于行间开浅沟条施；对于多年生药用植物早春追施厩肥、堆肥和各种饼肥多用穴施或环施，把肥料施入植株根旁，其施肥量一次不能过大，也不能与根体直接接触。

五、水分管理

水是植物进行光合作用的主要原料，也是植物对物质吸收和运输的溶剂，只有良好的水分供给才能保证光合作用、呼吸作用、植物体内物质合成和分解等过程的正常运行。灌溉与排水是人们控制土壤水分，满足植物正常生长发育对水分要求的措施。药用植物从播种到收获的吸水需求量是由少到多再到少的过程。由于苗期蒸腾面积小、蒸腾强度低，需水很少，随着幼苗的生长，叶面积不断扩大，蒸腾强度不断提高，需水量逐渐加大，到了生长后期（开花结果以后），随着生长速度减缓，需水量也逐渐减小。

中药材只有在一定的水分范围内才能正常生长发育，超出这一范围就会影响其正常生长发育。植物因缺水而受害称为旱害；植物因水分过多或植株一部分被水淹而影响正常的代谢，称为涝害。中药材幼苗根系小，吸水量少，易受旱害；根及根茎类中药材易受涝害。因此，要做好灌溉与排水的田间管理。

（一）地面灌溉

地面灌溉包括传统的畦灌、沟灌和淹灌，是使灌溉水在田面流动或蓄存，借助重力、渗透或毛管作用湿润土壤的灌溉方法，是目前应用最广泛、最主要的灌溉方法。畦灌是平畦、低畦栽培时常用的灌溉方法，要求畦面平坦或稍有一定坡度，水从输水沟或毛渠进入畦田，以浅水层沿畦面坡度流动，逐渐湿润土壤。沟灌是在植物行间开沟灌水，水在流动过程中借助渗透和毛管作用、重力作用向沟的两侧和沟底浸润土壤。淹灌是水生药用植物如泽泻、芡实、睡莲、茨菰等的灌水方法，畦面上保持一定深度的水层，类以稻田灌水。

（二）地下灌溉

地下灌溉是利用埋设在地下的管道，将灌溉水引入田间植物根系吸水层，借毛细管的吸水作用，自下而上的湿润土壤的灌水方法。此法能使土壤湿润均匀，湿度适宜，能保持土壤结构，为植物创造良好的土壤环境，还有减少地面蒸发、节约用水、灌水效率高、灌水与其他田间作业同时进行等优点，干旱缺水地区有较大发展前途。

（三）喷灌

喷灌是利用水泵和管道系统，把水喷到空中，散为细小水滴，如同降细雨一样湿润土壤的灌水方法。喷灌可以灵活掌握洒水量，根据药用植物的需要及时适量地灌水，可以控制喷灌强度，避免破坏土壤结构，并能冲掉植物茎叶上的尘土，有利于植物的呼吸作用和光合作用。因此，喷灌有节水、增产的效果，与沟灌、畦灌相比，可省水20%～30%，增产10%～20%，尤其适宜地块起伏不平的山丘地区的灌溉。它的缺点是需要消耗动力，投资较高，灌水质量受风力影响。

（四）滴灌

滴灌是利用低压管道系统把水或溶有无机肥料的水溶液，通过滴头以点滴方式均匀缓慢地滴到根部土壤，使植物主要根系分布区的土壤含水量经常保持在最优状态的一种先进灌水技术。滴灌具有省水、省工、增产的效果，但投资成本高。

（五）排水

排水是土壤水分调节的另一个方面。土壤水分过多或地下水位过高都会造成涝害，通过排水改善土壤通气状况，促进有益微生物的活动。一般在低洼地，降水量大的地方或降水较集中的区域，必须注意及时排水。我国目前以地面明沟排水为多，其他暗管排水和井排技术处于正在发展中。在明沟排水时，要注意减少径流冲刷，依据地势地形、合理布局排水沟、拦水沟，减缓径流水流速，以利水土保持。

六、打顶与摘蕾

打顶与摘蕾是利用植物生长的相关性，人为地调节植物体内养分的分配，及时控制植物体某一部分的无益徒长，降低养分消耗，有意识地诱导或促进另一部分生长发育健壮，从而提高药材的质量和产量。

（一）打顶

摘除顶芽叫摘心或打顶、摘顶；摘除腋芽叫打杈。植物打顶后可以抑制主茎生长，促进枝叶生长。如以花入药的菊花，摘心后使主茎粗壮，减少倒伏，并使分枝增多，增加花头数目。一般在生育前期摘心1～3次。栽培乌头（附子），为了抑制地上部分的生长，促进地下块根迅速生长膨大，不仅打顶，还要不断地打杈（除去腋芽）。打顶的时间视植物种类和栽培目的而定，一般宜早不宜迟。打顶不宜在有雨露时进行，以免引起伤口溃烂，感染病害。

（二）摘蕾

植物开花结果会消耗大量的养分，为了减少植物养分的消耗，对于根及地下茎类入药的药用植物，如人参、西洋参、三七、黄连、贝母、射干、北沙参、芍药、乌头、玄参、黄芩等，常把摘除花蕾作为一项重要的增产技术措施。摘蕾一般宜早不宜迟，过迟摘蕾，养分已消耗，效果不显著。药用植物发育特性不同，摘蕾要求亦不同，如玄参、牛膝于现蕾前剪掉花序和顶尖；而白术、地黄则只摘去花蕾。留种植株一般不宜摘除全部花蕾，可以采取疏花、疏果方法，尤其是以果实、种子入药的药用植物或靠果实、种子繁殖的药用植物，其种子、果实的优劣直接关系到其商品性和品质，因此常疏花疏果法。

七、整枝修剪

木本果实类药用植物一般要整枝修剪。整枝是通过人工修剪来控制幼树生长，合理配置和培养骨干枝条，以便形成良好的树体结构与冠幅；而修剪则是在土、肥、水等管理的基础上，根据各条件及树种的生长习性和生产要求，对树体养分分配及枝条的生长势进行合理调整的一种管理措施。通过整枝修剪使植物通风透光，增强光合作用，减少病虫危害，同时减少养分的无益消耗，增强植物开花保果能力，恢复老龄树的生活力，从而使植物按照人类所需要的方向发展，提高药材的质量和产量。

（一）木本植物修剪的基本技术

1. 短截　亦称短剪，即剪去一年生枝梢的一部分。为增加分枝，常用短截，可采用"强枝短留，弱枝长留"的办法。

2. 缩剪　亦称回缩，是在多年生枝上短截。缩剪反应特点是对剪口后部的枝条生长和潜伏芽的萌发有促进作用，对母枝则起到较强的削弱作用。缩剪的促进作用，常用于骨干枝、枝组或老树复壮更新上；削弱作用常用于骨干枝之间调节均衡、控制或削弱辅养枝上。

3. 疏剪　亦称疏删，即将枝梢从基部剪除。可减少分枝，使树冠内光线增强，尤其是短波光增强明显，利于组织分化而不利于枝条伸长，为减少分枝和促进结果多用疏剪。

4. 长放　亦称甩放、放梢，即一年生长枝不剪。中庸枝、斜生枝和水平枝长放，由于留芽数量多，易发生较多中短枝，生长后期积累较多养分，能促进花芽形成和结果。向上强壮直立枝长放，顶端优势强，母枝增粗快，易发生"树上长树"现象，因此不宜长放；如要长放，必须配合曲枝、夏剪等措施控制生长势。

5. 曲枝　即改变枝梢方向，包括加大与地面垂直线的夹角和改变左右方向。可削弱顶端优势或使其下移，有利于基枝更新复壮和使所抽新梢均匀，防止基部光秃；开张骨干枝角度，可以扩大树冠，改善光照，充分利用空间。曲枝还有缓和生长、促进生殖的作用。

6. 除萌和疏梢　芽萌发后抹除或剪去嫩芽为除萌或抹芽；疏除过密新梢为疏梢。其作用是选优去劣，除密留稀，节约养分，改善光照，提高留用枝梢质量。

7. 摘心和剪梢　摘心是摘除幼嫩的梢尖，剪梢包括部分成叶在内。二者可削弱顶端生长，促进侧芽萌发和下级枝生长。秋季对将要停止生长的新梢摘心，可促进枝芽充实，有利越冬。对于以花、果实入药的木本药用植物，在花芽形成过多的年份，还应除去一部分花芽，以减轻植物本身负担，防止过早衰老和大小年结果现象的发生。

8. 环状剥皮　简称环剥，即将枝干韧皮部剥去一圈。绞缢也有类似作用。环剥暂时中断了有机物质向下运输，促进了地上部分糖类的积累，也抑制了的根系生长。环剥具有抑制营养生长、促进花芽分化和提高坐果率的作用。如枣树的开甲，就是枝干环剥，可减少落果。另外，扭梢、拿枝也有类似作用。

（二）果树整形修剪的一般方法

果树在不同阶段情况不同，整形修剪的目标不一样，方法和重点也各异。

1. 幼龄树的修剪 果树在大量开花结果之前，修剪的主要目的在于培养合理树型，扩大树冠。有些为灌木树，常培养成灌木状，一般不需要做较多修剪。但很多果树其自然树体高大，不便于采花采果和后期修剪，或者不整形则开花结果较少，这些树一般需要矮化树冠，常培育成自然开心型或多层疏散型。无论是自然开心型还是多层疏散型，都要培养形成多级骨干枝，并使它们分布均匀，各自分布在不同方位并保持适当距离。

（1）自然开心型 一般以树干离地80cm左右为定干点，在上方培育3~5个主枝（一级分枝），各主枝相距15~20cm，分布于不同方向，将其余枝条和芽剪除，并将主干（主茎）打顶；还可在主枝上培养3~5个副主枝（二级分枝），并将主枝打顶。如此便形成了基本树体结构，以后随着各级分枝的产生和生长，树冠不断充实、扩大。

（2）分层疏散型 是在主干上培养2~3层枝条，第1层3~5个主枝，第2、3层主枝数量和长度依次递减，以防荫蔽；第1、2层相距80~100cm，第2、3层相距50~60cm，各层主枝形成后将主干打顶。

2. 成年树的修剪 果树大量开花以后，枝条常常过密，一些枝条衰弱、枯死或徒长。修剪的目标是使之通风透光，减少养分的无益消耗，集中养分供结果枝生长以及促进萌生新的花枝、果枝，因此重点是促花促果和保花保果。此期的修剪要删疏结合，主要是剪除枯枝、病枝、弱枝、密枝、交叉下垂枝，过密的花和芽也要疏去；枝条过稀处可通过短剪、环割、摘心等使其萌发新枝；徒长枝（当年生的长势过旺的长枝）可通过打顶、扭梢、刻伤、捋枝等抑制其长势，促进开花结果；对于开花结果少，长势衰弱的枝条，可通过回缩修剪更新枝条，促使萌发新枝。此外，还应通过曲枝等使枝条分布均匀。

3. 老龄树的修剪 老龄树长势衰弱，开花结果明显减少。修剪的目标是更新枝条，使形成新的花枝、果枝。老龄树要重剪、多剪，对于开花结果很少的衰弱枝条，要从基部剪除，基部只留短桩，整棵树都严重衰退的，可将全部枝条剪除，促使萌发新枝，培育形成新的树冠。

其他修剪方式。一般以树皮入药的木本药用植物如肉桂、杜仲、厚朴等，应以培植直立粗壮的茎干为主体，剪除下部过早的分枝与残弱枝。另外，一些药用植物还要修根。乌头在生长发育过程中，母根上着生有许多小块根，采取修根去掉瘦弱的小块根，只留1~2个大的块根，营养集中供给，使块根个头大、质量好、产值高。浙江栽培的芍药要修去侧根，保证主根肥大，促进增产。

（三）修剪的时期

修剪时期一般分为休眠期（冬季）和生长期（夏季）两个时期。冬季修剪主要侧重于主枝、侧枝、病虫枝、枯枝和纤弱枝等。因冬季树体贮藏的养分充足，修剪后地上枝芽减少，营养集中在有限枝芽上，开春新梢生长旺盛。夏季修剪，剪枝量要从轻，主要侧重于徒长枝，打尖和摘心、打杈等。

落叶药用果树休眠期修剪多在严寒来临之后和春季树液流动之前为宜。常绿果树休眠期或缓长期修剪多在春梢抽生前，老叶最多，其中许多老叶即将脱落时进行。广东、广西、台湾等地的药用果树都在休眠后春梢抽生前进行修剪。

（四）修剪程度

修剪程度主要指修剪的量，即剪去器官的多少，同时也包含每种修剪方法所施行的强度。修剪的程度必须适度，过轻达不到修剪目的，过重反而抑制生长，适度的修剪才能既促进枝梢生长，又能及时停止生长。环剥的宽度如不够，剥后很快愈合，达不到环剥的目的，过宽则长期不能愈合，会使枝梢死亡。一般旺树、幼树、强枝要轻剪缓放，弱树、老树、弱枝要重剪，使其都能生长适度，利于结果。

八、覆盖、遮阴与支架

（一）覆盖

覆盖是利用稻草、落叶、谷壳、废渣、草木灰或泥土等覆盖地面，调节土温。冬季覆盖可防寒，使根部不受冻害；夏季覆盖可降温，也可以防止或减少土壤中水分的蒸发，保持土壤湿度，避免杂草滋生，有利于植物生长。覆盖的时期应根据药用植物生长发育阶段及其对环境条件的要求而定。如三七在生长期宜在畦面上用稻草和草木灰覆盖；秋播白芷需在冬前用厩粪、土壤覆盖。

（二）遮阴

阴生药用植物如人参、三七、黄连、细辛、砂仁等，喜阴湿、怕强烈阳光直射，栽培时必须遮阴才能生长良好。一些喜阳的药用植物苗期也需要搭棚遮阴。由于各种药用植物对光的反应不同，要求遮阴的程度也不一样，故必须根据不同的药用植物种类和不同生长发育阶段调节透光度，如砂仁、草果、细辛、吐根等栽培在疏林林下，利用林木遮阴栽培，像人参、西洋参、三七等名贵中药材则采用荫棚下栽培。除搭棚遮阴以外，生产上常用间作、套作、混作、林下栽培等立体种植方法遮阴。

（三）支架

攀缘、缠绕和蔓生的药用植物，由于茎不能直立，往往需要设立支架，以利支持或牵引藤蔓向上仲长，使枝条分布均匀，通风透光，增加叶片受光面积，促进光合作用，减少病虫害。一般对于株型较小或宿根性药用植物，如天冬、鸡骨草、党参，山药等，只需在旁立竿作支柱；而株型较大的药用植物，如金银花、罗汉果、五味子、瓜蒌、木鳖子等，则应搭设棚架，让藤蔓在棚架上生长。

目标检测

一、单项选择题

1. 在生产种植时，中药材通用种子净度标准是（　　）。
   A. 65%　　　　B. 75%　　　　C. 85%　　　　D. 90%　　　　E. 95%

2. （　　）指一年之内在同一块土地上种收两季或多季植物的种植方式。
   A. 复种　　　　B. 连作　　　　C. 轮作　　　　D. 套作　　　　E. 混作

3. 土壤 pH 为 5 或 9 时，土壤中的（　　）溶解度增大，容易引起植物中毒。
   A. Fe　　　　B. Al　　　　C. N　　　　D. P　　　　E. K

4. （　　）指在同一块田地上，植物与食用微生物、农业动物或鱼类等分层利用空间种植和养殖的结构；或在同一水体内，水生或湿生药用植物与鱼类、贝类相间混养、分层混养的结构。
   A. 复种　　　　B. 混作　　　　C. 立体种养　　　　D. 套作　　　　E. 立体种植

5. 以下植物，靠孢子繁殖的是（　　）。
   A. 丁香　　　　B. 麻黄　　　　C. 松树　　　　D. 卷柏　　　　E. 人参

6. 通常用千粒重表示（　　），即 1000 粒种子的重量（g）。
   A. 饱满度　　　　B. 纯度　　　　C. 发芽率　　　　D. 发芽势　　　　E. 种子生活力

7. 珍贵、稀少的药用植物也多采用（　　）的播种方式。
   A. 撒播　　　　B. 条播　　　　C. 穴播　　　　D. 精量播种

8. 通常来说，培土利于哪一药用部位（　　）的膨大或形成。
   A. 根　　　　B. 茎　　　　C. 叶　　　　D. 果实　　　　E. 种子

9. （　　）是水生药用植物如泽泻、芡实、睡莲、茨菰等的灌水方法，畦面上保持一定深度的水层，类以稻田灌水。
   A. 畦灌　　　　B. 沟灌　　　　C. 淹灌　　　　D. 喷灌　　　　E. 滴灌

10. （　　）修剪技术可以暂时中断了有机物质向下运输，促进了地上部分糖类的积累，也抑制了的根系生长。
    A. 短截　　　　B. 疏剪　　　　C. 疏梢　　　　D. 摘心　　　　E. 环剥

二、多项选择题

1. 通常情况下，以下种植方式能够增产的是（　　）。
   A. 连作　　　　B. 轮作　　　　C. 套作　　　　D. 混作　　　　E. 间作

2. 表土耕作是配合基本耕作进行的辅助性措施，包括（　　）作业。
   A. 耙地　　　　B. 耢地　　　　C. 镇压　　　　D. 起垄　　　　E. 作畦

3. 以下中药材，靠鳞茎繁殖的有（　　）。
   A. 薄荷　　　　B. 山药　　　　C. 百合　　　　D. 贝母　　　　E. 天麻

4. 种子质量一般用物理、化学和生物学的方法检验，主要检测的项目包括（　　　）。

A. 纯度　　　　　B. 饱满度　　　　C. 发芽率　　　　D. 发芽势　　　　E. 种子生活力

5. 种子清选时，以下属于杂质的是（　　　）。

A. 空、瘪粒　　B. 杂草种子　　C. 病虫粒　　　　D. 秸秆碎片　　　E. 泥沙

6. 常用的解除种子休眠的方法有（　　　）。

A. 擦伤处理　　　　　　　　　B. 层积处理

C. 生长刺激素处理　　　　　　D. 温水软化

E. 超声波处理

7. 防除杂草的方法很多，包括（　　　）。

A. 精选种子　　　　　　B. 轮作换茬　　　　　　C. 连作

D. 人工直接除（锄）草　　E. 化学除草

8. 除搭棚遮阴以外，生产上常用（　　　）等立体种植方法遮阴。

A. 间种　　　　B. 套作　　　　C. 混作　　　　D. 连作　　　　E. 林下栽培

二、思考题

1. 轮作增产或连作减产的原因是什么？

2. 常规田间管理包括哪些内容？

书网融合……

微课　　　　　　划重点　　　　　　自测题

第六章 中药材规范化种植与病虫害防治技术

PPT

实例分析

实例 爱尔兰大饥荒，俗称马铃薯饥荒（failure of the potato crop），是一场发生于 1845～1850 年间的饥荒。在这 5 年的时间内，英国统治下的爱尔兰人口锐减了将近四分之一，其中 100 多万爱尔兰人死于饥荒，近 100 万人因饥荒而逃离海外。

分析 造成饥荒的主要因素是什么？

第一节 药用植物的有害生物

一、药用植物病害

（一）概念

植物病害是指植物在生物或非生物因子的影响下，在生理、细胞和组织上发生一系列病理变化，外部形态呈现不正常现象，导致产量降低、品质变劣，影响到产品经济效益的现象。

（二）症状

植物生病首先是外观上的不正常，而且是十分明显。如玉米得了矮花叶病，首先是植株明显变矮，细看叶片上出现了退绿条纹。再如菘蓝得了黑斑病，则在叶片上出现大小不等的圆形病斑，淡褐色或黑褐色，有同心轮纹；泡桐得了丛枝病，表现出部分枝条丛生，像一个个鸟窝。这些现象都是由于植物受害后，组织发生了病变，外观形态出现了异常，即植物自身所表现出来的特征，我们把它称为病状。植物病状大体分为变色、坏死、腐烂、萎蔫和畸形五种类型。

植物发病后，除了自身表现出病状外，往往在发病部位还可以观察到病原物形成的一些结构特征，称为病征，如柑橘腐烂后会长出青色或绿色绒毛；芍药感染白粉病后茎叶表面会出现白色细粉，这些绒毛和细粉就是病原物的病征。不同病原物病征不同，通常有霜状物、粉状物、霉状物、粒状物、菌核、菌脓等。

（三）类型

根据引起植物病害的因素不同，把植物病害分为两大类。第一类为非传染性病害或生理性病害，是由大气污染、药害、土壤中的有毒物质、水分失调、温度失调、缺乏必须营养元素等不良环境因素引起的病害，这类病害不会传染。第二类为侵染性病害，是由真菌、细菌、病毒、线虫等生物因素引起的病害。这类病害由于病原物能够增殖和传播，有传染性，所以又称传染性病害。

（四）病原物种类

1. 真菌 是最常见的病原物，植物病害的 80% 都是由真菌引起的。真菌的典型营养体为菌丝和菌丝体，菌丝呈管状，大多无色，无隔或有隔，菌丝不断生长可以形成疏松的菌丝体。菌丝体可发生变态形成吸器、菌核、菌索、子座等各种特殊结构。菌丝体生长到一定阶段后，分化形成子实体，子实体是真菌的繁殖器官，能产生孢子。

孢子有无性孢子和有性孢子之分。未经过两性细胞结合而形成的孢子，叫无性孢子，如分生孢子、厚垣孢子、芽生孢子、游动孢子、孢囊孢子等；经过两性细胞结合而形成的孢子，叫有性孢子，如卵孢子、接合孢子、子囊孢子、担孢子等。植物被真菌侵染后，大多数会在发病部位出现霉状物、粉状物、粒状物等病征，植物组织出现坏死、腐烂、萎蔫等局部症状。

2. 细菌 植物病原性细菌系单细胞生物，没有完整的细胞核，呈短杆状，多数有鞭毛，但条数和着生位置有所不同，以裂殖方式增殖，增殖速度很快。细菌病害可出现腐烂、坏死、焦枯、畸形等病状，以坏死与腐烂居多。病斑边缘往往呈水浸状或者油浸状，出现黄色菌脓的病征，在天气潮湿或者早晨有露水的情况下比较容易观察到。如果将病健交界处切断后放入水中，可以观察到溢菌现象。

3. 病毒 系分子寄生物，由核酸和蛋白衣壳组成，靠核酸的复制增殖。大部分植物病毒为球状、杆状或线状，只能在活体内生存，靠介体传播和非介体传播。介体传播主要靠蚜虫、叶蝉和飞虱等刺吸式口器昆虫传播；非介体传播主要靠枝叶摩擦、无性繁殖材料、嫁接以及花粉、种子等方式传播。植物病毒病的分布常常与传播方式和介体的活动规律有关，这点可以作为诊断植物病毒病的依据之一。此外，植物病毒病多为系统性发病，症状以变色、花叶、黄化、畸形、坏死为主。病毒病的鉴定往往采用传毒实验和鉴别寄主的方法进行，也可采用电子显微镜观察和血清学检测。

4. 线虫 是一大类低等动物,约有 50 万种。植物寄生性线虫估计有 2500 多种,它们都很小,肉眼看不到,虫体细长,两头尖,半透明,少数雌虫呈洋梨形或椭圆形。植物线虫病的症状为病株衰弱、矮小、发育迟缓,有虫瘿、根结、发根、叶片卷曲、顶芽或花芽枯死等;可以从虫瘿中挑取虫体镜检或用漏斗分离法和叶片染色法进行检查。

(五) 传播途径与侵入方式

1. 传播途径 病原物经过越冬、越夏后,主要通过下列途径进行传播。

(1) 气流传播 很多病原物孢子都能随空气流动进行长距离飞散传播。在发病期,空气带有大量的病原物孢子随风飘散,一旦飘落到植物体上,条件适宜即可侵染。

(2) 雨水传播 一部分真菌的分子孢子、游动孢子和细菌都是靠雨水传播,特别是在暴风雨的条件下,由于风的介入,加大了雨水传播的距离和速度。

(3) 土壤传播 很多根部病害,其病原物都能在土中较长时间存活,它们通过自身的生长和移动接触寄主植物,从而产生侵染。

(4) 昆虫传播 昆虫取食植物造成伤口,为细菌和病毒的侵入开创了门户。另外,部分刺吸式口器昆虫还是病毒的携带者和传播者。

(5) 人为传播 带病种子、苗木及其他繁殖材料,通过人们的贮藏和运输加快了植物病害的传播。

2. 侵入方式

(1) 直接侵入 细菌和病毒一般不能直接侵入植物体,但有一部分真菌可以穿过寄主表皮角质层直接侵入寄主细胞,所以又称角质层侵入。

(2) 自然孔口侵入 植物体表有许多自然孔口,如气孔、水孔、皮孔、蜜腺等,一些细菌、真菌可通过这些自然孔口侵入,尤以气孔侵入较多。

(3) 伤口侵入 植物体上的各种伤口,特别是虫伤、机械伤是所有病毒、许多细菌和寄生性较弱的真菌侵入的重要途径。

(六) 侵染性病害发生与流行

一种病害在一定时间和空间范围内大量发生,并造成严重危害,称为病害流行。病害流行必须得具备三个条件。

1. 病原物的大量累积 病原物的数量是决定病害发生与否和严重程度的关键。田间的任何一种病原物,如果不加以控制,任其发展,其数量就会逐年增加,直至累积到一定数量后,就会造成病害的发生和流行。

2. 种植了大面积易感病植物 药用植物和其他作物一样,不同品种间抗病性差异很大,抗病品种不易发病,易感品种容易发病。在生产中我们要注意选择和使用抗病品种,防止病害流行。

3. 适宜的环境条件 有了病原物,有了易感植物,如果环境不适宜病原物生长繁殖,那也不会造成病害流行,所以生产上我们创造一个不适宜病害发生的环境,从而可以控制病害的发生和流行。

二、药用植物虫害

(一) 概念

地球上生活着大约 100 万种昆虫，约占动物种类的 2/3，生物种类的 1/2，足见其种类繁多。多数昆虫对人类有益无害，如蜜蜂可以产甜美的蜂蜜，又可以帮助植物授粉；蚕可以吐丝，丝可以制成美丽的锦段；土鳖虫可以入药；屎壳郎专吃牛羊的粪便，能净化环境，它们都是益虫。但是有一部分昆虫，如蝗虫、天牛、粘虫等却是为害植物的大害虫，还有一些螨类、软体动物、甲壳类动物也是为害植物的害虫，我们把这些为害植物的昆虫、螨类和一些软体动物及甲壳类动物统称为植物害虫。

(二) 昆虫的特征

昆虫属于节肢动物门昆虫纲，它们的骨骼像铠甲一样，长在体表。昆虫的身体分头、胸、腹三个体段，头上有一个口器、一对触角、一对复眼、一至三个单眼；胸部有三对足、两对翅；腹部由九至十一节组成，末端外生殖器和尾须，这些都是昆虫的特征。

> **请你想一想**
>
> 蜗牛、蜈蚣、蛞蝓、蜘蛛、螃蟹属于昆虫吗？它们为害植物吗？

螨类与昆虫不同，螨类属于节肢动物门蛛形纲，身体圆形或椭圆形，体小，头胸腹愈合不分节，成螨多具有四对足，极少数为两对足，没有翅膀。

(三) 昆虫的变态

昆虫个体发育过程中，其外部形态、内部结构、生理机能、生活习性及行为本能上发生一系列变化，我们把这些变化称之为昆虫的变态。昆虫变态常见有两类，一类是完全变态，是指昆虫一生中要经历卵、幼虫、蛹和成虫四个虫态，如玉米螟、棉铃虫、杨树天牛、柑橘凤蝶等。完全变态昆虫要经历孵化、化蛹和羽化三个过程。孵化是指幼虫从卵中钻出来的过程；化蛹是指幼虫最后一次蜕皮变成蛹的过程；羽化是指蛹老熟后，成虫突破蛹壳爬出过程（图 6 - 1）。刚孵化出来的幼虫叫一龄幼虫，一龄幼虫蜕一次皮后称为二龄幼虫，以后虫龄依此类推。最后几龄老熟幼虫食量大、抗药性强、防治难度大，所以防治害虫尽量在低龄期进行。

另一类是不完全变态，是指昆虫一生中变化相对较小，只经历卵、若虫和成虫三个虫态，并且幼虫与成虫的形态基本相似，只是形体由小变大，翅和性器官逐步发育成熟，如蝗虫、蚜虫、蝽象等。这类害虫的幼虫称若虫，只需经过几次蜕皮就能变成成虫，没有蛹期，也就不存在着化

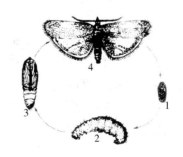

1. 卵 2. 幼虫 3. 蛹 4. 成虫

图 6 - 1 完全变态发育（白术术籽虫）

蛹和羽化（图6－2）。

（四）各个虫态特征

1. 卵 初生卵就是一个大型细胞，外表由坚硬有韧性的卵壳包被，其形状、大小、颜色会有很多变化。卵的形状有半球形、圆形、椭圆形、桶形、帽形、肾形、瓶形等。

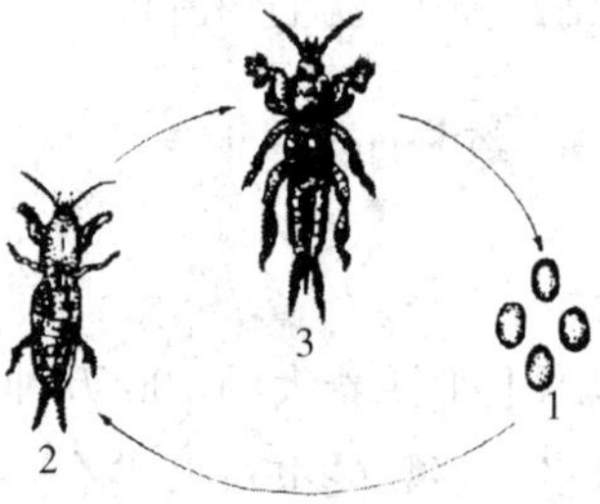

1. 卵 2. 若虫 3. 成虫

图6－2 不完全变态发育（非洲蝼蛄）

2. 幼虫 是害虫的主要为害虫态，特别是蛾蝶类害虫。蛾蝶类害虫属于完全变态昆虫，其幼虫身体分头胸腹三部分，其间没有明显的区别。头部前方有一个三角形的额区，额区下是咀嚼式口器。头的两侧各有六单眼。胸部三节，每节有一对胸足，足端部有爪。腹部十节，第三至六节各有一对腹足，体末一节有一对臀足，腹足和臀足的端部有趾钩。这类昆虫有八对足，称为多足型。有些完全变态昆虫的幼虫只有三对胸足，无腹足和臀足，如蛴螬、金针虫、螵虫等，称为寡足型。有些完全变态昆虫的幼虫没有足，靠身体蠕动爬行，称为无足型，如蝇、天牛、象甲等。

3. 蛹 是完全变态昆虫从幼虫变化到成虫的一种过渡形态。蛹有三种类型：一是离蛹或裸蛹，离蛹的附肢和翅不紧贴于身体上，有时可自由活动，如蜂和甲虫等的蛹；二是被蛹，被蛹的附肢和翅都包被在一层膜里，不能活动，如蝶、蛾、举尾虫等的蛹；三是围蛹，围蛹的外面包裹一层由幼虫末龄的皮所成的蛹壳，如蝇的蛹。

4. 成虫 特征是鉴别害虫的主要依据。鉴别一种害虫，要注意观察成虫的特征。

（1）口器 昆虫口器有咀嚼式、刺吸式、虹吸式和舔吸式等。重要的植物害虫其口器多为咀嚼式或刺吸式。咀嚼式口器害虫能大量破坏植物组织，取食叶片、蛀茎、蛀果等，造成叶片缺失、茎杆折断等症状。刺吸式口器害虫主要刺入植物组织，吸食汁液，导致植株营养缺乏、发育不良、生长衰弱等症状。

（2）触角 着生于昆虫头部，主要起嗅觉和触觉作用。触角类型很多，有刚毛状、丝状、念珠状、棒状、环毛状、羽毛状、鳃片状、膝状、具芒状、锯齿状等。

（3）足 着生于昆虫胸部，有三对，分别为前足、中足和后足。足的类型有步行足、捕捉足、跳跃足、开掘足、游泳足、携粉足、抱握足、攀援足。

（4）翅 多数昆虫具有前后两对翅，少数昆虫无翅，翅的质地也是昆虫分类的主要依据。如直翅目昆虫的前翅较厚，具有韧性，称为覆翅；后翅膜质透明，称为膜翅。鞘翅目昆虫的前翅角质化、坚硬、无翅脉，称为鞘翅。半翅目昆虫的前翅，基部角质化、坚硬，而端部膜质，称为半鞘翅。鳞翅目昆虫的前后翅表面都密布鳞片，称为鳞翅。缨翅目昆虫的翅上长有长长的缨毛，称为缨翅。根据翅的特征就能够很快地判断害虫所属的目。

（5）腹部 由九至十一节组成，有些种类只有五至六节。通常一至八节两侧有气门，腹内有消化、生殖和排泄器官；腹末端有外生殖器，雌性为产卵器，雄性为交配器。生殖器的形态特征是鉴别种的重要依据。

（五）年生活史和世代

年生活史，又称为生活年史，是指害虫从越冬后开始活动起，经历春夏秋冬四季，再到次年越冬结束为止的全部过程。世代是指一个昆虫的发育周期，即从出生到死亡（非意外死亡）的整个发育过程。不同种类的昆虫，其世代有长有短，长的一年发生一个世代或几年发生一个世代，如玉米螟、东亚飞蝗、华北蝼蛄、华北大黑金龟子等。短的一年可以发生多个世代，如蚜虫、粉虱等。世代长短除了与昆虫生物学属性有关，还与当地环境条件有关，如棉铃虫在我国东北一年发生一至二代，在华北发生二至三代，在华南则发生六至八代。

（六）昆虫的生殖方式

昆虫有两种最重要的生殖方式。一种是两性卵生，又称有性生殖，是指昆虫经过雌雄交配，精子与卵子结合，雌虫产出受精卵，每粒卵发育为一个子代的生殖方式，多数昆虫以这种方式生殖。另一种是孤雌胎生，又称单性生殖，是指少数昆虫不经过交配或卵不经过受精而产生新的个体，也就是从雌虫体内产出的不是卵，而是幼虫，如大蚜虫直接产小蚜虫。

（七）害虫的生活习性

1. 趋性　害虫对外界刺激表现出的定向行为，飞来或跑来为正趋性，飞走或逃走为负趋性。根据刺激源的不同，有趋光性、趋化性、趋湿性、趋色性、趋温性、趋粪性等，我们可以利用这些习性进行诱杀，如黑光灯诱杀蛾子、糖酒醋液诱杀地老虎、黄板诱杀蚜虫等。

2. 食性　害虫食性可分植食性（占48.2%）、肉食性（占30.4%）、腐食性（占17.3%）、粪食性和杂食性五大类，毫无疑问，植物害虫都是植食性的，依据吃的植物种类的多少，又分为单食性、寡食性和多食性害虫。在引进植物新物种实行动植物检疫和轮作制度时，需要认真考虑这一习性。

3. 产卵习性　许多害虫都在植物上产卵，但选择的部位不同，有的产在叶片上，有的产在叶背面，有的产在嫩梢上，有的产在树皮的裂缝中，也有产在植物的组织内，如叶肉内、叶脉内或果实内。

4. 为害习性　不同害虫为害症状不同，咀嚼式口器害虫取食植物根、茎、叶、花、果和种子，把植物咬食成孔洞、缺刻，甚至吃成光杆，或钻蛀植物组织和种子。刺吸式口器害虫造成刺吸部位的失绿、黄化、卷叶等，导致茎叶枯死。刺吸式口器害虫还能传播病毒病，对这类害虫的防治必须用内吸性杀虫剂才能取得较好的防治效果。有些害虫还能在为害部位吐丝结网，把叶片卷起来或打成包，如稻苞虫。同样取食叶片的潜叶蝇和跳甲也会因为取食部位的不同而造成不同为害。前者潜入叶片内，仅吃叶肉，后者吃上表皮和叶肉，保留下表皮。这些为害习性和为害症状是判断害虫种类和设计防治方案的重要依据之一。

5. 自卫习性　如假死性、保护色。假死性是指遇到风吹草动时能够装死或掉落，以便迅速逃脱。保护色是指昆虫的形状和体色与环境的颜色十分接近。这两种习性都有助于昆虫躲避天敌的捕杀。

6. 群集性　这种习性与害虫的繁殖活动和能力有一定关系。二化螟、刺蛾等害虫的低龄幼虫都有群集性，高龄幼虫却逐渐分散。了解这个习性有助于适时进行化学防治，选择低龄期集中消灭。

7. 扩散与迁飞习性　随着季节、食物和环境的变化，有些害虫要进行有规律的转移，甚至进行远距离的迁飞，如棉铃虫可以从邻国越南逐渐迁飞到我国东北。我们可以根据这些习性进行预测预报和制订相应的防治措施。

三、药用植物草害

（一）农田杂草的一般情况

1. 农田杂草的概念　农田杂草是指生长在农田中非人类有目的栽培的植物，也就是说农田中除了有意识栽培的农作物外其他所有植物都是杂草，比如丹参田除了栽培的丹参外，其他野生植物或上茬遗留的自生苗都是杂草。所以，杂草的杂字是相对于农作物而言的，可以说就是长错地方的植物。

杂草比农作物更接近于野生植物的物种，其生长繁殖能力、吸收肥水能力、对不良环境的耐受能力和适应能力都很强，在一般情况下栽培植物总是竞争不过它们，为此人类要帮助农作物与杂草进行不懈的斗争。

2. 农田杂草的危害　体现在四个方面。

（1）与农作物争水、争肥、争光、争空间，导致作物的产量和品质下降。我们辛辛苦苦的劳动和大量投入的肥料、水都可能被杂草夺走。据统计，每年因杂草所造成的损失约占世界粮食产量的10%。

（2）杂草影响农事操作，阻塞区道，增加农业成本。

（3）部分杂草是病虫害的中间寄主，在病虫害越冬、越夏和传播环节上都起作重要的作用。

（4）少数杂草对人畜还有直接的为害，比如含有毒麦的面粉可以使人中毒甚至死亡，豚草的花粉可以引发过敏症。

3. 农田杂草的种类

（1）根据植物系统演化和亲缘关系，按门、纲、目、科、属、种进行分类，这种分类可以确定所有杂草的位置，比较准确和完整，但实用性较差。

（2）按生物学特性，分为一年生杂草、二年生杂草和多年生杂草，顾名思义，他们完成一个生长周期的年限不同。

（3）按杂草所适应的环境，分为旱地或旱生杂草、水田或水生杂草。旱地杂草有看麦娘、牛筋草、马唐、野燕麦、酸模叶蓼、反枝苋、牛繁缕等；水田杂草有眼子菜、鸭舌草、异形莎草、千金子等。

（4）从农业生产角度，分为麦田杂草、稻田杂草、菜园杂草和果园杂草。

（二）农田杂草的重要习性

1. 多实性、落粒性和成熟不整齐性　杂草的结实数量大得惊人，如蟋蟀草单株结实多达 3 万～13 万粒，这些种子陆续成熟，大部分能在作物收获之前脱落。

2. 繁殖方式多样性　杂草有种子、根茎、鳞茎、球茎、匍匐茎等方式繁殖，种子抵抗不良环境条件的能力，包括抵抗病虫的能力都很强。杂草种子往往有较厚的颖壳包被，遇到不良环境可以长期休眠，寿命很长，据统计，1700 年前蓼的种子仍有一定的萌发能力。

3. 种内异质性强　植物个体之间在遗传基因、生长规律、抵抗不良环境的能力等方面都会有很大的不同，因此表现为出苗不整齐、出苗期拖得很长、结实也不整齐，即使在恶劣的条件下，也会有少数个体产生种子、块根或块茎等繁殖体。

4. 拟态性　是指在形态生长发育规律上，以及对环境条件的要求上都与作物十分相似，像孪生兄弟一样，我们称为伴生。

杂草的这些习性都给防治工作带来很多的困难。

（三）农田杂草的防治方法

防治农田杂草也需要遵照"预防为主，综合防治"方针，包括动植物检疫法规、不断进行人工除草、清洁农田环境、合理耕作和轮作，近年来采用地膜覆盖技术对杂草也有很好的防治效果。

1. 人工除草　是最原始、最简单、最环保的除草方法，但它不是最理想的除草方法，因为它需要的劳动力成本高、劳动强度大，特别是大规模除草时就有很大的局限性。

2. 覆盖稻草或麦秆　田间覆盖秸秆有遮光的作用，能够很好地防止杂草萌发和生长，另外，秸秆腐烂后又可以肥田，改善土壤的质地和肥力。

3. 覆盖地膜　有三大作用，即保温、保墒和防病虫草害。但地膜覆盖防治草时，必须要用泥土严严实实地把地膜四周压紧，不让空气进入，才能起到防治效果。

4. 放养鸡、鸭、鹅等家禽　稻田放鸭，能防治水生杂草；棉田放鹅，能防牛繁缕、猪殃殃等杂草。

5. 套种绿肥　在作物行间套种绿肥，如紫云英、苜蓿等，可以防治田间杂草。当然也可以套种一些矮小作物，如鱼腥草、夏枯草、车前草、大蒜等，也能起到防草的效果。

6. 使用生物除草剂　生物除草剂对人、畜、天敌昆虫、鱼类均无害，不污染环境，落入土壤后易被分解，无残留，是解决除草的一个有效措施。目前使用的生物除草剂有双丙氨磷、鲁保 1 号等。双丙氨磷主要防治一年生或多年生阔叶杂草和禾本科杂草，如荠菜、猪殃殃、看麦娘、野燕麦、马齿苋、狗尾草、蒿等。鲁保 1 号专治菟丝子，对其他杂草效果较差。

7. 化感作用 一般指异株克生。植物产生的次生代谢产物在植物生长过程中，通过信息抑制其他植物的生长发育并加以排除的现象。如苜蓿提取物皂角苷，能抑制玉米幼苗生长。利用这一原理，我们可以在田间栽种不同植物，来控制杂草的滋生，如苹果园间种高粱、大麦、燕麦、小麦等能抑制马齿苋、马唐等杂草生长。其他相克的植物有大豆抑制看麦娘，燕麦抑制荠菜，向日葵抑制稗草、马唐，黄瓜抑制稗草等。

总之，生产上我们利用作物之间的相生相克关系，科学地进行轮作、间作、套作，就能提高杂草防治水平。

第二节　药用植物有害生物的防治技术

一、综合防治

在人类与病虫害作斗争的历史中，有成功的经验，也有失败的教训。20 世纪 40 年代以后发展起来的有机合成农药，确实成功地防治了一些病虫害，然而也带来了一些弊端，如病虫抗药性提高、污染环境、杀死天敌、破坏生态平衡等。人们辛辛苦苦选育的抗病品种也在大面积种植以后，出现抗病性丧失现象。显然，农药不是万能的，抗病品种也不能逸劳永易，所以，有害生物综合防治方针就因此而生了。所谓有害生物综合防治，是从农业生态系统总体出发，根据有害生物和环境之间的相互关系，充分发挥自然控制因素的作用，因地制宜，应用必要的措施，将有害生物控制在经济受害允许水平之下，达到高产、优质、低成本、少公害或无公害的目的。

正确理解有害生物综合防治方针，首先是观念上的更新，人类逐步认识到病原物和害虫并不是发生病虫害的唯一原因，有害生物生存增殖和致害能力固然重要，但能否造成灾害还要取决于植物的反应和诸多环境因素。

其次是要以获得最大经济、生态和社会效益为目的，改掉以往见虫就打、见病就治的观念，人类不要妄想消灭某种害虫，只能控制其为害。在比较防治成本和防治挽回的金额之后，人们再提出病虫害的防治指标，当病虫密度低于防治指标时进行防治将是亏本的，所以允许甚至提倡在田间保留一部分病虫，将有助于保持农田系统的生态平衡。

再次是尽量利用多种防治技术，协调好它们之间的关系。比如协调化学防治与生物防治，尽量不使用非选择性农药，以减少对天敌和益菌的杀伤，在各种植物抗病品种的基础上，要补充必要的化学防治。目前我国综合防治正在从单一病虫逐步转向针对单一作物，并且开始过渡到区域性的综合治理水平。

二、防治方法

植物病虫害防治方法大体可以分为植物检疫、种植抗病虫品种、生物防治、农业防治、物理机械防治、化学防治。

（一）植物检疫

植物检疫是利用立法和行政措施防止或延缓有害生物的人为传播。具有强制性和预防性。近年，传入的美国白蛾、美洲斑潜蝇、稻穗象甲、松柴线虫等都是十分危险的，如果不能及时治理，就会造成巨大损失。为此，国家颁布了植物检疫法，建立了植物检疫机构，确定了对内对外检疫对象和条例。为了维护当地和其他地区当代和后代的农业生产，我们必须认真执行这些法令。

1. 对内检疫 是国内各级检疫机关，会同交通运输等部门根据检疫条例，对所调运的植物及其产品进行检验和处理，以防止仅在国内局部地区发生的危险性病虫草等有害生物的传播蔓延。它的实施机构是县级以上农林业行政主管部门所属的植物检疫机构。植物检疫名单由国家农业部制定，省（市、自治区）农业厅制定本省补充名单，并报国家农业部备案。1995 年，国家农业部颁布的国内检疫性有害生物有 32 种，其中与农作物有关的有水稻细菌性条斑病、小麦腥黑穗病、玉米霜霉病、马铃薯癌肿病、大豆疫病、棉花黄萎病、烟草环斑病毒病和假高粱等。

2. 对外检疫 是国家在对外港口、国际机场及国际交通要道设立检疫机构，对进出口的植物及其产品进行检疫处理，防止危险性病虫草等有害生物的传入和输出。它的实施机构是国家出入境检验检疫局设在对外港口、国际机场及国际交通要道的出入境检验检疫机构。1992 年颁布的入境植物检疫危险性有害生物有 84 种，其中严格禁止进境的有 3 种，严格限制进境的有 51 种。

（二）种植抗病虫品种

一方面，我们选用的品种要具有抗病虫性，据统计，种植抗病品种对 80% 的病害有防治效果。随着生物技术不断进步，抗病虫品种也将会越来越多，我们要认真选用。另一方面，我们要合理地利用这些品种。大家经常反映一些优良的抗病品种种植了 3 ~ 5 年就变得不抗病了，其主要原因是大面积单一种植抗病品种，导致病原物和害虫种群适应了这个品种，出现了新的小种或者类型，反过来就导致这些品种不再抗病虫了，病虫害就大流行起来。解决的办法为适当保持生物的多样，合理布局品种，合理轮换。

（三）生物防治

生物防治是以有益生物及其代谢产物控制有害生物种群数量的方法。它的优点是对人畜比较安全，不伤害天敌，不污染环境，不会引起害虫的再猖獗和产生抗性，对一些病虫害有长期的控制作用。但也有一定局限性，不能完全代替其他防治方法，必须与其他防治方法有机地结合在一起。

1. 天敌昆虫 是一类捕食或寄生其他害虫的昆虫。天敌昆虫在自然界中大量存在，对于某些害虫发生、成灾起着制约作用。捕食性天敌有蜻蜓、螳螂、草蛉、瓢甲、虎甲、猎蝽、步甲、胡蜂、食虫虻、食蚜蝇等；寄生性天敌主要有寄生蜂和寄生蝇两类，它们寄生在害虫各个虫态体内或体表，以害虫的体液或内部器官为食，使害虫死亡。

2. 微生物及其代谢产物　对人畜、植物和水生动物安全，无残毒，不污染环境，微生物农药制剂使用方便，并能与化学农药混合使用。目前在生产上应用的微生物及其代谢产物包括真菌、细菌和病毒和抗生素等。

真菌包括白僵菌、绿僵菌、木霉菌等。白僵菌、绿僵菌主要用来防治玉米螟、稻苞虫、地老虎、斜纹夜蛾等；木霉菌用来防治霜霉病、白绢病、根腐病。害虫被真菌侵染致死后，虫体僵硬，体上有白色、绿色等霉状物。另外，真菌还可以防治线虫。

细菌包括苏云金杆菌和乳状芽孢杆菌。苏云金杆菌主要用于防治鳞翅目害虫，乳状芽孢杆菌用于防治金龟甲幼虫。害虫被细菌侵染致死后，虫体软化，有臭味。

病毒包括核多角体病毒、质型颗粒体病毒和颗粒体病毒。害虫被病毒侵染致死后，往往以腹足或臀足黏附在植株上，体躯呈"一"字形或"V"字形下垂，虫体变软，组织液化，胸部膨大，体壁破裂后流出白色或褐色的黏液，无臭味。我国利用病毒防治棉铃虫、菜青虫、黄地老虎、桑毛虫、斜纹夜蛾、松毛虫等都取得了显著效果。

（四）农业防治

农业防治是指结合正常的农事活动，创造有利于植物健康生长、不利于病虫生长发育的环境条件的防治方法。优点是：①不需要增加额外费用和劳动力；②不会污染环境；③防治措施多样，具有稳定和持久特点；④防治规模大。缺点是：①见效慢；②常与丰产技术矛盾；③具地域性和季节性；④可能会导致其他害虫发生。

具体防治措施有：①合理轮作；②合理间、套作；③适时深耕；④合理施肥和合理灌溉；⑤适当密植；⑥调节播期；⑦精选种子、种苗；⑧清除田间杂草，采用覆盖技术。

（五）物理机械防治

物理机械防治是指利用各种物理因子、人工和器械防治病虫、杂草等有害生物的方法。此法见效快，防治效果好，不发生环境污染，可作为有害生物的预防和防治的辅助措施，也可作为有害生物在发生时或其他方法难以解决时的一种应急措施。

具体防治措施有：①人工捕捉害虫或摘除病叶；②器械捕杀；③阻隔法；④诱杀；⑤种子处理；⑥辐射处理。

你知道吗

无性繁殖材料是病虫害初侵染的重要来源

营养繁殖在药用植物栽培中占很大比例。由于这些繁殖材料基本都是药用植物的根、块根、鳞茎等地下部分，常携带病菌、虫卵，所以无性繁殖材料是病虫害初侵染的重要来源，也是病虫害传播的一个重要途径，而当今种子、种苗频繁调运，更加速了病虫传播蔓延。因此，在生产中建立无病留种田，精选健壮种苗，适当的种子、种苗处理及严格区域间检疫工作是十分必要的。

（六）化学防治

化学防治是指用化学药剂来防治病虫草等有害生物的方法。一般采用浸种、拌种、毒饵、喷粉、喷雾和熏蒸等方法。其优点是收效迅速，方法简便，急救性强，且不受地域性和季节性限制。化学防治在病虫害综合防治中占有重要地位，但长期使用性质稳定的化学农药，不仅会增强某些病虫的抗药性，降低防治效果，并且会污染农产品、空气、土壤和水域，还会危及人畜健康和破坏生态环境。所以，我们通过发展选择性强、高效、低毒、低残留的农药以及通过改变施药方式、减少用药次数等措施逐步加以解决，同时还要与其他防治方法相结合，扬长避短，充分发挥化学防治的优越性，减少其毒副作用。

第三节 中药材质量与农药的合理使用

一、农药施用的原则

1. 根据防治对象和农药的性能，选择有效农药。
2. 根据防治对象的发生情况及环境条件，确定施药时期。
3. 掌握有效用药量，适量施药。
4. 交替用药、轮换用药，防止病虫产生抗药性。
5. 合理混配农药。农药混配要以保持原有效成分或有增效作用，不增加对人畜的毒性并具有良好的物理性状为前提。
6. 严格遵守农药安全间隔期。

二、允许使用的农药种类

（一）生物源农药

生物源农药是指利用生物活体或其代谢产物对害虫、病菌、杂草等有害生物进行防治的一类农药制剂，或者是通过仿生合成具有特异作用的农药制剂。常见有活体微生物农药（鲁保一号、绿僵菌、苏云金杆菌等），微生物代谢产物农药（灭瘟素、春雷霉素、多抗霉素、井冈霉素、农抗 120 等），植物源农药（除虫菊素、鱼藤酮、烟碱、大蒜素等），动物源农药（性外激素、寄生性、捕食性的天敌）等。

（二）矿物源农药

矿物源农药是指有效成分起源于矿物的无机化合物和石油类农药。主要有无机杀螨杀菌剂，包括硫制剂（石硫合剂、硫悬浮剂、可湿性硫）和铜制剂（硫酸铜、波尔多液、王铜、氢氧化铜）等。

（三）有机合成农药

有机合成农药是指由人工研制合成的一些有机化合物农药，包括杀虫杀螨剂、杀菌剂、除草剂。在中药材生产中有机合农药属于限量使用，要严格按照规定的方法使用。

三、禁止施用的农药种类

为从源头上解决农产品的农药残留超标问题，农业部第 199 号公告规定，要加强甲胺磷等 5 种高毒有机磷农药登记管理，停止受理一批高毒、剧毒农药的登记申请，撤消一批高毒农药在一些作物上的登记，并公布国家明令禁止使用的农药品种清单如下。

（一）国家明令禁止使用的农药有六六六、滴滴涕、毒杀芬、二溴氯丙烷、杀虫脒、二溴乙烷、除草醚、艾氏剂、狄氏剂、汞制剂、砷类、铅类、敌枯双、氟乙酰胺、甘氟、毒鼠强、氟乙酸钠、毒鼠硅。

（二）在蔬菜、果树、茶叶、中草药材上不得使用的农药有甲胺磷、对硫磷、甲基对硫磷、久效磷、磷胺、甲拌磷、甲基异柳磷、特丁硫磷、甲基硫环磷、治螟磷、内吸磷、克百威、涕灭威、灭线磷、环磷、蝇毒磷、地虫硫磷、氯唑磷、苯线磷。任何农药产品的使用都不得超出农药登记批准的使用范围。

实训九　波尔多液、石硫合剂的配制与质量检查

一、实训目的

掌握波尔多液和石硫合剂的配制方法和质量检查。

二、实训器材

（一）仪器

电子天平、生铁锅、波美比重计、电炉、500ml 烧杯、100ml 烧杯、200ml 量筒、研钵、玻璃棒、小铁刀、红石蕊试纸等。

（二）试剂

硫酸铜（$CuSO_4 \cdot 5H_2O$）、生石灰、硫磺粉、水、黄血盐。

三、实训方法及步骤

（一）波尔多液的配制与质量检查

1. 波尔多液浓度的表示法和配料比例　波尔多液浓度的表示方法通常有两种，一种是配合量表示法，这种表示法中各成分别用千克作重量单位，如 1∶1∶100 的波尔多液是用 1kg 硫酸铜、1kg 石灰、100kg 水配成的，这种表示法的优点是各成分的量一目了然。另一种是百分浓度表示法，是以硫酸铜用量来说的，例如 1% 波尔多液，即 1kg

硫酸铜、1kg 石灰、100kg 水。根据石灰用量与硫酸铜用量的比例不同，可分为等量式（石灰和硫酸铜用量相等）、半量式（石灰用量是硫酸铜用量的一半）和倍量式（石灰量是硫酸铜量的一倍）波尔多液。

2. 配制技术　用下列方法配制 1% 等量式（1∶1∶100）波尔多液。

（1）用 1/2 水溶解硫酸铜，用 1/2 水溶化生石灰，然后同时将两液注入第三容器，边倒边搅拌即成。

（2）用 4/5 水溶解硫酸铜，用 1/5 水溶化生石灰，然后将硫酸铜溶液倒入生石灰水中，边倒边搅拌即成。

（3）用 4/5 水溶解硫酸铜，用 1/5 水溶化生石灰，然后将石灰水注入硫酸铜溶液中，边倒边搅拌即成。

（4）各用 1/5 水稀释硫酸铜和生石灰，两液混合后，再加 3/5 水稀释。边倒边搅拌即成。

操作时应注意，硫酸铜和生石灰要研细，如用块灰，一定要慢慢将水滴入，使石灰逐渐崩解化开，然后加水溶化，配制成溶液。

3. 质量检查　波尔多液配制好后，为呈天蓝色的碱性悬浮液，沉淀速度很慢，游离的铜很少。配制好以后通常用以下方法检查其质量好坏。

（1）观察配制好的波尔多液颜色。

（2）取波尔多液少许，滴入 2~3 滴黄血盐，若有赤褐色出现，表示石灰不足，而水溶性铜过多。也可用磨亮的小刀插入波尔多液片刻，观察刀面有无镀铜现象。

（3）用石蕊试纸，分别投入制成的波尔多液中，测定其酸碱性。

（4）将用各种不同方法所配制的波尔多液，静置 30 分钟，观察波尔多液的沉降速度和药粒之沉降体积。沉淀越慢越好，沉淀后上部清水层越薄越好。

（二）石硫合剂的熬制与质量检查

1. 熬制方法　配比 1∶2∶10 的石硫合剂熬制。

（1）称取生石灰 50g，放置在铁锅内，量取 500ml 水，若用块灰，一定要慢慢将水滴入块灰上，使块灰逐渐崩解化开，再加水配制成石灰乳。

（2）将研细好的硫磺粉 100g 慢慢加入糊状石灰乳中，搅拌均匀，加入剩余水，并用木棒将药液深度做一标记。

（3）用强火加热至沸腾，加热过程中要不断搅拌。在加热过程中，水分不断蒸发，随时要补加开水，但补水后的水位不能超过原来刻度。

（4）沸腾后 40~60 分钟，铁锅内的溶液颜色由最初的淡黄色变为黄褐色，最后变为深红棕色（老酱油色），表示已经熬成，停止加热，使其冷却后，用数层纱布过滤，除去渣滓，即为母液。

2. 成品质量检查　优良的石硫合剂是透明的琥珀色溶液，底部有很少的草绿色残渣并具备一定浓度。

（1）浓度的测定　将熬好的石硫合剂冷至室温，上部清液倾入量筒中，用波美比重计测定药液浓度大小。若没有波美比重计，也用普通比重计测定，得出的普通比重数值，需根据下列公式换算成波美比重。石硫合剂的浓度用波美比（Be）来表示。

$$波美比重 = 145 - \frac{145}{普通比重}$$

（2）注意事项

1）生石灰应选纯净的，质轻而坚硬；硫磺粉的细度，至少要通过40号筛目，越细越好。

2）熬制时用强火，一次煮沸为宜，这样成品质量好。

3）不宜用铜锅、新铁锅或铝锅熬制，以防腐蚀，原液储存时要放密闭贮器中，或上面放一层煤油。

4）石硫合剂母液的浓度较大，使用时需要进行稀释，稀释液必须立即使用，不能保存。加水倍数可用下列公式计算：

$$重量稀释加水倍数 = \frac{原液波美浓度 - 需要使用波美浓度}{需要使用波美浓度}$$

实训十　常见病虫害的识别

一、实训目标

掌握当地药用植物主要害虫的形态特征及为害症状。

了解当地药用植物病害典型病状和病征。

二、实训工具

解剖镜、放大镜、镊子、培养皿、解剖刀、蜡盘。

三、实训内容

（一）观察当地药用植物主要害虫，区别它们的口器、触角、足、翅的类型以及为害症状。

（二）观察当地药用植物病害的各种典型病状和病症，找出各类症状特点及其所属类型。

1. 变色　植物生病后局部或全株失去正常的颜色。

2. 坏死　指植物细胞和组织的死亡。

3. 腐烂　指植物组织较大面积的分解和破坏。

4. 萎蔫　指植物的整株或局部因脱水而枝叶下垂、卷叶的现象。

5. 畸形　指植物受害部位的细胞分裂和生长发生促进性或抑制性病变，致使植物整株或局部形态异常。

四、实验报告

完成下列药用植物害虫调查表（表6-1）和药用植物病害调查表（表6-2）的填写。

表6-1　药用植物害虫调查表

编号	害虫名称	口器	触角	足	翅	为害部位及症状
1						
2						
3						
4						
5						

表6-2　药用植物病害调查表

编号	病害名称	发病部位	症状类型	症状特点
1				
2				
3				
4				
5				

目标检测

一、单项选择题

1. 在植物的发病部位出现了霉状物病征，可以判断该病害是由于（　　）引起的。

　　A. 真菌　　　　　　B. 细菌　　　　　　C. 病毒　　　　　　D. 线虫

2. 细菌性病害会在发病部位出现（　　）病征。

　　A. 粉状物　　　　　B. 菌脓　　　　　　C. 菌核　　　　　　D. 无

3. 幼虫从卵壳中钻出来的过程，称为（　　）。

　　A. 孵化　　　　　　B. 化蛹　　　　　　C. 羽化　　　　　　D. 脱壳

4. 多足型幼虫有（　　）对足。

　　A. 3　　　　　　　　B. 4　　　　　　　　C. 8　　　　　　　　D. 10

5. 昆虫化蛹后，其触角、足、翅等紧贴于蛹体，不能活动，属于（　　）。

　　A. 裸蛹　　　　　　B. 离蛹　　　　　　C. 围蛹　　　　　　D. 不确定

6. 上晚我们在教室学习时，总有一些昆虫飞到教室里来，这是由于昆虫有（　　）习性。

A. 趋化性　　　　　B. 迁飞性　　　　　C. 群聚性　　　　　D. 趋光性

7. 植物被成咬食成孔洞、缺刻，甚至吃成光杆，则这类害虫属于（　　　）。

A. 嚼咀式口器　　　B. 刺吸式口器　　　C. 虹吸式口器　　　D. 舐吸式口器

8. 下列属于生物防治措施的是（　　　）。

A. 种植抗病品种　　B. 喷洒有机农药　　C. 覆盖地膜　　　　D. 释放寄生蜂

9. 结合正常的农事活动，创造有利于植物健康生长，不利于病虫生长发育的环境条件的防治方法，称（　　　）。

A. 生物防治　　　　B. 物理机械防治　　C. 农业防治　　　　D. 化学防治

二、多项选择题

1. 细菌可以通过（　　　）侵入到植物体内。

A. 角质层　　　　　B. 自然孔口　　　　C. 伤口　　　　　　D. 三者均可

2. 不全变态昆虫具有（　　　）虫态。

A. 卵　　　　　　　B. 若虫　　　　　　C. 蛹　　　　　　　D. 成虫

3. 国家明令禁止使用的农药有（　　　）。

A. 六六六　　　　　B. 滴滴涕　　　　　C. 毒杀芬　　　　　D. 二溴氯丙烷

三、思考题

谈谈你对植物病虫害综合防治的理解，有哪些防治措施？

书网融合……

划重点　　　自测题

第七章 中药材规范化种植与现代生产技术

PPT

学习目标

知识要求

1. **掌握** 中药材设施栽培的特点和常见设施栽培技术；机械化在中药材生产中的应用。

2. **熟悉** 中药材设施化和机械化发展方向，积极发挥在生产中的优势。

3. **了解** 部分中药材设施栽培及专业机械运用。

能力要求

1. 能准确说出常见设施栽培优点，可以进行覆膜、搭建大棚模拟操作。

2. 能配置无土基质，并能应用。

3. 能准确描述部分机械操作适应范围。

实例分析

实例 2020年3月，东非地区蝗灾肆虐，蝗虫数量之多为几十年未见。其中，肯尼亚的一个蝗虫群长40公里，宽60公里，每平方公里可聚集1.5亿只蝗虫。据估计，即使是小型虫群，每天也能吃掉3.5万人的食物，联合国发布了一项警告，已经严重影响了粮食安全。国际上采用无人机遥感监控巡查，投放防治蝗虫的蝗虫微孢子虫、绿僵菌、印楝素、寄生蜂等。蝗虫取食了有微孢子虫的食物后，就可以引起蝗虫得微孢子虫病。经过一段时间后，蝗虫因得病而行动迟缓、不能飞行，产卵量下降，直至死亡。

分析 蝗灾是如何成功控制的？

第一节 中药材生产的设施化

一、中药材设施栽培技术

（一）中药材设施栽培

利用温室、大棚等各种设施，通过日光加温或人工加温、保温等方法，创造一个适于中药材生长发育的微域环境，实现高效益经济栽培，从而获得高产、优质、高效的一种先进的中药材种植生产方式。

（二）栽培设施化

栽培设施化指对栽培技术进行规范化和标准化的操作，引进先进设施技术，使得栽培工作得到更有效的控制和管理。

通过设施栽培，可以改变成熟期，延长供应期，有效避免气象灾害，防止或减轻病虫害，还能获得特殊产品等。

（三）设施栽培特点

1. 温度可调控　塑料薄膜、玻璃或 PC 板均具有较好保温性能。大棚覆盖薄膜、玻璃或 PC 板后，大棚内的温度也和露地一样，将随着外界气温的升高而升高，随着外界气温下降而下降，但棚内气温在一昼夜中的变化比外界气温剧烈。大棚具有增温效应，一般在寒季大棚内日增温可达 3～6℃，阴天或夜间增温也有 1～3℃，在光照条件好的地区增温效应更为明显。因此，应根据当地气温变化情况，必要时应进行防寒保温、补充加温或遮阳降温等措施。

2. 光照可调节　新建大棚塑料薄膜透光率可达 80%～90%，PC 板透光率可达 88%～92%，玻璃温室的透光率也在 80%～90%，但在使用后，由于灰尘污染、吸附水滴、薄膜老化等原因，会使得透光率减少 10%～30%。大棚越高大，棚内垂直方向的辐射照度差异越大，棚内上层及地面的辐照度相差可达 20%～30%。在冬春季节以东西延长的大棚光照条件较好，比南北延长的大棚光照条件好。

尽可能地增加大棚透光率，促进植株光合作用。一是要选择合理的材料建设大棚；二是要根据实际设计好棚形结构、方位和规模；三是要防止灰尘污染和水滴凝聚。

3. 湿度可控制　由于大棚的气密性较好，棚内空气与外界空气交换受到阻碍，棚内空气相对高温，作物叶面蒸腾加强，加上土壤的水分蒸发，如果棚内没有进行通风，水汽难以发散出去，因此，棚内相对湿度要比棚外高，形成棚内高湿的环境。而在大棚内，一般在晴天、风天时，相对湿度低，阴、雨（雾）天时相对湿度增高，可达 90% 以上。在不通风的情况下，棚内白天相对湿度可达 60%～80%，夜间经常在 90% 左右。棚内湿空气遇冷后凝结成水膜或水滴附着于薄膜或其他遮盖材料的内表面或植株上。

大棚内空气湿度过大，不仅直接影响作物的光合作用和对矿质营养的吸收，而且还有利于病菌侵染作物。棚内适宜的空气相对湿度依作物种类不同而有所差异，一般白天要求维持在 50%～60%，夜间在 80%～90%。为了减轻病害的为害，夜间的湿度宜控制在 80% 左右。棚内相对湿度达到饱和时，通过提高棚温可以降低湿度，如温度达 10℃时，每提高 1℃气温，湿度则降低 3%～4%。

4. 空气可变化　棚内空气成分变化主要是二氧化碳的浓度变化。由于棚内空气流动和交换受到限制，在作物植株高大、枝叶茂盛的情况下，棚内空气中的二氧化碳浓度变化很剧烈。夜间，由于作物呼吸和土壤释放，棚内二氧化碳的浓度逐渐积累，早上日出之前达到高峰值，棚内二氧化碳浓度要比棚外浓度高出 2～3 倍；8～9 时以后，随着叶片光合作用的增强，二氧化碳浓度剧降。因此，日出后就要进行适当的通风换气，及时补充棚内二氧化碳，以利于植株光合作用。另外，也可进行人工二氧化碳施肥，浓度为 800～1000mg/kg，在日出后至通风换气前使用。人工施用二氧化碳，在冬春季光照弱、温度低的情况下，增产效果十分显著。

5. 基质可更换 栽培基质可以不受土壤本身条件限制，可以代替土壤提供作物机械支持和物质供应。我国著名的土壤肥料专家孙大勇教授开发出更为廉价的栽培基质，其实质就是把土壤本身也作为栽培基质来使用，通过对土壤的消毒和置换，最终达到作物健康生长需要的水平。植物的栽培基质分为有机基质和无机基质，常见栽培基质有珍珠岩、草炭、椰糠等。栽培基质在满足植物营养需要的同时，又可减少病虫害发生，在育苗中经常使用。

创造人工可控制的环境条件，使作物能够正常生长发育，既可以摆脱大自然对传统露地栽培作物的约束，又能吸纳多种高新技术，较露地栽培的产量和产值成倍增长，是现代农业的重要标志之一。

> **请你想一想**
>
> 设施栽培有哪些优缺点呢？

二、中药材设施栽培的应用

（一）中药材保护地栽培

中药材保护地栽培就是在不适合中药材生长发育的条件下，利用保护设施，人为地创造一个适合中药材生长发育的环境条件，从事中药材生产的一种栽培方式。简易设施、大棚、温室生产是药用植物保护地栽培的主要生产方式之一。尤其在北方地区，由于无霜期短，冬、春季节寒冷，无法从事正常的种植，而大棚、温室等保护地设施在人工控制条件下，使药用植物能正常生长和发育，从而获得显著的经济效益。

1. 简易设施 主要包括风障畦、冷床、温床和小拱棚覆盖等形式。其结构简单，容易搭建，具有一定的抗风和提高小范围内气温、土温的作用。

如在长白山区北五味子的保护地栽培中，采用简易的畦床和塑料棚覆盖以提高地温，具体是选择向阳、排水良好的砂质土地，按宽 1m、高 40cm 的规格作畦。畦床以塑料棚覆盖，提高地温效果良好。在蒲公英保护地栽培中，前一年 8～9 月份，把野生苗整株挖回，栽植在畦上（畦宽 1m、长 10m），株距 5cm，行距 10cm，浇透水。第二年 3 月份上旬，用小拱棚进行覆盖，拱高为 0.5m 左右，晚间用草苫覆盖，可起到临时保温作用，20 天后可分次采收。

2. 大棚 是一种利用塑料薄膜或塑料透光板材覆盖的简易不加温的拱形塑料温室。它具有结构简单、建造和拆装方便、可就地取材、一次性投资少、运营费用低的优点，因而在生产上得到越来越普遍的应用。常见竹木结构的大棚，也称为简易大棚，建造成本低，适合家庭式栽培。现代企业多采用钢构式大棚，它采用经过加工的钢管及配件联在一起。建造成本较高，使用年限较长，使用维修成本较低，可以随时拆卸和搬迁。

建大棚时应考虑的主要因素有：①通风好，但不能在风口上，以免被大风毁坏。②要有灌溉条件，地下水位较低，以利于及时排水和避免棚内积水。③建棚地点应距道路近些，便于日常管理和运输。④大棚框架可选用钢管结构、竹木结构或水泥材料，覆盖棚膜时应注意预留通风口，膜的下沿要留有余地，一般不少于30cm，以便于上下膜之间压紧封牢。

一般大棚宽8～12m，长度60～100m，高度3～4m为宜。

安徽金寨灵芝栽培中，出芝阶段空气相对湿度保持85%～90%，温度27～30℃。采用大棚栽培控温、控湿、控风，有利于灵芝生长和孢子采收。

3. 温室 是一种比较完善的设施栽培形式，除了充分利用太阳光能以外，还用人为加温的方法来提高温室内温度，供冬、春低温寒冷季节栽培。夏季可以遮阳、通风降低温度。温室依覆盖材料的不同分为玻璃温室和塑料温室。我国北方地区，加温温室形式多样，在设施栽培育苗和冬季生产中发挥着重要作用。现代化温室是比较完善的保护地生产设施，利用这种生产设施可以人为地创造、控制环境条件，在寒冷的冬天或炎热的夏季也可进行药用植物生产。目前，日光温室主要是以小型化为主的单层面结构。

在亳州引种栽培铁皮石斛，根据其生长习性，石斛栽培宜选半阴半阳的环境，空气湿度在80%以上，冬季气温在0℃以上。采用温室栽培，通过控光、控温、控湿满足其生长环境，取得良好栽培效果。

（二）中药材无土栽培

中药材无土栽培是一种新型的栽培方式。它是不用自然土壤来栽培植物，而用营养液或固体基质加营养液直接向植物提供生长发育所必需的营养元素栽培作物的方法，是发展高效农业的新途径。因其以人工创造的作物根系环境取代了自然土壤环境，可有效解决自然土壤栽培中难以解决的水分、空气、养分供应的矛盾，使作物根系处于最适宜的环境条件下，从而发挥作物的生长潜力，使植物生长量、生物量得到很大的提高。

利用无土栽培技术进行药用植物生产，可以为药用植物根系生长提供良好的水、肥、气、热等环境条件，避免土壤栽培的连作障碍，节水、节肥、省工，还可以在不适宜于一般农业生产的地方进行药用植物种植，避免土壤污染（生物污染和工业污染），生产出符合GAP标准的中药材。

无土栽培技术经过长期的发展，形成了各种不同的形式，常用于药材生产的有营养液培养（水培）技术、砂培技术、有机质培养技术等。水培一次性投资大，用电多，肥料费用较高，营养液的配置与管理要求有一定的专业知识；有机质培养相对投资较低，运行费用低，管理较简单，同时也可生产优质药材。

1. 栽培基质 既有无机基质、有机基质，又有人工合成基质。其中包括砂、石砾、珍珠岩、蛭石、岩棉、泥炭、锯木削、稻壳、多孔陶粒、泡沫塑料、有机废弃物合成基质等。总的说来，栽培基质的基本要求是通气又保湿。

（1）常见无土栽培基质配制：

1）锯末基质　用70%的锯末和30%的家禽粪，或破碎的饼肥，混合均匀堆积，经充分发酵，即可。

2）蛭石基质　用蛭石与发酵后的动物粪便或以发酵饼肥，按4∶1的比例混合拌匀即可。

你知道吗

西洋参的无土栽培试验证明，用蛭石和砂作培养基质，按体积1∶1或1∶2混合是较好的无土栽培基质，出苗率和保苗率都较高，一年生也可间苗移栽，从而提高育苗率，也有利于二年生苗的正常生长，培养液以铵态氮加硝态氮较好。以无土栽培基质培育的西洋参，参根产量和皂苷含量比本地农田栽参略高，商品参质量更佳。另外，无土栽培和农田栽培的西洋参根中所含化学成分种类无明显差异。从不同栽培基质、营养液对西洋参地上部分生长的情况以及西洋参根中总皂甙、氨基酸、微量元素含量测定结果表明，温室无土栽培西洋参与进口美国土壤栽培的西洋参质量基本一致。

药用石斛栽培以锯末为基质，施以由氮、磷、钾等13种元素组成的"斯泰纳"营养液，保持基质湿润，石斛生长良好。自然条件下，石斛喜欢在半阴半阳的生态环境下生长。但在无土栽培的条件下，水分和营养充足，这时强光照却有利于石斛的生长和高产。

太子参以稻草∶蔗渣∶牛粪∶精制有机肥=2∶1∶0.95∶0.05配方的有机生态型无土栽培基质可连作3年，能有效阻止土传病害的发生，不会致使太子参产量有明显降低。

（2）常用无土栽培基质消毒

无土栽培基质容易引起病菌污染，要注意对其消毒，常用的有以下几种消毒方法。

1）蒸汽消毒　凡有条件的地方，可将待用的栽培基质装入消毒箱。生产面积较大时，可以堆垛消毒，垛高20cm左右，长、宽根据具体需要而定，全部用防高温、防水篷布盖上，通水蒸汽后，在70～90℃条件下，消毒1小时即可。

2）化学药剂消毒　常用的消毒药剂有下列几种。

①福尔马林（40%甲醛溶液）　一般将原液稀释50倍，用喷壶将基质均匀喷湿，覆盖塑料薄膜，经24～26小时后揭膜，再风干2周后使用。

②氯化钴　熏蒸时的适宜温度为15～20℃，消毒前先把基质堆放成高30cm的垛，长、宽根据具体条件而定。在基质上每隔30cm打一个10～15cm深的孔，每孔注入氯化钴5ml，随即将孔堵住。第一层打孔放药后，再在其上面同样地堆上一层基质，打孔放药，总共2～3层，然后盖上塑料薄膜，熏蒸7～10天后，去掉塑料薄膜，晾7～8天后即可使用。

（3）日光消毒　是温室栽培中应用较普遍的一种廉价、安全、简单实用的土壤消毒方法，同样也可以用来进行无土栽培基质的消毒。具体方法是：夏季高温季节，在温室或大棚中把基质堆成20～25cm高的垛，长、宽视具体情况而定，堆垛的同时喷湿基质，使其含水量超过 80%，然后用塑料薄膜盖上基质堆。密闭温室或大棚，暴晒 10 ~ 15 天，消毒效果良好。

2. 营养液　是无土栽培的核心部分，它是将含有各种植物必须营养元素的化合物溶解于水中所配置而成的溶液。植物生长所必需的营养元素共有 16 种，其中 C、H、O、N、P、K、Ca、Mg、S 为大量营养元素，Fe、Mn、Cu、Zn、B、Mo、Cl 为微量元素。除 C、H、O 三种营养元素可以从水和空气中获得之外，营养液配方中还必须含有另外 6 种大量元素和 7 种微量元素，即 N、P、K、Ca、Mg、S 和 Fe、Mn、Cu、Zn、B、Mo、Cl。

至今为止已研究出了 200 多种营养液配方，其中以荷格伦特（Hoagland）研究的营养液配方最为常用，以该配方为基础，稍加调整就可演变形成许多其他的营养液配方。如用 Hoagland 营养液浇灌荆芥能获得较高的产量。

研究发现用营养液定期浇灌的基质栽培（珍珠岩：沙 = 1∶1）和土壤栽培这两种方式种植细辛时，无土栽培的挥发油含量为 2.57%，其中甲基丁香酚含量为 7.50%，黄樟醚含量为 13.75%；而土壤栽培的挥发油含量为 2.14%，其中甲基丁香酚含量为 6.39%，黄樟醚含量为 8.60%。说明用无土栽培方式能获得比土壤栽培含量高的甲基丁香酚、黄樟醚和细辛醚。

近年来，由于环境、土壤、化学制剂等因素的影响，中药材出现重金属含量、农药残留超标现象，造成中药材品质下降，同时，多种中药材对土壤要求严格，使用无土栽培技术培育中药材，不仅能够保护自然环境，还能通过仪器检测营养液中的营养元素含量，根据植株需求随时调整营养元素的配比，操作上更加简易、便捷，大大节省了人力、物力，显著降低了培育成本，大幅度提高了中药材的产量和质量，有效减少了中药材病虫害及重金属含量超标等问题，同时实现了节水、节肥、节电、节地等功能，是栽培高产、优质的中药材的一种新手段，具有很好的发展前景。

保护地栽培和无土栽培技术的进一步发展，不仅能够满足药用植物的需求，达到高产的目的，更能降低栽培成本，提高药材的安全性，保证中药材的质量与药效，具有一定的推广价值。总之，现代设施农业与药用植物生产的结合可以创造出可观的

> **请你想一想**
>
> 　无土栽培技术会改变中药材产品质量吗？ 如何评价产品质量？

经济效益，在发展农村经济、加快农业产业化进程中发挥着巨大的作用，其发展前景广阔。

第二节　中药材生产与机械化

一、中药材生产机械化的趋势

中医药作为中华文明的瑰宝，几千年来为中华民族繁衍昌盛做出了卓越贡献。中药材作为中医药事业传承和发展的物质基础，是关系国计民生的战略性资源。党和国家一贯重视中药材的保护和发展，《国务院关于扶持和促进中医药事业发展的若干意

见》、《中药材保护和发展规划（2015－2020 年)》、《中医药创新发展规划纲要（2006－2020 年)》、《中医药健康服务发展规划（2015－2020 年)》等一系列文件相继出台，各地贯彻落实政策要求，中药材保护和发展水平显著提升。这基本顺应了"依靠科技支撑，科学发展中药材种植养殖，努力实现中药材优质安全、供应充足、价格平稳，促进中药产业持续健康发展"的发展趋势。

(一) 中药材生产机械化水平低，生产效率低下

随着近几年中医药产业的迅速发展，中药种植面积不断扩大，但与之相匹配的机械化程度还不高，存在诸多现实问题，严重干扰了中药材生产。第一，目前中药材规模化生产程度不高，制约机械化发展；第二，由于标准化生产水平低，很多中草药的种植不符合农机作业的要求，而且机械化设备的适应性还不高，难以形成种植、植保、加工、采挖一体化的机械化生产模式，从而造成农机与农艺融合难的问题；第三，中药材作业机具生产企业数量少，大多数企业规模小，自我发展能力差，产品技术含量低；第四，中药材价格波动大，影响机械化发展；第五，由于区域发展不平衡，耕、种、收各环节机械化水平失调以及机械装备结构不合理，动力配套比低等多方面原因导致的中药材机械化水平低下问题。

目前我国中药材种植业从播种到采收仍以传统人工作业方式为主，如果不能尽快发展"机械化"，将导致中药源头成本特别是人工费用不断升高，药材价格将居高不下，成为影响中药产业长期健康稳定发展的不利因素。另外，我国山地、林下药材发展迅速，生产面积也是急速增长。但是，山地药材生产机械严重缺乏，很多机械都属于空白，致使生产成本居高不下，生产效率低下。然而，随着农村劳动力的大量减少，特别是山区、贫困地区劳动力减少更为明显，劳动力成本大幅度上升，中药材生产机械化成必然趋势。

(二) 中药材生产机械化效率高、成本低

中药材种植业在我国许多地方已成为经济支柱产业。然而，这一传统产业的作业手段长期以来整体改观不大，在中药材播种、移植和采收等环节，费时费工的人工劳作仍是主要的生产手段。在当前全面乡村振兴的环境下，实现中药材生产机械化对于加快该产业发展至关重要。有研究表明，中药材生产机械化比人畜力生产具有明显的优势。一是采用机械化深松改良土壤，使中药材主根茎长、分叉少、药材品质大大提高。二是采用中耕机除草、施肥、培土作业，使中药材田间管理成本和人工费大大减少。三是使用中药材挖掘机收获，可降低中药材采收成本。四是机械深松、机械施肥，提高中药材单位面积产量。总之，在中药材生产中进行中耕整地、施肥铺膜、种植、杀草、挖掘系列机械化作业，可显著提高作业效率、节省人力、降低成本，还可在一定程度上杜绝人为操作不当对中草药本身造成的毁坏，从而在一定程度上保证中药材质量。

甘肃岷县属于高原性大陆气候，孕育了丰富的中药材资源，种植以当归、黄芪、党参为主的各类中药材。根据农机局系统初步统计，2019 年全县已拥有各种类型型号的中

药材采挖机 206 台，机械化作业幅宽有 60、70、80、120、160cm 等类型，机械化作业深度可以根据药材种植深度灵活调制到 40~70cm，机械化作业面积已累计达到 13.1 万亩。

（三）中药材生产机械化的发展趋势

中药材生产机械化对我国中医中药事业具有重要的意义，中药材种植也已经成为许多地方的支柱性产业，发展中药材机械化事业不仅有利于我国的中医中药事业，对促进地方增产、农民增收也具有现实意义。但目前我国中药材种植业从播种到采收仍以传统人工作业方式为主，人工成本高，企业雇工困难，农村劳动力老龄化现象较为普遍。这些都迫切需要机械换人，降低成本，提升效率与质量。如果不能尽快发展机械化，将导致中药源头成本特别是人工费用不断升高，中药材生产成本居高不下，成为影响中药产业可持续健康发展和提质增效的不利因素。

纵观中药材生产产业情况，实现规模化种植的品种以平原区种药材为主，为大型机械进地作业提供了便利条件，有利于促进相关企业研发配套机械设备，对提升我国中药材种植生产机械化水平具有重要意义。山地、丘陵区中药材种植生产机械将打破空白局面。伴随山地人工栽培抚育品种规模加大、数量增多，适用于山地、丘陵区的小型作业机械需求旺盛。越来越多的企业开始通过引进、改制、研发等各种手段，从最容易实现的籽粒播种环节入手，打破山区中药材生产机械空白局面，逐步解决该区药材种植生产机械化问题，部分中药材品种的种植生产将实现全程机械化。平原栽培药材中，部分种子种植、根茎收获的中药材有望在未来几年内实现从整地、播种、管理到收获的全程机械化生产。如柴胡、黄芩、丹参、板蓝根等直根系中药材，可利用传统农业整地机械对土地进行整理，利用新研发的专用播种机进行播种，通过部分机械改进可实现药材田间管理；减少除草剂等化学药物的使用，并借助于药材挖掘机械实现这类药材的挖掘和归拢收集。总而言之，中药材产业具有高价值特性，行业增长率高，表明机械需求旺盛、购买力比较强。另外，机械制造企业技术储备的转移利用以及新技术储备的形成与再利用，也可以有效降低产品开发成本并形成差异化竞争优势。除了耕种管收环节外，中药材的初加工、炮制加工的机械化也是近年来关注的重点。以上情况皆在一定程度上促进了中药材农机的科技研发和成果转化，为中药材全产业链发展带来了商机吸引了农机企业研发生产向中药材机械倾斜，中药材生产机械化将逐渐成为中药材生产行业的发展趋势。

二、机械化在中药材生产中应用的环节

（一）机械化在中药材生产中的应用

中药材生产机械化技术在实际生产中主要应用于以下几个方面。一是机械耕整地。采用机械耕整后，地表平整均匀，土壤细碎，可保证土壤一定的干湿度和松软度而达到种植中药材土壤条件的要求。如采用深松作业，可增厚耕作层，有利于根茎类的生长，耕整地机械主要使用各种型号的犁、深松机、微耕机、联合整地机等机具，但各

地使用的配套动力机械略有差异。二是机械播种。中药材机械播种更快更匀，更省力省时，还可随意调节播种速度、播种密度和播种深度。中药材的播种方式主要有种子直播和种苗移栽两种。直播对机械的要求较高，目前还没有技术成熟适用的种子精量播种机具。三是机械田间管理。除草是种植中药材过程中重要的田间管理措施，中药材除草环节以机械喷药和人工除草两种作业措施为主。由于中药材根系分布有深有浅，甚至有的根系分布于土壤表面，机械作业不易掌握耕深，容易伤到根系，因此主要以人工除草为主。而有些地区则根据生产实际情况，主要以机械喷药为主，人工除草为辅，在药材一个年度的生长期除草一两次。机械喷药可显著降低人工劳动强度、节约生产成本，但需要注意的是，药物可能对中药材品质影响较大。

（二）机械化在中药材采收中的应用

中药材的收获大多采用的是人工收获的方法，其中花、叶、皮及果实和种子类药材的采收，一般只能靠人工采摘收获。而一些根及根茎类药材由于种植深度很深（一般在 20cm 以上），有的达到 50cm 左右，用人工收获费工费时多，劳动强度和劳动成本都很高。因此，药农期盼对根茎类药材实现机械化收获。但因为根茎类药材种类繁多、形状各异，收获难度很大，目前尚没有专门的厂家生产药材收获机。由于根茎类药材的种植和生长与土豆、红薯的种植相似，所以药材收获机多由薯类收获机改制而成。有研究表明，如甘草、黄芪、板蓝根等根茎类药材则可以通过人工采收和机械采收两种方式来收获。

（三）机械化在中药材加工中的应用

中药材实行产地初加工对提升中药材品质，增加中药材收入，提升中药材市场的占有份额，减少流通环节的损耗都有很大的作用。从加工环节来看，中药材属于小众产业，品种多、总体规模偏小、品种间差异大、用药部位各不相同，每种中药材的加工方式与加工工艺、所用的原料、辅料和设备也不相同，且加工设备通用性差。比如枸杞含有较高的糖分和水分，呼吸强度高，不耐储运，脱水制干是其重要的加工方式之一。若使用化学促干剂促干，产品中化学残留高，危害人体健康；使用熏硫处理来护色，产品硫含量超标，加上其表面有蜡质层覆盖，糖分高，易褐变，因此枸杞的干燥问题曾长期困扰着产业发展。后来，融合了多元传感器技术（温度、真空度、相对湿度）和智能算法研发的真空脉动干燥技术和装备，实现了枸杞干燥过程中参数的自适应调节和精准干燥，最终解决了枸杞干燥加工的难题。

三、专用机械开发思路

（一）中药材生产机械化要以质量为先

中药材机械化研究和生产都要坚守"药"的定位。中药材产业是上联农业、下联医药的特殊产业，商品药材以药性、药效为核心，追求品质、质量与产量的平衡，而药性、药效主要依赖次生代谢产物，一般需要靠逆境或胁迫条件积累。因此，中药材生产机械开发，应密切关注药材品质的形成机理，正确理解与解决机与药的关系。

（二）中药材机械开发需要多学科的有机结合

中药材从野生到人工抚育种植转变的历程较短，在满足道地性、生产环境的条件下，多以能种、有产量为主要目标，机械运用经验缺乏。而推动中药事业的发展，迫切需要协同品种繁育、种植制度、农业机械、药性药理等专业技术力量与种植企业（大户）、制造企业合作开发相关技术与装备。

（三）加强中药材山地机械的研发和应用

山地药材、林下药材发展迅速，已经成为我国中药材生产的重要来源，在乡村振兴、产业扶贫、特色产业打造中发挥了重要作用，促进了农业结构调整和农民增收，需要大力加强山地药材机械，特别是山地小型系列生产机械的研发和应用，提高中药材生产效率、降低成本、提升质量、促进产业发展。

总之，在当前的中药生产中，人们对于机械的依赖程度越来越高，其在中药生产中发挥的效果也越来越明显。中药材的生产日趋规模化、集约化、标准化，中药材机械化生产是供给侧结构性改革的重要内容，为了进一步推动中药材的高质量发展，必须在现有基础上全面提高机械化程度，以先进、智能的设备代替传统人力，因地制宜地发展特色的中药材生产机械化模式，强化技术研究，加大科技研发力度，在提高效率的同时推动中药材产业化发展。

目标检测

一、名词解释题

1. 中药材设施栽培
2. 无土栽培

二、简答题

1. 设施栽培的特点有哪些？
2. 无土栽培的优点有哪些？
3. 通过学习，说明中药材机械化的意义。

书网融合……

划重点　　　　自测题

第八章 中药材规范化生产与采收加工技术

PPT

学习目标

知识要求

1. **掌握** 各类中药材的适宜采收期的一般原则。
2. **熟悉** 中药材产地采收加工的基本技术及常用方法。
3. **了解** 影响中药材质量品质的加工因素。

能力要求

1. 能够按照要求确定各类常见中药材的适宜采收期。
2. 学会规范化使用中药材产地采收、加工的基本技术。

实例分析

实例 梁代陶弘景曰："其根物多以二、八月采者，谓春初津润始前，未充枝叶，势力淳浓也；至秋枝叶干枯，津润归流于下也，大抵春宁宜早，秋宁宜晚，花、实、茎、叶，各随其成熟尔。"唐代孙思邈曰："夫药采取，不知时节，不以阴干暴干，虽有药名，终无药实，故不依时采取，与朽木不殊，虚费人功，卒无裨益。"民谚有云："三月茵陈四月蒿，五月砍来当柴烧。秋天上山挖桔梗，知母黄芩全年刨。"

分析 通过上述实例中代代相传的实践和总结可知，中药材的采收加工应该注意哪些问题？

第一节 中药材规范化采收技术

药用植物生长发育到一定的阶段，入药部位有效成分的含量积累已符合药用标准要求时便可采收。药材的采收是中药材 GAP 的重要环节，优良的采收技术是中药材质量的根本保证。

一、适宜采收期的确定 微课

（一）中药材适宜采收期确定的原理

中药材种类繁多，药用部位不同，所以药材的采收期亦不同，适宜采收时期的确定很重要，俗话说"三月茵陈四月蒿，五月六月当柴烧"，生动地说明了中药材要适时采收。所谓适宜采收期，是针对中药材的质量而言，中药材质量的好坏，取决于有效成分含量的多少，与产地、品种、栽培技术和采收的年限、季节、时间、方法等因素都有密切关系。

为保证中药材的质量和产量，大部分中药材成熟后应及时采收。中药之所以能防治疾病，是因为它含有各种有效的化学成分，这些成分是植物体新陈代谢的产物，而这些成分在植物体内（根、茎、叶、花、果实、种子）的形成和积累都有一定的规律性，必须符合《中华人民共和国药典》规定的要求，一般是达到含量最高时采收，以保证药材的质量。

但是药材的质量是综合性的，既有内在质量，也有外观质量；即使是内在质量，其功效往往也并非为单一成分，而是综合效应。采收时，不但要考虑有效成分的含量，也要兼顾中药材药用部位的单位面积产量，才能获得优质高产的中药材。所以中药材适宜采收期的确定难度较大。有效成分总含量的计算公式如下：

$$有效成分总含量 = 产量/单位面积 \times 有效成分含量（\%）$$

同时，也有人认为，不能片面地依据有效成分的积累动态与单位面积产量综合考虑，应以所生产药材的有效成分总含量最高为确定指标。这实际上是将药材生产简单化，若如此，一些药材将达不到《中华人民共和国药典》的规定，不能入药，更不符合中药材 GAP 要求，因为某种药材在某一时期有效成分含量虽然较低，但产量大，因而总有效成分含量高。另一方面，这种说法并未考虑到经济效益。用来做提取制剂的原料药材，未必药材有效成分总含量高效益就好，因为这会增加生产成本，增加的收入未必能大于增加的费用。所以，适宜采收期的确定，一般应以药材质量最好，即有效成分含量最高为指标，而产量和总有效成分含量只为参考指标。

（二）中药材采收的一般原则

根据传统经验，结合影响中药材性状和品质的因素及药用植物生长发育过程中有效成分积累动态规律，按中药材药用部位的不同，对中药材的适宜采收期的确定一般原则简述如下。

1. 根和根茎类 此类药材一般采收时间是深秋至翌年早春时期，即在秋后春前植物生长停止、地上部分枯萎、花叶萎谢的休眠期以及初春发芽前或刚露芽时采收最为适宜。如桔梗、葛根、天花粉、丹参、人参、党参、玄参、天麻、姜黄、郁金等。根和根茎都是重要的营养器官，这时候药用植物的营养物质大多储存于根和根状茎内，通常植物药用部位体内有效成分的含量亦较高。例如葛根选择在秋后或冬天采收，药材质地坚实，干燥后粉性足，质量好；春初发芽后采收，则养分消耗，药材质地松泡，干燥后干瘪、粉性不足，质量差，难以入药。但因药用植物的生长周期不同，也有例外情况，如柴胡、明党参、防风在春天采收较好，延胡索、贝母、半夏则在夏季采集较好，白头翁开花前采收较为适宜。

2. 皮类 此类药材多来源于木本植物的树皮（干皮、枝皮）和根皮，如厚朴；少数根皮来自多年生草本植物，如白鲜皮。树皮类的采收时期多在春夏之交，此时植物生长旺盛，皮内水分充足，形成层细胞分裂较快，皮部和木质部易于剥离，皮中的有效成分含量较高，剥离后的伤口也容易愈合，有利于药用部位的再生长，如杜仲、厚朴和黄柏等。但肉桂例外，其在寒露前采剥含油量最丰富。根皮则以秋末冬初采收较适宜，并趁鲜抽去木心，如牡丹皮、地骨皮等。椿根皮则依据其树木的采伐时间，待树木砍断后，才挖根取皮。

3. 茎木类　此类药材包括木本植物和草本植物茎枝的木质部和韧皮部的全部或其中一部分。木本植物一般适宜在秋冬落叶或春初萌芽前采收，此时植物的营养物质及其有效成分大都在树干中贮存，如沉香、苏木、木通等。木质藤本植物或木本寄生植物适宜在全株枯萎后或者秋冬至早春前采收，此时药材质地好、有效成分含量较高，如忍冬藤、络石藤、桑寄生等。草质藤本植物适宜在开花前或果熟期之后采收，如首乌藤。草本茎类适宜在地上生长旺盛期的花蕾期或初花期采收，如紫苏梗等。

4. 叶类　此类药材一般适宜在植物生长最旺盛，叶片茂盛、色泽青绿的花前盛叶期采收，此时植物光合作用旺盛，有效成分含量高，如艾叶、荷叶、紫苏叶。但桑叶需经霜后采收。有的品种还可以一年之中采收多次，如枇杷叶和大青叶。

5. 花类　此类药材一般适宜在花蕾含苞待放或花苞初放时采收，此时花的香气未逸散，有效成分含量高。花蕾期采收的有槐米、辛夷、丁香等；花朵将开而未开时采收的有金银花、款冬花、槐花等；花朵初开放时采收的有旋覆花、菊花、红花等。采收过早花不饱满，气味不足；过晚则花瓣残落，气味消失。采收植物的花蕾、花朵、花序、柱头、花粉和雄蕊等入药的时候，应该注意花的色泽和发育程度，因为花的色泽和发育程度是花的质量的重要标志。

6. 全草类　此类药材多在枝繁叶茂、花朵初开时采收，此时有效成分含量较高，质地、色泽俱佳，如益母草、泽兰、仙鹤草、荆芥、薄荷、大青叶、藿香等。采集过早质量不好，产量不高；过迟则质量下降。但茵陈则宜在幼嫩时采收；蒲公英宜在初花期或果熟之后采收。现代研究证实，薄荷在其开花盛期采收者，挥发油含量最高，而传统均在初开花前采摘。可见中药的采集时间与其有效成分含量及其药理作用之间的关系有待深入研究，并根据新的研究结果，重新确定其收获期。

7. 果实、种子类　此类药材多在已经充分长成或已成熟后采收，如杏仁、白果、五味子、枸杞子等。但青葙子、白芥子、茴香等则宜在即将成熟前采收；枳壳、桑葚、藏青果等则宜在未成熟时采收。种子多在完全成熟后采收，如决明子、白扁豆、王不留行等。

8. 树脂类　树脂类药材随种类不同，其采收的时间和部位也不一样。如安息香多在 4 月至秋末，松香多在秋末采收。

9. 菌、藻、孢粉类药材　各自情况不一。如麦角在寄主（黑麦等）收割前采收，生物碱含量较高；茯苓在立秋后采收质量较好；马勃应在子实体刚成熟期采收，过迟则孢子飞散。

总而言之，适宜采收期的确定比较复杂，需要综合考虑各种因素。药用植物的种类和入药部位不同，其适宜的采收期也不相同；即使是同一植物的相同部位，由于各地栽培的时间和气候不同，具体

请你想一想

关于如何确定中药材的适宜采收期，你怎么看待这个问题呢？

的采收时间也不完全一致。这里介绍的只是一般原则，各药材具体的采收时间和采收标志，可参考各论部分。

根据上述原则，对不同情况可作以下不同处理。

有效成分含量与产量高峰一致时，则以此时为适宜采收期。一些植物在早春或深秋时，根或根茎中有效成分含量较高，两个指标的高峰有时是一致的，此时采集则产量和质量也都较高，如麻黄、苍术、葛根等。金银花花蕾期含氯原酸最多，产量也最高。

有效成分含量有显著高峰期，而产量变化不显著时，以有效成分含量高峰期为适宜采收期。在甘草不同生长发育阶段，进行甘草皂苷的含量测定，结果显示，甘草在开花前期有效成分含量有显著高峰期，而产量变化不显著，因此甘草应在开花前期采收为宜。

有效成分含量高峰与产量高峰不一致时，一般仍应以有效成分含量高峰为适宜采收期。

有毒中药材应该尽量以有效成分含量最高，毒性成分最低时为适宜采收期。

二、基本采收技术

不同的药用植物或入药部位，其采收方法是不同的，采收方法恰当与否会直接影响药材的质量，也会影响后期生长，因此要注意适宜的采收方法。药用植物的采收方法主要有挖掘、采摘、收割、击落、剥离、割伤等。

（一）根和根茎类

此类药材选雨后的晴天或阴天，在土壤较为湿润疏松的时候用锄头或特制工具挖取，除去泥土砂石，根据需要进行修剪，除去非药用部位，如残茎、叶和须根等。采收时注意保持药用部位的外皮完整无损，避免因外部损伤而降低药材的品质和质量等级。

（二）皮类

树皮的采收方法有全环状剥皮、半环状剥皮和条剥。剥皮时间应该选择多云，无风或微风的天气，在清晨或傍晚时剥取，剥皮时使用锋利刀具，在欲剥皮的树干四周将皮割断，深度以割断树皮为准，力争一次完成，以便减少对木质部的损伤，向下剥皮时要减少对形成层的污染和损伤；把剥皮处进行包扎，根部灌水，施肥，有利于植株生长和新皮形成。剥下的树皮趁鲜除去老的栓皮，如黄柏、苦楝、杜仲等。环剥时采取一定的措施，可使被剥皮的树继续生存，长出新的树皮，如杜仲。根皮用工具挖取，除去泥土、须根，趁鲜刮去栓皮或用木棒敲打，使皮部和木部分离，抽去木心，然后晒干或阴干，如白鲜皮、地骨皮、香加皮、五加皮等。

（三）茎木类

茎木类药材采收时用工具砍割，除去需要修剪的非药用部分，根据要求切块、段或趁鲜切片，晒干或阴干。

（四）叶类

叶类药材采收时要除去病残叶、枯黄叶，晒干、阴干或炒制。

（五）花类

花类药材多在晴天清晨分批采收，主要是采用人工采摘和收集，宜阴干或低温干燥。

（六）全草类

全草类药材采收时应割取或挖取，大部分需要趁鲜切段，晒干或阴干，带根者要除去泥土。

（七）果实、种子类

果实采收时多为人工采摘，种子为人工或机械收割，脱粒，除净杂质，稍加晾晒。

（八）树脂类

此类药材如安息香、松香、白胶香等，常采用割伤树干的方式让树脂从伤口处渗出，凝结成块后采收再加工。

你知道吗

在不影响中药材质量的前提下，应该有计划地通过合理轮作，科学种植，特别对于野生或半野生中药材的采收，要注意保护野生资源，计划采收，合理采收，譬如应遵循凡用地上部分者要留根，凡用地下部分者要采大留小，采密留疏。同时适当兼顾中药材的繁殖材料成熟期，保证可以留种繁殖。值得注意的是，相同的药用植物可能有多个药用部位作为中药材使用，如菘蓝适宜在夏秋两季采收多次大青叶，秋冬两季采挖板蓝根，在采收大青叶时要注意适时适度，过犹不及，避免影响板蓝根的生长与采收。上述这些措施均可以增加采收次数，以提高单位面积产量和增加经济效益。当然中药材相关生产科研单位应该要加强某些中药材非药用部位的资源利用研究与开发，不仅可以降低成本，提高经济效益，更重要的是可以让中药资源可持续利用，继续造福社会。

第二节　中药材规范化产地加工技术

采收回来的药用植物入药部位经过加工干燥后就是药材。药材的加工是中药材GAP的重要环节，优良规范的加工技术是确保中药材质量的重要保证。

药材采收后，绝大多数尚为鲜品，若不及时加工处理很容易引起霉烂变质，有效成分亦随之分解散失，严重影响药材质量和疗效。因此，除少数要求鲜用的如生姜、鲜石斛、鲜芦根等，大部分药材必须在产地进行拣选、清洗、切剥、干燥等一系列技术加工处理，使其尽快形成药材商品，这种加工称为"产地加工"或"产地初加工"。药材经产地加工后，剔除了杂质、非药用部位和药材劣质部分，保持药材的纯净程度，使其性状符合商品规格，保证了药材质量，同时可防止药材霉烂变质，便于贮藏

和运输。另外，也有利于药材的进一步加工炮制，充分发挥其药用功能。经过几千年的实践、总结和提高，中药材产地加工技术不断创新与发展，日臻规范，现已经成为中药材生产中的关键技术之一。

一、产地加工的基本技术

中药材种类较多，药材的商品规格不一，各地传统习惯也不尽相同，故加工方法各异。常用的加工方法有以下几种。

（一）拣

拣，即药材采收后，清除杂质，除去非药用部分，并对药材按不同大小进行分级，以便于进一步加工，如人参、三七、浙贝、白芷等。

（二）清洗

清洗是将采收的新鲜药材，用干净的水洗净泥沙，除去残留枝叶、粗皮、须根和芦头，如麦冬、人参等。亦有不水洗的，让其干燥后泥土自行脱落或在干燥过程中通过搓、撞除去，如丹参、黄连等。清洗有毒药材半夏、天南星、魔芋等；对皮肤有刺激，或易发生过敏的药材，如山药、银杏，应穿戴防护手套、筒靴，或先用菜籽油或生姜涂遍手脚，以防中毒或伤及皮肤。

（三）刮皮

药材采收后，对干燥后难以去皮的药材，应趁鲜刮去外皮，使药材外表光洁，内部水易于向外渗透，干燥快，晒干后颜色洁白，防止变色，如山药、芍药、桔梗、半夏、丹皮等。也有蒸、烫后才去皮的，如明党参、珊瑚菜等。根据不同药材的去皮特点，去皮可分别采用手工去皮、工具去皮和机械去皮方法。

（四）修制

修制就是运用修剪、切割等整形方法，去除非药用部位及不合格部分，使药材整齐，便于捆扎、包装。修制工艺应根据药材的规格、质量要求进行，有的在干燥前完成，如去除芦头、须根、侧根、切瓣、截短、抽心等；有的则在干燥后完成，如除残根、芽孢、切削不平滑部分等。

（五）切片

部分形状较粗大的根、根茎和果实类药材等不易干燥，应在采收后即刻除去残茎须根、枝叶，趁鲜切成片、块、段晒干。如大黄、葛根、木瓜、佛手、何首乌等。切片方法有手工切片法和机械切片法（机械包括剁刀式切药机和旋转切药机）。

（六）蒸、煮、烫

此过程是指将鲜药材放在蒸汽或沸水中进行时间长短不同的加热处理，目的是杀死细胞、虫卵及破坏酶的活性，使蛋白质凝固，淀粉糊化，避免药材变色和有效成分的转化损失，使干燥迅速，加入的辅料易向药材组织内渗透，或者破坏药材中的有毒物质，使之成为可供内服的药物。

1. 蒸 是将药材盛于笼屉或甑中，置沸水锅上，利用蒸汽进行的热处理，蒸的时间长短应根据具体药材品种来确定。如菊花蒸的时间短，以蒸汽直透笼顶（甑顶）为度；天麻、红参需蒸透；附片、熟地蒸的时间较长。

2. 煮 是将药材置于沸水中煮熟的热处理。如白芍、明党参需煮熟至透心。

3. 烫 是将药材置于沸水中煮烫片刻至熟透心为止的热处理。西南地区将烫习称为"潦"。如川明参、石斛、黄精等，烫后干燥快。药材经烫后，不仅容易干燥，并可增加透明度，如天冬、川明参等。

判断蒸、煮、烫是否熟透心时，可从沸水中取出 1～2 支，向其吹气，外表迅速"干燥"为熟透心；吹气后外表仍是潮湿的，或者干燥很慢，表示尚未熟透心，应继续蒸、煮或烫。在蒸、煮、烫药材的过程中，要注意水温和时间，过熟则软烂，药材品质差。

（七）发汗

鲜药材晾至半干燥或加热后，停止加温，密闭堆积一处使之发热回润，堆积过程中，药材内部水分向外渗透，当堆内空气含水量达到饱和，遇堆外低温，水汽就凝结成水珠附于药材表面，犹如出汗，故称为"发汗"。发汗是药材加工常见的独特工艺，它能有效地克服药材干燥过程中产生的结壳，使药材内外干燥一致，加快干燥速度；同时又能使某些挥发油渗出，化学成分发生变化，药材干燥后更显得油润、光泽或气味更浓烈。发汗的方法有以下两种。

1. 普通发汗 将鲜药材或半干燥药材堆积一处，用草席等覆盖任其发热，达到发汗的目的，称为普通发汗。此法操作简便，应用最为广泛，如玄参、板蓝根、大黄等药材均采用普通发汗。

2. 加温发汗 将鲜药材或半干燥药材加温后密闭堆积使之发汗，叫作加温发汗。例如杜仲和厚朴添加沸水烫淋数遍加热，再堆积发汗（发水汗）；云南加工茯苓是用柴草烧热后，垫一层草，再让茯苓和草相间铺放，最后才盖草密闭使之发汗（发火汗）。此法要切实掌握好发汗时间和次数。一般半干燥和基本干燥的药材，发汗一次即可；鲜药材、药用部位为含水分较多的肉质根或地下茎的药材发汗的时间和次数可增加。气温低的季节，发汗时间可稍长；气温高的季节，发汗时间宜短，以免发生霉烂变质。

（八）干燥

干燥是药材产地加工过程中最重要的环节，除需要鲜用的药材外，其余部分都要进行干燥。药材采收后要及时干燥至安全水分限度，才能保证药材的质量。干燥后的药材，可以长期保存，并且便于包装、运输，满足医疗保健用药需要。目前药材的干燥有以下几种方法。

1. 晒干法 这是大多数中药材常用的一种干燥方法。晾晒时，将药材铺在水泥地上或苇席上，利用日光直接暴晒，同时要注意及时翻动，保证日光照射均匀。秋末夜间，空气湿度大，应注意将药材收起盖好，以防返潮。该法是最为简便和经济的干燥方法，适合大多数药材的干燥。但对于含有挥发性成分较多、具有芳香气味的药材如薄荷、金银花等，色泽鲜艳和有效成分受日光照射易变色、变质、走油的药材如白芍、红花等，暴晒后易爆裂的药材如郁金、厚朴等，均不适宜使用此法。

2. 阴干法 也称摊晾法，将中药材置（挂）于通风良好的室内或大棚的阴凉处，避免日光直射，利用流动的空气，蒸发水分而达到自然干燥的目的。该法常用于阴雨天气。适用于含挥发性成分较多的花类、叶类、全草类药材以及易泛油、变色、变质的药材，如玫瑰、艾叶、荆芥、党参、天冬、酸枣仁、柏子仁、火麻仁等。

3. 风干法 是将中药材置于较高处，利用风或热风吹去水分，进行自然干燥的方法。常用于气候干燥、多风的地区或季节。菊花、薄荷和党参等中药材均可采用此法。

4. 炕干法 是一种传统的中药材干燥方法。炕时将中药材依先大后小的层次置于炕床上，但不要装得太厚，以厚 30~40cm 为宜，上面覆盖麻袋或草帘等。有大量蒸汽冒起时，要及时掀开麻袋或草帘，并注意上下翻动药材，直到炕干为止。该法适用于川芎、泽泻、桔梗等药材的干燥。干燥过程要注意掌握火候，以免将药材炕焦，还要根据药材的性质和对干燥程度的要求分别对待，有些药材不宜用炕干法干燥。

5. 烘房和干燥机烘干法 适合于规模化的药材种植基地使用，效率高且省劳力、省费用，不受天气的限制，还可起到杀虫驱霉的效果，温度可控，适用于各种药材，不影响药材质量，是一种较先进的干燥方法。要注意按照规范的技术要求和标准建造烘房或购进专用干燥机械，由熟悉干燥技术的专业人员操作。另外要注意根据药材的不同性质控制干燥的温度和时间。

6. 远红外加热干燥法 其干燥原理是将电能转变为远红外辐射，从而被药材的分子吸收，产生共振，引起分子和原子的振动和转动，导致物体变热，达到干燥的目的。果实种子类药材均可采用该法干燥。

7. 微波干燥法 是指由微波能转变为热能，利用水分子高速运动摩擦产生的热使水分汽化蒸发，最终使药材干燥的一种方法。此法易致内干而外不干。经试验，对首乌藤、地黄和草乌等效果较好。此外，还有微波真空干燥法的使用，可克服常规真空干燥周期长、效率低的缺点。

8. 冷冻干燥法 是指固体新鲜药材冷冻固定原有形态不变，在低温低压条件下，利用水的升华性能，使冰态直接升华变成气态而除去，以达到干燥目的的一种方法。冷冻干燥要求高度真空及低温，因而适用于受热易分解破坏的药材。

值得注意的是，传统的加工方法中还有熏硫，它对于一些粉质性药材有增白和防止霉烂作用，但熏硫产生的硫化物对人体有危害，已禁止使用。

二、影响药材品质的加工因素

药材的质量品质包括其所含有效成分及其指标性成分含量、性味、含水量、外观形态特征、净度、规格、等级等。外观形态特征主要指色泽、大小、形状、断面等，药材品质的优劣受自然因素的影响，还受加工过程中一些人为因素的影响，因此，要正确理解影响药材品质的各种因素，并采取相应措施。

1. 加工环境　是指堆放、摊晾、悬挂药材的房屋、晾棚、晒坝及周围环境。药材晒晾应置于宽敞并便于清洗的晒坝或晒席、避雨的房屋和晾棚等通风良好的工作场所。周围无饲养猪、牛、鸡等牲畜，保持环境洁净，最好有防鸟、禽兽、鼠、虫的设施和除湿设备，使加工过程中不受污染，保证产品质量和品质。

2. 水　部分药材加工需要洗净或蒸、煮、烫，水源的水质好坏，直接影响加工药材的品质，因此以清洁河水、井水、自来水为好。使用浑浊水清洗、蒸、烫、浸漂，会使药材受到污染，失去应有色泽。如麦冬在清洁的流水中清洗，干燥后色白，品质好，而且省工省时。

3. 辅料　有的药材加工过程中需加入一些辅料，消除不良性味、毒性，或促进干燥速度，增加色泽等。如白芍浸入玉米、豌豆粉浆能抑制氧化变色，附片加工需用胆水浸泡，人参（糖参）加糖，浙贝母拌蚌壳石灰等。辅料的质量、用量、用法及掺和的时间，都会影响药材质量，使用不当会降低药效，甚至不能入药，因此需要正确掌握。

4. 加工设备　指机械、烘房、工具等。它们的质量都会直接影响药材加工的质量。如去皮机械质量差，去皮不净，或药材损耗太大，烘房、炕灶未达到设计要求，升温、降温困难，均可能使药材发生霉变或焦糊，干燥的质量差。

5. 加工人员　不同的药材要采用适宜的加工方法，并要求对每一环节都熟练把握。若是加工人员技术不熟练或工作人员的责任感不强，药材加工质量就差。如蒸、烫时间，发汗翻垛，色泽的掌握，辅料的比例，时间的控制，烘、炕时对温度的调节，机器转速等都会影响加工质量。因此，加强工作人员技术培训和责任感教育是非常必要的。除此之外，加工人员应该定期进行健康检查，在操作过程中应保持个人卫生。

你知道吗

中药材的包装与储藏

中药材采收加工后，产地一般只进行简单包装就出售，后续必须及时进行科学的包装、储藏，才能保持其药效、质量和价值。

如细辛、玫瑰花、佛手花等多含挥发油，不宜长期暴露在空气中。宜用双层无毒塑膜袋包装，扎紧后储藏于干燥、通风、避光处。

如薏苡仁、杏仁、莲子肉等药材多含淀粉、脂肪、糖类、蛋白质等成分。若遇高温则其油易外渗，引起变质、酸败和变味。不宜储藏在高温场所，更不宜用火烘烤，应储藏于阴凉、干燥、避光处，可防虫蛀和霉烂变质。

如山药、葛根、贝母等多含淀粉、蛋白质、氨基酸等成分。宜用双层无毒塑膜袋包扎紧后放在装有生石灰或白矾、谷壳等物的容器内储藏，可防虫蛀、回潮、变质、霉烂。

如枸杞、玉竹、黄精等含糖类较高的药材，易吸潮而糖化发黏，且不易干燥，致使霉烂变质。首先应充分干燥，然后装入双层无毒的塑膜袋内包好扎紧，放在干燥、密封的容器内，再放些生石灰或白矾、干燥且新鲜的锯木屑、谷壳等物覆盖防潮。

目标检测

一、单项选择题

1. 二、八月最宜采收的药材是（　　）。
　　A. 根及根茎　　　　B. 全草类　　　　C. 果实类　　　　D. 花类

2. 以下哪种茎木类药材的采收时间以寒露前采收最为适宜（　　）。
　　A. 杜仲　　　　　　B. 厚朴　　　　　C. 肉桂　　　　　D. 黄柏

3. 以下哪种叶类药材的采收时间以霜后采收最为适宜（　　）。
　　A. 大青叶　　　　　B. 荷叶　　　　　C. 枇杷叶　　　　D. 桑叶

4. 药材采收后，清除杂质，除去非药用部分，并对药材按不同大小进行分级的加工方法是（　　）。
　　A. 拣　　　　　　　B. 清洗　　　　　C. 刮皮　　　　　D. 修制

5. 最为简便和经济，适用于大多数中药材的干燥，但不适用于气味芳香，含挥发油成分较多的中药材的干燥方法是（　　）。
　　A. 晒干　　　　　　B. 阴干　　　　　C. 风干　　　　　D. 烘干

6. 以下不属于茯苓的产地加工方法的是（　　）。
　　A. 清洗　　　　　　B. 刮皮　　　　　C. 熏硫　　　　　D. 发汗

7. 《中华人民共和国药典》已不收载的产地加工方法是（　　）。
　　A. 蒸煮烫　　　　　B. 干燥　　　　　C. 熏硫　　　　　D. 发汗

8. 含浆汁、淀粉及糖分较多的药材，产地加工时选用的方法是（　　）。
　　A. 蒸煮烫　　　　　B. 切片　　　　　C. 熏硫　　　　　D. 发汗

9. 茵陈的全年采收期有（　　）段。
　　A. 1　　　　　　　B. 2　　　　　　　C. 3　　　　　　　D. 4

10. 多在枝繁叶茂、花朵初开时采收的药材是（　　）。
　　A. 全草类　　　　　B. 茎木类　　　　C. 果实类　　　　D. 种子类

11. 葛根选择在（　　）时段采收，药材质地坚实，干燥后粉性足，质量好。
　　A. 初春　　　　　　B. 春夏之交　　　C. 立夏　　　　　D. 秋冬两季

12. 柴胡和防风选择在（　　）季节采收较好。

    A. 春季　　　　　　B. 夏季　　　　　　C. 秋季　　　　　　D. 冬季

二、多项选择题

1. 花蕾期采收的花类药材是（　　）。

    A. 槐米　　　　　　B. 辛夷　　　　　　C. 丁香　　　　　　D. 红花

2. 完全成熟后采收的药材是（　　）。

    A. 桑葚　　　　　　B. 枳壳　　　　　　C. 王不留行　　　　D. 决明子

3. 以下说法正确的是（　　）。

    A. 有效成分含量与产量高峰一致时，则以此时为适宜采收期

    B. 有效成分含量有显著高峰期，而产量变化不显著时，以有效成分含量高峰期为适宜采收期

    C. 有效成分含量高峰与产量高峰不一致时，一般仍应以有效成分含量高峰为适宜采收期

    D. 有毒中药材应该尽量以有效成分含量最高，毒性成分最低时为适宜采收期

4. 药用植物的采收方法主要有（　　）。

    A. 挖掘　　　　　　B. 采摘　　　　　　C. 收割　　　　　　D. 剥离

5. 属于自然干燥法的是（　　）。

    A. 晒干　　　　　　B. 阴干　　　　　　C. 烘干　　　　　　D. 风干

三、简答题

1. 各类药材采收的一般时期是什么？为什么？

2. 药材产地加工中蒸、煮、烫的作用是什么？一般怎样进行？

3. 何谓"发汗"？其目的是什么？

书网融合……

    🔲 微课　　　　🔲 划重点　　　　🔲 自测题

第一节 根茎类药材

PPT

学习目标

知识要求

1. **掌握** 常见根茎类药材的基本栽培技术措施、主要病虫害防治技术、采收与加工技术。

2. **熟悉** 常见根茎类药材的基原、道地产区、生物学特征。

3. **了解** 常见根茎类药材的外观及内在质量标准。

能力要求

能对根茎药材的土壤选择、繁殖方法、水肥管理、病虫害防治及合理采收与加工等提出科学合理的解决方案。

🔍 实例分析

实例 2019 年"中共中央国务院关于促进中医药传承创新发展的意见"中提出，要加强中药材质量控制，强化中药材道地产区环境保护，修订中药材生产质量管理规范，推行中药材生态种植、野生抚育和仿生栽培。严格农药、化肥、植物生长调节剂等使用管理，分区域、分品种完善中药材农药残留、重金属限量标准。制定中药材种子种苗管理办法。规划道地药材基地建设，引导资源要素向道地产区汇集，推进规模化、规范化种植。探索制定实施中药材生产质量管理规范的激励政策。

分析 道地药材规范化种植的意义是什么？

一、丹参

丹参为唇形科植物丹参 *Salvia miltiorrhiza* Bge. 的干燥根及根茎，别名赤参、血参、紫丹参、红根等。具有活血祛瘀、通经止痛、清心除烦、凉血消痈的作用。主产于四川、山西、河北、江苏、安徽等省份，其中以四川栽培的丹参质量最好，而四川中江则为当代丹参的道地产区。

（一）生物学特征

1. 生长发育习性 丹参为多年生宿根草本。每年 3~5 月份为茎叶生长旺季，4~6

月份为营养生长和生殖生长的旺盛期，该时期丹参枝叶繁茂，陆续开花结果。7～8月份茎秆中部以下叶陆续脱落，花序基部的腋芽萌出并长出侧枝和新叶，同时长出新的基生叶，新长出的枝叶增加了植物的光合作用，促进根的生长。8月中、下旬根系加速生长，分枝膨大，10月底至11月初，地上部分开始枯萎，植株进入休眠期。丹参种子细小，千粒重1.5g左右，在18～22℃下，15天左右出苗，出苗率70%～80%。实生苗幼苗期间，只生基生叶，当年很少开花，种子大多不成熟。二龄实生苗开花结果，种子成熟饱满，可做丹参繁殖材料。

2. 生态环境条件　丹参喜气候温暖湿润、日照充足的环境。较耐寒，冬季可耐-15℃以上低温，生长最适温度为20～26℃，空气相对湿度80%为宜，常野生于林缘坡地、沟边草丛、路边等阳光充足、空气湿度大、较湿润的地方。怕干旱和积水，对土壤要求不严格，中性土、微碱土、微酸土均可栽培，但地势向阳、土层深厚、疏松肥沃、排水良好的沙质土壤栽培最佳。

（二）规范化种植技术

1. 选地整地

（1）育苗地　应选择地势较高、土质疏松、肥沃、浇水排涝方便的斜坡地为宜。选定种植地后，深翻土地，重施基肥，使得基肥与土壤充分混合，把细整平后做成高畦，畦宽1.5m左右，高17～20cm，沟宽30～40cm。四周开好排水沟，以利于排水。

（2）移栽地　应选择地势向阳的斜坡地，以土壤深厚疏松，土质肥沃，排水良好为宜。可与甘薯、玉米、花生等作物或非药用植物轮作，不宜与豆科或其他根类药用植物轮作，忌连作。前作收获后进行整地，深翻30cm以上，结合整地施基肥，每亩施堆肥或厩肥2000kg左右，把细整平，做成高畦或平畦，畦宽130cm，畦长视地形而定。

2. 繁殖方法　丹参常用的繁殖方法为种子、分根、扦插及芦头繁殖。

（1）种子繁殖　分育苗移栽和直播两种方式。

1）育苗移栽　北方地区多在春季2～3月份采用条播育苗，在整好的畦上按行距30～40cm开沟，沟深1～2cm，将种子均匀撒于沟内，覆土。因种子细小，盖土宜浅，以见不到种子为宜。播后浇水盖地膜保温，半个月后在地膜上打孔出苗，5～6月份移栽于大田；南方地区多在6～8月份种子成熟时，采收后立即播种，一般10～11月份移植。

2）直播　一般3月份采用条播或穴播方法进行播种。在整好的畦上按行距30～45cm、株距25～30cm挖穴，穴内播种5～10粒，覆土2～3cm。条播沟深3～4cm，覆土2～3cm。如遇干旱，播前应浇透水再播种，半个月即可出苗，当苗高7cm左右开始间苗。

（2）分根繁殖　四川产区多采用分根繁殖。栽种时间一般在当年2～3月份，也可在头年11月份采收时选种栽植，冬栽比春栽产量高，随栽随挖。

1）选种　一般选择一年生的健壮无病虫鲜根作种，侧根为好，根粗1.5cm，老根、细根不能作种。栽细者可省种，但产量低；粗的产量高。栽时将选好的根条截成4～6cm长的根段，边截边栽，大头朝上，直立穴内。按行距30～40cm、株距25～30cm

开穴，深 3 ~ 5cm，穴内施肥，每穴栽 1 ~ 2 段，栽后覆土 1.5 ~ 2.0cm，压实，一般栽后 60 天出苗。据生产实践，用根的头尾作种出苗早，中段出苗迟，因此，要分别栽种，便于田间管理。

2）催芽　为使丹参提前出苗，并且延长丹参生长期，可用根段催芽法。12 月初挖深 25 ~ 27cm 的沟槽，把剪好的根铺入槽中，约 6cm 厚，盖土 6cm，再放 6cm 厚的根段，上盖 10 ~ 12cm 厚的土，略高出地面，以免积水，天旱时浇水。第 2 年 3 ~ 4 月份刨出，根段上部都长出了白色的芽，将其栽植于大田。该法栽植的丹参出苗快、齐，不抽薹，不开花，叶片肥大，根部充分生长，产量高。

（3）扦插繁殖　华北、江浙地区多采用扦插繁殖，主要利用丹参茎秆进行繁殖。春栽 1 ~ 4 月份，秋栽 7 ~ 11 月份。在整好的畦内浇水灌透，将健壮茎枝剪成 17 ~ 20cm 的插穗，按行距 20cm、株距 10cm 开沟，斜插入土 1/2 ~ 2/3，培土压实。一般 20 天左右便可生根，成苗率 90% 以上，待芽长 3cm 时，便可定植于大田。

（4）芦头繁殖　一般在休眠期收获丹参时进行，在春季 2 ~ 3 月份进行为宜。选择生长健壮、无病虫害的植株，剪去地上部分的茎叶，将粗根剪除作药材，留长 2 ~ 2.5cm 的根头作种栽。栽种方法同根扦插繁殖。春栽约 30 天出苗。

3. 田间管理

（1）查苗定苗　无论是分根繁殖还是种子繁殖，在幼苗开始出土时，均要及时查苗。若苗密度过大，则需要间苗；若缺失，则需补苗。当土壤板结，覆土太多时，应及时疏松土壤，以利出苗。当苗高 6cm 时进行最后一次间苗定苗。

（2）中耕除草　丹参一个生育期内一般需要进行中耕除草 3 次。第 1 次中耕除草在苗高 10 ~ 15cm 时进行，中耕要浅，避免伤苗；第 2 次中耕除草在 6 月份进行；第 3 次在 7 ~ 8 月份进行。植株封垄以后，要停止中耕。育苗地块应尽量手工拔草，以免伤苗。

（3）追肥　结合中耕除草，追肥 2 ~ 3 次，第 1 次以氮肥为主，以后配施磷钾肥。施尿素 5 ~ 10kg/667m^2、过磷酸钙 10 ~ 15kg/667m^2 或饼肥 25 ~ 50kg/667m^2 均可。

（4）摘花薹　除了留作种用外，其余花蕾全部摘掉，以抑制生殖生长，减少养分消耗，促进根部生长发育。

（5）排水灌水　天旱时要及时浇水，雨季注意排水。出苗期及幼苗期如土壤干旱，应及时灌水或浇水。

（三）病虫害防治技术

丹参生长过程中主要的病害有根腐病、叶斑病；主要虫害有根结线虫病、蚜虫、蛴螬、地老虎等。

1. 根腐病　多发生在高温多雨季节，根部发黑腐烂，个别茎枝先枯死，严重时全株死亡。防治方法：选地势高燥、排水良好地块种植；轮作，忌连作；发病初期用 70% 多菌灵 1000 倍液浇灌。

2. 叶斑病　主要为害叶片，发病部位呈深褐色病斑，圆形或不规则，后逐渐融合成大斑，严重时叶片枯死。防治方法：及时清除基部病叶，注意排水，冬季处理残株。

发病初期用 1∶1∶150 倍波尔多液喷叶面，7 天喷 1 次，连喷 2~3 次。

3. 蚜虫　主要危害叶及幼芽。防治方法：用 50% 杀螟松 1000~2000 倍液或 40% 乐果 1500~2000 倍液喷雾，7 天喷一次，连喷 2~3 次。

4. 根结线虫病　由于根结线虫寄生在植物须根上，使得根部长出很多瘤状物，导致植株生长缓慢，发育不良，最后可能导致全株死亡。防治方法：建立无病留种田，加强检疫；水旱轮作；选择肥沃而砂性适度的土壤，提高植物抗病力；结合整地，每亩施入 3% 辛硫磷颗粒 3kg，撒于地面，翻于土中，进行土壤消毒。发病时，每亩施用米乐尔颗粒 3kg，沟施。

5. 地下害虫（蛴螬、地老虎）　咬食幼苗根部。防治方法：种植前施用充分腐熟的有机肥。幼虫发生期用 40% 辛硫磷乳油 1000~1500 倍液，每亩用药液 500kg 浇灌，或用 80% 敌百虫可湿性粉剂 100g 加水 1.5~2.0kg，拌炒熟的麸皮 5kg，于傍晚时撒于田间诱杀幼虫。

（四）采收与初加工技术

1. 采收　一般在休眠期收获，即 11 月至第二年 3 月植株萌发前采收。采用芦头、分根繁殖的丹参一般在栽后 1 年采收，种子繁殖的可在第三年或第四年采收。选晴天干燥时进行，采收时先将根际周围土锄松，然后把全根挖起，放在田间晾晒，失水变软后剪去茎叶和芦头，去泥运回。

2. 初加工　丹参根不宜水洗，直接晾晒。晒至半干，去泥，用手捏顺成束，扎成小捆；堆闷发汗 2~3 天后，摊开晾晒至顶端老根干透心时，用火燎去须根即成。折干率为 30% 左右，一般亩产干根 150~250kg，高产者可达 300kg。

二、白芍

白芍为毛茛科植物芍药 *Paeonia lactiflora* Pall. 的干燥根，别名杭芍、川芍、亳芍。具有养血调经、敛阴止汗、柔肝止痛、平抑肝阳之功效。主产于安徽、浙江、四川等省，而产于安徽亳州的白芍因外观色白、粉性足、质量佳为道地品种。芍药除药用外，也是名贵的观赏植物，在我国栽培已有三千多年的历史。

（一）生物学特征

1. 生长发育习性　芍药为多年生宿根植物，多数采用芽头繁殖，栽植时间一般为 8 月下旬到 9 月下旬。种植后芍药地下部分于 9 月下旬到 10 月发根，翌年 2 月下旬至 3 月上旬露出红芽，3 月中旬展叶，3 月下旬至 4 月是植株生长最旺盛的时期，出现花蕾，4 月下旬至 5 月上旬开花，花期为 7 天左右，5~6 月份根膨大生长最快，7 月下旬至 8 月上旬种子成熟，8 月份由于高温生长缓慢，以后逐渐停止生长，10 月份地上部分逐渐枯死，植株进入休眠期。

你知道吗

　　一年生芍药植株无花蕾，二、三年芍药植株虽开花但不结籽，仅四年生芍药结籽。芍药种子千粒重 161.2g，发芽率很低，种子需低温保鲜贮藏，晒干就会丧失发芽力。

　　2. 生态环境条件　白芍的生长需要充足的阳光，喜好温暖湿润的气候条件，即耐寒，能抵御干旱，在 -20℃ 仍可安全越冬；在气温达到 42℃ 时，亦能越夏。但忌水浸泡，如果水淹 6 小时以上，植株就会死亡。最佳的生长环境温度为 25℃ 左右，在人工种植中，多选择土层深厚、质地疏松、排水良好的壤土或砂土。白芍分布较广，生产基地选择范围较宽。在我国大部分地区均可种植，但主要栽培于安徽、浙江、四川以及山东，其中以亳白芍最为道地。

　　（二）规范化种植技术

　　1. 选地整地　应选择土质疏松、土层深厚、地势高燥或倾斜的坡地，以排水良好、土质肥沃的砂质壤土、夹砂黄土及淤积壤土为好。土层薄，排水不良或不易保水保肥的砂土，均生长不良；黏性重、土结块、低洼地、易积水或容易被洪水冲击的地方不宜种植；盐碱地也不宜栽种。忌连作，可与紫菀、红花、菊花、豆科作物轮作；隔 3～5 年才能再种植。

　　选定种植地后，深翻土地，重施基肥，使得基肥与土壤充分混合，平整后做成高畦，畦宽 1.5m、高 17～20cm，沟宽 30～40cm。四周开好排水沟，以利于排水。

　　2. 繁殖方法　芍药主要采用的繁殖方法为芽头繁殖，即在收获时，将芍药根部从芽头着生处全部割下加工成药材，所遗留的即为芽头（即芍头）。

　　（1）芽头选择　选形状粗大、芽头饱满、发育充实、不空心、无病虫害的健壮芽头，按其大小和芽的多少，顺其自然生长状况，用刀切开成块状，每块有粗壮的芽苞 3～4 个，供种苗用，随采随播。如因农忙或土地安排不开，也可暂行贮藏。贮藏方法是：选高燥、阴凉、通风的室内，任选一角，在地上铺上湿润的细砂或细土 8～10cm 厚，将芍头堆放其上。芍根贮藏，芽朝上，按顺次倾斜堆放，厚 15～20cm，放好后其上盖湿润的沙或泥 10cm 厚，周围用砖或其他物体围好。

　　（2）栽种方法　种植时间一般为 8 月下旬到 9 月下旬，最迟不超过 11 月上旬。若下种过迟，贮藏的芍根和芍头已发出新根，栽时易折断。另外，气温下降对发根不利，影响第 2 年生长。芽头按大小分级，分别栽种。栽种时，按行距 60～70cm、株距 30～40cm 开穴，在放置芽头时，切面朝下，芽头向上，每穴种芍头 1 个，较小的放 2 个，用手覆土，并固定芽头，在芽头上覆细土 3～5cm，让覆土稍高出畦面。栽种后要及时培土扶垄，将芍头两边背垄的土翻到芍头上，垄土高 10～15cm，既可防冻，又可保湿。

　　3. 田间管理

　　（1）中耕除草　芍药栽种后 1～2 年，苗小，行株距宽，易生杂草。最好在畦面铺放一层未完全腐烂的落叶杂草，从而抑制杂草的生长，且盖草逐渐腐烂后可增加土壤肥力。第 2 年春季，幼苗出土后，每年中耕除草 3 次。第 1 次于春季齐苗后，宜浅松土，勤除草；第2次于夏季杂草大量滋生时，要除尽杂草，避免草荒，松土稍深，但勿伤幼根；第3次于秋季倒苗后，除净杂草，清洁田间，将枯枝残叶集中运出田外烧毁。从第3、4年后视杂草的生长情况，中耕除草2~3次。每年末次除草后均要培土。

（2）晾根　在安徽的亳州，产区药农在栽后的第二年开始，每年春季3月下旬至4月上旬，把根部的土壤扒开，使根部露出一半，晾晒5~7天，使须根晒至萎蔫，并剔除须根。晾根的目的是让养分集中于主根，有利增产。晾根一周后，要及时覆土压实。通过晾根的芍药根粗大，两端大小均匀，根直形美，品质和产量都有所提高。

（3）追肥　白芍栽种当年一般不施肥，栽后第二年开始，每年需要追肥2~3次。第1次在3月中上旬结合"晾根"追肥，每亩施腐熟人畜粪肥1200~1500kg；第2次为5~7月份，芍药生长旺盛，结合中耕除草再追肥1次，每亩施入腐熟人畜粪肥1500~2000kg，并加饼肥20kg；第3次为11~12月份，地上部分枯萎后，每亩施腐熟人畜粪肥1500~2000kg，称之为"腊肥"。芍药不宜多施化肥，施用化肥后，有效成分含量较低。施肥采用穴施方法较好。

（4）摘花蕾　芍药栽后第二年开始，每年春季现蕾时及时将花蕾摘除。目的是让养分集中，促进根的生长。对于要留种的植株，可适当留下大的花蕾，其余的花蕾也应摘除，这样留种，籽大饱满。

（5）排水灌溉　芍药性喜干燥，抗旱性强，只需在严重干旱时灌透，入夏时在株旁壅土培土或行间盖草，或间种一些作物，即可越夏。但芍药怕湿，更怕积水，常因土壤含水量大而烂根，故在多雨季节要及时疏通排水沟，排出田间积水，降低土壤湿度，减少根腐病的发生。

（6）培土　10月下旬土壤封冻前，在离地面6~9cm处，把白芍地上部分枯萎的枝叶剪去，并在根际进行培土，厚10~15cm，以保护芍芽安全越冬。

（三）病虫害防治技术

芍药主要的病害有灰霉病、叶斑病、锈病、根腐病等，虫害主要有蛴螬、地老虎等。

1. 灰霉病　病害主要通过菌核进行传播蔓延。发病部位为叶片、茎、花，多在开花后发生。发病初期，叶片、叶尖或叶缘出现灰褐色至白色小斑点，后扩大成近圆形或不规则形水渍状大斑，褐色、紫褐色至灰褐色，有时具有不规则轮纹和边缘。潮湿时叶背长出灰霉层。叶柄、茎上病斑长条形，水渍状，暗绿色，后变褐色，凹陷软腐，枝叶往往折倒。花受害变褐腐烂，花上覆盖灰霉层。防治方法：秋季彻底清扫落叶，剪除地上残茎，春季发现病叶、枯芽立即摘除；嫩芽破土时用1:1:100波尔多液、75%百菌清可湿性粉剂500倍液或50%退菌特可湿性粉剂800倍液，地面喷洒或淋浇植株周围土壤，10天喷1次，连续喷3~4次；合理密植，保证通风透光，雨后及时排出积水。

2. 叶斑病　是一种常见的叶部病害，发病初期，叶正面呈现褐色近圆形病斑，后逐渐扩大，呈同心轮纹状。严重时，叶上病斑散生，圆形或半圆形，直径2~20cm，褐色至黑褐色，有明显的密集轮纹，边缘有时不明显，天气潮湿时，病斑背面产生黑绿色霉层（即病原菌分生孢子）。防治方法：发病初期或发病前喷1∶1∶120的波尔多波、50%多菌灵800~1000倍液或50%托布津1000倍液。

3. 锈病 为害芍药叶片，初期在叶片上出现淡黄色，但不太明显的病斑，叶背着生黄褐色粉堆。在生长末期，叶面出现圆形、椭圆形或不规则形的褐色病斑，并长出暗褐色毛状物，被害叶片弯曲、皱缩，最后枯死。防治方法：在发病初期喷洒25%粉锈宁或65%代森锌500倍液。

4. 根腐病 主要发生在夏季多雨积水时，主要为害根部。防治方法：选健壮芍芽作种；发病初期用50%多菌灵800~1000倍液灌根。

5. 虫害 主要有蛴螬、地老虎等为害根部。在幼苗期，地下根茎的基部被咬断或大部分被咬断，地上部分枯死；在成株期，白芍地下块根被咬食，形成空洞、疤痕，从而影响白芍的产量和质量。防治方法：用90%的敌百虫1000~1500倍液浇灌根部杀虫。

（四）采收与初加工技术

1. 采收 栽种后3~4年即可采收，过早采收产量低，过迟采收芍根过老，质地疏松，品质较差。采收一般于8~9月份，选晴天进行。先割去茎、叶，用三齿耙深插入地下，将根挖起，抖掉泥土，将芍根从芍头着生处切下，然后将粗根上的侧根剪去，修平凸面，切去头尾。在室内堆2~3天，每天翻堆2次，促使芍根水分蒸发，使质地变得柔软，便于加工。

你知道吗

在安徽亳州，白芍品种有线条、蒲棒、鸡爪、麻茬四种。其中，线条品质佳，根条细长柔软，色泽佳，产量最高，但生长较慢，一般4年以上方可采挖，俗称"笨花子"；蒲棒品质仅次于"线条"，但是生长快，产量高，一般28个月即可采挖；"鸡爪"和"麻茬"分别因外观不好、质量不佳，栽培较少。

2. 初加工 将芍药根按大、中、小分成三级。用竹片或小刀刮去表皮，浸入清水中清洗后，再放入开水锅内煮5~20分钟，煮时上下不断翻动使芍根受热均匀，保持锅水微沸。当煮至芍药根发软，无腥味，肉色微黄，用刀切去头部一薄片，见切面色泽一致，说明已好，即可捞出干燥。

煮好的芍根及时送晒场，薄薄摊开，先暴晒1~2小时，渐渐地把芍根堆厚暴晒，使表皮慢慢收缩。晒时要不断上下翻动，晒3~5天后，再把芍根在室内堆放2~3天，促使水分外渗"发汗"，然后继续晒3~5天，这样反复堆晒3~4次，才能晒干。芍药每亩可产干货药材210~300kg，其折干率约为30%。

三、当归

当归为伞形科植物当归 *Angelica sinensis* (Oliv.) Diels. 的干燥根，别名秦归、云归、西归、全当归、油当归、白当归、干归、岷归。具有补血活血、调经止痛、润肠通便之功效。主产于甘肃岷县，云南、陕西、四川等地也有栽培。岷县出产的当归骨质重、气香浓、油性足、质量好，称"岷归"，被公认为道地药材。

（一）生物学特性

1. 生长发育习性 当归为多年生草本，从种植萌发到新种子成熟的过程较长，需要跨三年，越两冬，历经3个生长季节。生育期可以分为育苗期、成药期及留种期。

（1）育苗期 通常为120天，6月中下旬种子成熟后，立即播种，5天左右出苗，从出苗到第二片真叶需30~40天。随后过渡到成苗阶段，陆续长出羽状复叶4~5片，主根也增粗增长，逐渐肉质化，10月上中旬起苗贮藏，在育苗期结束时当归根重量可以达到40~60g。育苗期是当归实现高产栽培的基础。

（2）成药期 此阶段是当归的营养生长阶段，也是药材的关键生产时期。翌年春季将当归幼苗移栽，一般15天左右出苗返青，长出新的基生叶，伴随气温升高，植物生长速度加快。到10月上中旬，地上部分开始枯萎，根的生长也达到最大值，植株进入第二次休眠，这时药材已到成熟阶段，便可采挖。如果是留种植株，则让其在田间越冬。

（3）留种期 第三年为当归的生殖生长阶段。一般5月下旬抽薹现蕾，6月上旬开花，花期约1个月；果期为7~8月份，当种子内乳白色粉浆变硬后，花序开始弯曲，标志种子成熟。

你知道吗

当归正常的栽培过程为两年，第一年为营养生长阶段，形成肉质根后休眠；第二年抽薹开花，完成生殖生长。但是当归抽薹开花后，其根木质化严重，变得坚硬而瘦小，失去药用价值。而一年生的当归根瘦小，形状差。因此，生产上常采用夏季育苗，用次年栽培的方法来延长当归的营养生长期。但一定要控制好栽培条件，防止当归在栽培的第二年就出现"早抽薹"现象。

2. 生态环境条件 当归为高山植物，喜凉爽、湿润的气候，具有喜肥、怕涝、怕高温的特性，海拔低的地区栽培，不易越夏，气温过高易死亡。当归适宜在气温8~18℃，年平均降雨量270~350mm，海拔2200~2600m的高寒潮湿地区生长；土壤以土层深厚肥沃、排水良好的砂质壤土、黑垆土、麻土和黄麻土为宜。主产区岷县气候属于高原性大陆气候，年平均日照时数2214.9小时，年平均气温4.9~7.0℃，年平均相对湿度68%，年平均无霜期90~120天，年平均降水量596.5mm，最热7月份平均气温16℃，最冷1月份平均气温−6.9℃。忌连作，前作以玉米、大麻、小麦、油菜或绿肥作物为宜，轮作期为2~3年，不宜与马铃薯、豆类作物轮作。

（二）规范化种植技术

1. 选地与整地

（1）育苗地 选择阴凉湿润的山坡或平地，以土质疏松肥沃的沙质壤土作育苗地为好。选地后及时翻耕，并进行基肥的施入，每亩地需要进行腐熟厩肥 2500～3500kg，均匀地将肥料撒在地面上，深翻地 20～25cm，深耙 3 遍，整平土地做成宽 100～120cm、高约 25cm 的畦，四周开好排水沟，沟宽 18～24cm，沟深 15cm。

（2）移栽地　选择在土层深厚、肥沃疏松、排水良好、富含腐殖质的砂壤土和半阴半阳生荒地种植。当归忌连作，前茬以小麦、胡麻、青稞和洋芋为好。前茬作物收获后及时翻耙 1 次，使土壤充分熟化，种植前再翻耙 1 次，并亩施 2500～3000kg 农家肥作底肥。翻后耙细，顺坡做成高 30cm、宽 1.5～2.0m、沟宽 30～40cm 的高畦或宽 40～50cm、高 25cm 的高垅。

2. 繁殖方法　当归繁殖方法主要采用种子繁殖，一般采用育苗移栽方法，也可用大田直播。

（1）育苗移栽

1）采种　选取三年生的当归植株作种株，到秋天当归花下垂、种子表面呈粉白色时分批采收，扎成小把悬挂在通风处，待干燥后脱粒，储存备用。当归种子寿命短，在室温下，放置 1 年即丧失生命力，故应采用新鲜的种子作种。

2）播种　播种期一般在"芒种"至"夏至"间，播种时间应根据当地海拔、气温等条件确定适宜的播种期。在气温低的高海拔地区，宜于 6 月中上旬播种；在气温稍高的低海拔地区，宜于 6 月中下旬播种。播种过早，易发生早抽薹；过迟苗子太小，抗逆能力差，成活率低。播种前将种子放入 25～30℃ 温水中浸种 24 小时，取出晾干后按 1∶10 比例拌入草木灰；也可以浸种后捞起，保持一定温度，于种子裂口露白时播种。播种方法一般采用撒播或条播，将种子均匀地撒在苗床上，覆土 1～2cm，不宜过厚，否则影响出苗。覆土后，再盖 3～5cm 厚的干禾草，保湿遮光。每亩用种量 4～5kg。

3）苗期管理　播种后 15～20 天出苗，应细心将盖草挑虚，并拔除露出来的杂草，待苗高约 1cm 时将所盖的草逐步揭去。揭草后搭棚或用黑网遮阴，高度 60cm 左右，遮阴度控制在全光照的 1/3～1/2，夏天过后揭除遮阴物。当苗高 3cm 左右、有 3 片真叶时，间苗并拔除杂草，使苗距在 1cm 左右。在苗期不宜追肥，防止幼苗生长旺盛，提早抽薹，可适当施适量的氮肥，能降低早期抽薹率。

4）种苗储藏　10 月中下旬，当苗地上叶片开始枯黄时即可收挖种苗。将挖出的苗抖掉泥土，切去叶片，去除病、残、伤、烂苗后，捆成重约 200g 的小把，摆放在阴凉干燥处的生干土上晾除部分水分，当水分达 60%～65% 时即可储藏。贮苗的方法有窖藏和堆藏两种，以堆藏的抗旱能力较强，窖藏的抗旱能力较差。有条件的最好在 0℃ 以下冰冻贮藏。

①堆藏　在无烟的室内地上铺一层 5～7cm 厚的新干土，上面摆一层扎成小把的当归苗，苗头向外，用土填满空隙，压实，再铺一层土一层苗，依次摆放 5～6 层。

②窖藏　选择阴凉干燥处，根据苗量挖一长方形土窖，窖底部铺一层约 5cm 的新土。土上摆放一层扎成小把的当归根苗，用土填平压实，再铺一层土一层苗，依次摆放 6～7 层。然后在最上面堆土高出地面以防积水，窖四周挖排水沟。

5）移栽 一般为春栽，由于各地的海拔、气温等条件不同，移栽的时间各异。一般在清明后开始，谷雨前结束。移栽过早容易遭受霜冻，过晚则种苗已发芽，会降低成活率。移栽方法有穴栽和沟栽两种。穴栽是按株行距 30cm×30cm 三角形交叉打窝，窝深 20cm 左右，每窝栽大、中、小苗各 1 株，呈品字形排列。边栽边覆土压紧，覆土满窝后耙平，以免积水。沟栽是整好的畦面上，横向开沟，沟距 40cm，沟深 15cm，按 3~5cm 的株距，大、中、小相间摆于沟内，根茎低于畦面 2cm，盖土 2~3cm。

（2）直播 一般在立秋前后播种，宜选择老熟饱满的火药子作种，这种种子营养充足，生命力强，下种后出苗快，出苗齐，生长旺盛。直播方法分穴播和条播两种。穴播在畦上按穴距 30cm、株距 25cm，呈三角形开穴，深 3~5cm，穴底平，每穴播种 10 粒左右。条播即在整好的畦面上横向开沟，沟深 5cm，沟距 30cm，种子均匀撒在沟内。最后覆盖 1cm 左右的细肥土，搂平畦面，覆 1 层短草或落叶以利保湿。通常穴播亩用种量 0.75~1kg，条播亩用种量 1.5~2kg。

3. 田间管理

（1）间苗、定苗 无论是育苗移栽还是直播，均需要间苗。及时间苗、定苗，能避免苗拥挤、争夺养分，有利于当归生长。秋季直播者，在苗高 3cm 时进行第一次间苗，在苗高 9cm 时第二次间苗。条播者每隔 20~27cm 留壮苗 1~2 株，穴播的每穴留 2~3 株。

（2）中耕除草和培土 在苗出齐后，进行 3 次中耕。当苗高 3cm 时进行第一次中耕除草，应早锄浅锄；当苗高 5cm 时进行结合间苗除草；苗高 20~25cm 时进行，进行第三次中耕除草，中耕要深，如有杂草，及时用手拔除，并结合培土。此时根系开始发育，生长迅速，培土可促进当归发育，提高产量和质量。

（3）追肥 结合整地深翻，除了一次性施足基肥外，还应及时追肥。一般分 2 次进行，第一次是 6 月下旬叶生长盛期，主要促进地上茎叶生长为主，多以油渣、熏肥和氮肥为主；第二次是 8 月上旬根增长期，主要促进根系生长发育，获得高产，多以厩肥和磷、钾肥为主，通常使用磷酸二氢钾、磷酸二铵和氮：磷：钾复合肥作追肥，使氮：磷：钾比例保持在 1：(0.5~0.6)：(0.1~0.2)。

（4）抽薹 通常在 5 月初至 6 月初，当归有抽薹发生。在 6 月中旬进入到抽薹的盛期，此时必须及时将抽薹株拔除或者用剪刀剪除，以免浪费土壤养分和影响品质。

（5）灌溉排水 当归苗期干旱时应适量浇水，保持土壤湿润，但要节制灌水，田间不能积水，否则易引起烂根。雨水过多时，要及时疏沟排水。

> **请你想一想**
>
> 当归生长期为什么需要拔除抽出的薹呢？

（6）早抽薹的防治 研究表明，影响当归早期抽薹的原因主要有以下三方面。①遗传因素：正常留种株主薹所留的种子或过熟种子、陈年种子育出的苗抽薹率会很高，会达到 80%~90%。②生态因素：在海拔低、气温高、阳坡、干旱的地方育苗或移栽易引起当归的提早抽薹。除此之外，种植密度、土壤肥力、贮藏条件等对当归的早期抽薹也有一定影响。③营养因素：当归早期抽薹率与苗重和大小成正相关。苗直径为 0.5cm 以下的小苗适宜移栽，相同苗龄的当归苗，苗重越大，抽薹进程越快，时间越早，而且抽薹比率明显提高。早薹率与当归苗含氮量和含糖量也有一定关系，含氮量与早薹率之间成显著负相关。

防治早抽薹的方法主要有：①选留良种。应尽量选择三年生采种田；选采根体大、生长健壮、花期偏晚，种子成熟度适中（鱼肚白色）、均一的种子育苗。由于当归主茎与侧枝发育不一致，生产上必须在留种植株现薹初期切去主茎，促其各分枝均一发育，以获得符合生产要求的种子。②适时播种，合理施肥，控制苗龄和苗重。为控制大苗和高龄苗，降低早期抽薹开花率，应适当推迟播种期，使苗龄控制在110天以内，百苗重40g 以下，育苗后期适当增施氮肥，提高植株总含氮量，以降低植株总含糖量，抑制抽薹开花。减弱光照强度，延缓幼苗的发育进程。育苗期间遮阴，遮光度 1/3 ~ 1/2 为宜，可以搭棚、插树枝或背阴坡面育苗。

（三）病虫害防治技术

当归主要病害有褐斑病、麻口病、根腐病等；虫害主要有种蝇、金针虫、地老虎、蛴螬、蝼蛄等。

1. 褐斑病 常发于 6 ~ 8 月份较为高温多雨的季节，当归叶面上出现褐色的斑点，随着病情的发展，病斑逐渐扩大直至叶片大部分呈红褐色，最终因枯萎而死亡。防治方法：采用 15 ~ 20g 的多菌灵、15 ~ 20g 的甲基硫菌灵在每 667m² 地中交替进行叶面喷施。

2. 麻口病 主要发生在成药期，对当归的根部造成危害，影响产量。在感染初期并没有明显的症状，但是将其纵向切开，可以看到其切面位置出现褐色的糠腐状侵染点，随着病情的发展，其根部的表皮出现褐色的纵裂纹，深度为 1 ~ 2cm，根毛畸形并增多。严重时当归头部皮层也会出现褐色的糠腐干烂。防治方法：应尽量选择黑土地、生荒地或者地下害虫较少的地块进行当归的种植；做好土壤以及种苗的药剂处理工作；在育苗、起苗以及栽培过程中尽可能减少对当归根部的损伤，从而防止微生物的入侵；将 250g 浓度为 40% 的多菌灵胶悬剂或者 600g 托布津加入到 150kg 的水中，在 5 月上旬至 6 月中旬进行灌根防治。

3. 根腐病 受害植株根尖及幼根水渍状，严重时仅剩纤维状物；地上部分初期矮小、黄化，严重时死亡。防治方法：轮作；注意排水；移栽时用 0.05% 代森铵浸泡栽子 10 分钟。发病初期用 50% 多菌灵 500 倍液浇灌病区。

4. 种蝇 幼虫危害根部，蚕食根茎。防治方法：用 40% 乐果 1500 倍液或 90% 敌百虫 1000 倍液灌根，每周 1 次，连续 2 ~ 3 次；施肥尽量用腐熟肥。

5. 地下害虫 当归的地下害虫有蝼蛄、蛴螬、地老虎、金针虫等。防治方法：多次深翻土地，暴晒、结冻杀死越冬的成虫和幼虫；农家肥必须经过高温发酵腐熟，杀死潜藏其中的地下害虫；敌百虫毒饵诱杀；用 40% 乐果乳剂拌种。

（四）采收与初加工技术

1. 采收　移栽种植的一般在当年的 10 月中下旬，植株枯黄后采收；秋季直播的在第二年地上部分枯黄时采挖。在收获前 10 ~ 15 天，割去当归茎叶，留下 3cm 左右的茎桩，在阳光下暴晒 3 ~ 5 天。采挖时先将植株下面挖空，再从上面将其挖倒取出，尽量保证根系完整，抖尽泥土，挑出病株，置干燥通风处及时摊开晾晒。

2. 初加工　将晾晒至根条柔软后，按根条大小分开扎成小把，置于室内用湿草做燃料生烟熏干。切记用明火，火力不宜过大，控制室内温度在 60 ~ 70℃。温度过高，当归挥发油容易大量散失，根质地变硬，质量变差。熏烤过程中要定期停火回潮，上下翻动，使当归内外干燥程度一致。一般熏烤 10 ~ 15 天，至表皮呈赤红色、断面乳白色、折断时清脆有声时为佳。

四、黄连

黄连为毛茛科植物黄连 *Coptis chinensis* Franch.、三角叶黄连 *Coptis deltoidea* C. Y. Cheng et Hsiao 或云连 *Coptis teeta* Wall 的干燥根茎。以上三种分别习称"味连""雅连""云连"。具有清热燥湿、泻火解毒的功效。"味连"，别名鸡爪连，是商品黄连的主要来源，根茎集聚成簇，形如鸡爪。主产于重庆石柱、湖北利川、四川彭州和峨眉等地，重庆开县、湖北竹溪、陕西镇坪等地也产，以重庆石柱产量最大，被誉为"中国黄连之乡"。"雅连"，根茎肥大粗壮，主产地四川峨眉、洪雅一带，有少量野生资源。"云连"，也称云南黄连，根茎为单枝，形如蝎尾，加工品较好。分布于云南西北部和西藏东南部，原系野生，现有少量的人工栽培。目前商品黄连的主要栽培品种是黄连（味连），故本节内容主要针对该品种进行介绍。

（一）生物学特性

1. 生长发育习性　黄连多采用种子繁殖，从播种到收获需要 6 ~ 7 年。黄连种子播种后，第 2 年出苗，幼苗生长缓慢，从出苗到长出 1 ~ 2 片真叶需 30 ~ 60 天。一年后多数有 3 ~ 4 片真叶，株高 3cm 左右，根茎尚未膨大，须根少，产区称"一年青秧子"。二年生黄连，多数有 4 ~ 5 片真叶，株高 6cm 左右，根茎开始膨大，芽苞较大；3 ~ 4 年生黄连叶片数目增多，叶片面积加大，光合积累增多；第 4 年开始开花结实。以后每年 1 月份抽薹，2 ~ 3 月份开花，4 ~ 6 月份结果。从抽薹开始萌生新叶，老叶枯萎，5月份新旧叶交替完毕。每年 3 ~ 7 月份为地上部分发育旺盛，8 月份以后根茎生长加快，9 月份开始长出新的混合芽或叶芽，11 月份芽苞长大，待翌年萌发生长，新老叶再次更新，秋季地下根基继续膨大。如此反复生长，当叶丛中形成双芽后，次年根茎分枝，随着生长年限的增加分枝逐渐增多，至 6 ~ 7 年收获时，少则 10 余个多则 20 ~ 30 个。

2. 生态环境条件　黄连一般分布在海拔 800 ~ 1800m 的山区，以海拔 1200 ~ 1400m 的地区最适宜栽培。黄连喜高寒冷凉、湿润、隐蔽的环境，忌高温、干旱及强光。主产区年平均气温 10℃，月平均气温最高 23℃，最低 1 ~ 2℃，绝对最低温度 -8℃。气温在 8 ~ 34℃ 之间，植株能正常生长，低于 8℃ 或高于 34℃ 生长缓慢，超过 38℃ 易受高温灼伤。喜湿润，尤其喜较高湿度。主产区年降雨量多在 1300 ~ 1700mm，空气相对湿度在 70% ~ 90%，土壤含水量在 30% 以上。黄连性喜阴，害怕强光，在弱光和散射光下生长发育正常，在强光直射下，叶片枯焦，很快萎蔫，苗期尤其严重。对土壤要求严格，以土层深厚、肥沃、疏松、排水良好、富含腐殖质的壤土最好。忌连作。

（二）规范化种植技术

1. 选地与整地

（1）育苗地　宜选择早晚不见阳光，土层深厚、疏松、富含腐殖质的缓坡地，或选择植被均匀、荫蔽好的小乔木林地。夏季整地，清除草根、树根，堆烧成灰，拣去石块，结合整地每亩施入 3000 ~ 5000kg 的腐熟厩肥，深耕 15 ~ 17cm。做宽 1 ~ 1.5m、高 15cm 的畦，长依势而定，畦间留 30cm 左右的作业道。

（2）移栽地　如选林下栽连，宜选土层深厚肥沃、荫蔽较好的矮生阔叶混交林地。砍去过密的树林或疏去过密的树枝，保持林间荫蔽度在 70% ~ 80%。将林地上的杂物清理干净，深挖翻土 15cm 左右，拣去树根和草根。随地形做宽 1.2 ~ 1.5m、高 15cm 的高畦，长依势而定，沟宽 15 ~ 20cm，在周围开好排水沟。每亩施腐熟厩肥 6000kg 左右，均匀撒于畦面，与表土拌匀后再盖上 5cm 左右的熏土。

如选搭棚栽连，首先清理场地，将树木杂草全部砍尽后，就地取材搭建阴棚，棚高一般 1.3 ~ 1.5m，可以将全光照强度减弱至 1/5 ~ 1/3，形成"花花阳光"。棚搭建好后整地，深翻地 15cm，挖出树根草根，拣净杂物，翻土整平，开沟做厢，一般厢宽约 1.2m，沟宽约 15cm、深约 10cm，厢长依地势而定。施基肥，做法同林下栽连。

2. 繁殖方法　主要采用种子繁殖为主，多采用育苗移栽的方法。

（1）选种采种　黄连 2 ~ 3 年生植株所结的种子发育不良，发芽率很低，不宜作种。一般采集 4 ~ 5 年生植株所结的种子为宜。第 4 年所结种子籽粒饱满成熟较一致，发芽率高，产量也高，产区称为"红山"种子，最宜作种；第 5 年所结种子与第 4 年相近，但产量少，产区称为"老红山"种子。连农多采收苗龄大、量多质优的"红山"和"老红山"种子。在此基础上还选择植株粗大，分枝多且叶色正常无病害的黄连作为采种植株，并选择果实饱满的黄连种子作为采种对象。

采收时间多在立夏前后，当果变成黄绿色并出现裂痕、种子变成黄绿色时，立即采收。

（2）种子处理　黄连种子具有休眠特性，自然成熟的黄连种子种胚未完全发育，为原胚状，必须经胚形态后熟和生理后熟才能萌发，而且种子一经干燥，就丧失发芽能力，故新采收种子必须及时贮藏。常用的贮藏方式有洞藏法和层积法。洞藏法是选陡坡挖一洞，将 1∶3 拌有湿沙的种子用口袋装好置于洞内，洞口用石板或其他物件盖好，稍留缝隙通气；层积法是在荫蔽的、排水良好的坡地挖一浅床，周围开挖排水沟，在床内先铺一层湿沙，接着铺一层 3 ~ 5cm 厚的种子，再盖一层湿沙，之上铺一层腐殖质土壤，最后撒上渣叶枯草。

（3）育苗 于秋季 10 ~ 11 月份播种，由于黄连种子细小，在播种前需用 20 ~ 30 倍的细腐殖质土与种子拌匀，才方便掌握播种量。采用撒播方式，将伴有细土的种子均匀撒与畦面上，播后用木板稍加镇压，再盖上一层稻草，保温保湿。次年立春解冻后及时除去盖草，以利出苗。每亩用种子 3 ~ 4kg，育苗量 43 万 ~ 45 万株。

（4）苗期管理 黄连育苗一般需要 2 年以上，需要定时间苗、除草、培土、施肥。播种后，翌年 2 月份出苗，出苗前应及时除去覆盖物，3 ~ 4 月份当幼苗长出 1 ~ 2 片真叶时，如生长过密，则需间苗，按株距 1cm 左右进行，如有杂草，及时拔除，并用细腐殖质土撒于畦面上，以稳苗根，保护幼苗正常生长；间苗后，每亩施稀粪水 1000kg 或尿素 3kg 加水 1000kg 泼施；7 ~ 8 月份及来年 3 ~ 4 月份再施 1 次尿素。苗期及时拔除杂草，保持苗床湿润，注意调节荫蔽度在 80% 左右。

（5）移栽 一般选择 3 ~ 4 年生，具有 4 ~ 5 片以上真叶、株高在 6cm 以上的健壮苗进行移栽。连根拔起，剪去须根，留根长约 3cm，洗净泥土。穴栽，株距通常 10cm，穴深 6cm，将秧苗直放入穴中，覆土压实，每亩可栽 5.5 万 ~ 6.0 万株。

一年有 3 个移栽期：第一个是 2 ~ 3 月份，此时黄连新叶还未长出，产区多用四年生苗，适合气候温和的低山区栽培；第二个是 5 ~ 6 月份，黄连新叶已萌出，产区多采用三年生苗，成活率高，生长也好，为最佳栽培期；第三个是 9 ~ 10 月份，栽后不久就进入霜冻期，易受冻害，成活率较低，适宜于气候温和的低山区。

你知道吗

黄连播种后第二年生长出来的苗，连农称之为"一年青秧子"，苗小而细，不宜栽种；三年生苗称为"当年秧子"，成活率高，品质好，最适宜栽种；四年生苗称为"节巴秧子"，已长出根茎，栽种后易成活，但萌发慢，产量低。

3. 田间管理

（1）补苗 黄连移栽后，常有死苗缺株现象，需要补苗，确保黄连的种植密度。一般补苗 2 次，一次是当年的秋季，一次是翌年解冻后新叶未发前补苗，用同龄壮苗、大苗进行补苗。带土移栽，成活率高。

（2）中耕除草 黄连移栽后前两年，秧苗生长缓慢，杂草较多，必须及时拔除杂草，每年需除草 4 ~ 5 次，边除草边松土，以利新叶再生。之后每年除草次数视杂草生长情况而定。

（3）追肥 黄连是喜肥作物，移栽后 2 ~ 3 天，即可追肥一次，每亩施腐熟厩肥 1000 ~ 1500kg（称刀口肥），能使连苗存活后快速生长，其后每年的春秋两季各施 1 次肥。一般以农家肥为主，化肥为辅。春季可追施腐熟粪水每亩 1000kg 或厩肥 1500kg，可兼用氮肥；秋季以腐熟农家肥为主，每亩 1500 ~ 3000kg，兼用复合肥、草木灰等。

（4）培土 黄连根茎有向上生长而又不长出土面的特性，所以要逐年培土（俗称撒灰或上泥）。故每年秋季结合追肥，将细腐殖土撒于畦上，第 2、3 年培土厚约 1.5cm，第 4 年培土厚 2 ~ 3cm。培土应均匀，不能太厚，否则黄连茎节变长，降低质量。

（5）摘除花薹　黄连抽薹开花结实需要消耗大量的营养物质，降低黄连根茎质量。及时将花薹摘除，能使养分集中供给根茎生长，增加产量。移栽第2年起，除留种植株外，应及时摘除花薹。

（6）调节荫蔽度　根据黄连生长年限的不同，连棚的遮阴度要进行适当调整。一般移栽当年隐蔽度为70%～80%，以后逐年减小10%左右。移栽后第5年，黄连面临采收，在立秋后应拆除连棚，让黄连接受阳光照射，俗称"亮棚"。

（三）病虫害防治技术

黄连主要病害有白粉病、炭疽病、白绢病等；虫害主要有蛞蝓等。

1. 白粉病　主要为害黄连叶片，发病初期在叶背面出现圆形或椭圆形黄褐色小斑点，逐渐扩大成病斑；叶表面病斑褐色，逐渐长出白粉（典型症状）。在7～8月间产生黑色小点，为病原菌的子囊壳，叶表多于叶背。由老叶向新叶蔓延，当白粉逐渐布满全株叶片以后，叶片就变成水渍状暗褐色病斑，使叶片逐渐枯死，严重的植株死亡，须根及根状茎逐渐腐烂。防治方法：加强田间管理。冬季清园时，将感病的病叶集中清理并烧毁，防止病害蔓延或形成二次侵染；调节透光度，生长后期适当增加光照，增强植株抗病力；同时注意排水，降低湿度；增施磷钾肥，提高植株抗病力；发病前期喷65%代森锌500倍液，每7～10天1次，连喷2～3次。发病初期喷70%甲基托布津1000～1500倍液，每7天1次，连续3次。

2. 炭疽病　俗称"鸡血红"。一般在5月初开始发生，5月中旬至6月上旬为盛发期，发病后叶片上生油渍状小点，逐渐扩大成病斑，边缘紫褐色，中间灰白色，后期病斑中央穿孔，叶柄上也产生紫褐色病斑，严重时全株枯死。防治方法：冬季清园，将病叶集中烧毁；用1∶1∶（100～150）波尔多液或代森锌800～1000倍液喷雾，在发病初期和盛期防3～4次。

3. 白绢病　病原菌为齐整小核菌。危害黄连根茎，发病初期地上部分无明显状。随着温度增高，根菌内菌丝穿过土层，向土表伸展，菌丝密布于根茎四周的土表。最后，在根茎和近土表上形成茶褐色油菜籽大小的菌核。由于菌丝破坏了黄连根茎的皮层及输导组织，从而被害植株顶梢凋萎、下垂，最后整株枯死。防治方法：合理轮作，进行土壤消毒；发现病株及时移出深埋或焚烧，并在病害周围撒生石灰粉进行消毒；用50%多菌灵可湿性粉剂500倍液淋灌或喷雾。

4. 蛞蝓　是一种软体动物，通俗上称为鼻涕虫，外表看起来像没壳的蜗牛，体表湿润有黏液。在3～11月份发生，咬食黄连嫩叶，严重时全部被食光，且不发新叶。防治方法：及时清除枯枝杂草；毒饵诱杀；畦四周撒石灰粉，用90%敌百虫可湿性粉剂500～1000倍液浇灌。

（四）采收与初加工技术

1. 采收　黄连一般栽后5～6年收获，最佳时节为霜降到立冬（10～11月份）。选晴天，用两齿铁抓从连地里抓起黄连，抖落附着的泥沙，再用剪刀剪去黄连须根和叶片，留下根茎部分，得到鲜连，产地称"砣子"。

2. 初加工　鲜黄连不能用水洗，宜直接干燥。产地多炕干，火力不宜太大，温度由60℃逐渐升至90℃左右，并不时翻动黄连，直至完全干燥。趁热放到竹制槽笼里来回猛摇抖动，或放在铁质撞桶里用力旋转，撞掉泥土、须根、鳞芽及叶柄，即为成品。

你知道吗

黄连生长期一般不宜超过6年，生长期过长，黄连长势减弱，根茎腐烂，产量反而下降。在海拔为600m～1100m地区发现小檗碱含量随着栽培年限增加而增高，到第6年增长最快，以后变得缓慢。因此，有专家建议海拔600～1100m生长的黄连最适宜采挖期应在栽培后的第6年。

五、川芎

川芎为伞形科植物川芎 *Ligusticum chuanxiong* Hort. 的干燥根茎，别名山鞠穷、香果、京芎、生川军等。具有活血行气、祛风止痛之功效。主产地四川都江堰市、彭州市、崇州市，其次是苍溪、巴中等市县；其他省如陕西、江西、贵州、云南、湖北等地也有种植，多为栽培。四川为川芎的道地产区，栽培历史悠久。

（一）生物学特性

1. 生长发育习性　川芎主要以茎节（俗称"苓子"）进行扦插繁殖，生长期达280～290天，生长发育过程分为苗期、茎发生与生长期、倒苗期、二次茎叶发生期、抽茎期、根茎膨大期。

（1）苗期　在川芎产区，8月上旬立秋前后，将处理好的苓子于晴天栽种，栽后4～5天出苗，约半个月大部分出齐。到9月底，川芎可长到12cm左右，叶片达8～9片，根11条左右。在育苗期没有茎的发生。

（2）茎发生和生长期　10月初至12月中旬，是川芎茎叶生长较快的时期，是川芎产量形成的一个关键时期。川芎在该时期的前段时间主要是地上部分茎的发生，后一段时间主要是茎的生长及地下部分根茎干物质的积累。

（3）倒苗期　12月中旬至次年的2月初，川芎地上部分叶片枯黄掉落，生长处于停止状态。1月份中耕培土时，药农割去地上部分，称"薅冬药"。

（4）二次茎叶发生期　次年的2月中旬至3月初，气温回暖，川芎恢复生长。这个时期川芎的茎叶同时生长，增长速度快，地上部分干物质积累比地下部分干物质增加速度快，这个时期是川芎茎数形成的关键时期，直接影响到下一个生育期川芎的叶片数。

（5）抽茎期　3月中旬至4月中旬，川芎地上部分生长迅速，地下根茎生长缓慢。

这一时期川芎植株迅速长高，地上部分干物质积累快，地下部分干物质积累慢。

（6）根茎膨大期　4月中旬至5月下旬，是川芎根茎干物质积累最快的时候。地上部分不再增高，老叶枯黄，新叶生长缓慢。此时是根茎干物质的主要增加时期，其积累量几乎接近整个生长期的一半。

2. 生态环境条件　在四川，川芎多在海拔1000~1500m的山区育苓，栽种选海拔500~1000m的平坝或丘陵。主产区都江堰市属四川盆地中亚热带湿润季风气候区，雨量充沛，气候温和。栽培川芎的平坝地区海拔为600~700m，年均气温为15.2~15.7℃，绝对最高气温33.1℃，最低气温-4.6℃，无霜期269天，年降雨量1000~1257mm，年平均日照时数为1034.6小时。栽种期8月上旬平均气温25℃，5月收获期平均气温20.9℃。喜光照，但出苗期忌烈日暴晒，需遮阴，否则不出苗或幼苗枯死。喜雨量充沛、湿润的环境，但生长后期的高温季节，雨水过多，根茎易患病腐烂。宜选择地势向阳、土层深厚、排水良好、富含腐殖质的中性或微酸性的砂质壤土栽种，土质黏重、排水不良地不宜种植。

（二）规范化种植技术

1. 选地与整地

（1）育苓地　山区育苓要求较阴凉的气候环境，一般选择海拔900~1500m凉湿山区的砂壤土。高山宜选取阳坡，低山宜选半阴半阳坡。栽种前清除杂草，浅耕耙细、整平，按厢宽150~180cm、沟深20~25cm、沟宽25~30cm进行整理，要求厢面平直，四周挖排水沟。

（2）栽植地　宜选择海拔500~1000m的平原地区。以地势向阳、土层深厚、排水良好、肥力较高、中性或微酸性的土壤为宜，忌连作和涝洼地，实行水旱轮作。栽前除净杂草，烧炭作肥，翻地后整细整平，根据地势和排水条件，作成宽1.6~1.8m的畦。

2. 繁殖方法

（1）育苓　现生产上有山苓种和坝苓种之分。山苓种是利用山区育苓得到的川芎繁殖材料，坝苓种是利用坝地育苓得到的川芎繁殖材料。高山育苓是川芎传统育苓方式，近年来因坝地育苓过程简单及成本较低，被种植户广泛采用。

1）山区育苓　12月下旬到翌年1月中旬，将坝区栽种的川芎整株挖起，去除须根、泥土和茎叶，即为"抚芎"，运往山区培育。栽种时按照行株距30cm×25cm，穴深6~7cm，每穴种1株，穴内施入适量堆肥或畜粪水，芽向上，以利于萌芽生长。3月上旬出苗，4月初苗高10~13cm时，进行第一次除草、疏苗，选留粗细均匀、生长良好的茎秆8~12根，剩余茎秆从基部割除。疏苗后进行中耕除草及追肥，中耕需浅，追肥以猪粪水或饼肥混合施用。7月中下旬，当茎节盘显著膨大，略带紫褐色时采收。选择阴天或晴天早晨采收，挖出川芎全株，除去有病虫害及腐烂的植株，挑选健康植株，去掉嫩茎和叶，切除根茎，留下茎秆。将留下的健壮、均匀的茎秆捆成小束，置于阴凉的山洞或冷藏贮存，地上铺一层茅草，把茎秆逐层堆放，用茅草盖好。1周后，上、下翻动 1 次，经常检查，如堆内温度升高到 30℃ 以上，应立即翻堆检查，防止腐烂。

2）坝地育苓　坝区栽种川芎也可就地育苓，一般在 3 月份取抚芎，就地栽种，管理与山区育苓相同。

（2）栽植　8 月上旬栽种之前，取出贮藏的苓秆，切割成 3～4cm 长的短节，每节中间有一个突出的节盘，即为繁殖用的苓子。8 月上中旬为适宜栽种时期，不宜迟至 8 月下旬。栽植时，在做好的畦面上按行距 33～36cm 横向开出浅沟，沟深 2～3cm。将苓子斜放沟内，芽向上或侧向按入土中，入土不宜过深或过浅，过深则苗出慢而不齐，过浅则容易晒死。每行栽 8 个苓子，行与行之间的两端各栽苓子 2 个，同时每隔 6～10 行的行间密栽苓子 1 行，以备补苗。栽后用筛细的堆肥或土粪掩盖苓子，盖住节盘，然后用一层稻草盖住，以减少暴雨冲刷和太阳暴晒，栽后保持田间土壤湿润。

你知道吗

按照川芎茎秆粗细与着生部位不同，将苓子分为正山系、大山系、细山系及土苓子四种。其中茎秆粗细适中而节盘突出的茎节称为正山系，一般多为茎秆中间的苓子，呈青色；茎秆中下部的苓子，称为大山系；茎秆上部、较细的茎节称为细山系；靠近地面的第一个茎节叫"土苓子"。其中以正山系栽种后发苗及分蘖适当，生长良好，根茎大小均匀，产量最高，最适宜做抚芎。其余均不适合。

3. 田间管理

（1）补苗　苓子栽种后，7～10 天即可出苗，半个月左右幼苗出齐，揭去盖草。发现缺苗，及时补苗，补苗时应带土栽植，栽植后必须浇水，成活率才高。

（2）中耕除草与培土　中耕除草一般进行 3～4 次，间隔 20 天左右。第 1 次除草应在栽植后 15 天左右，应浅锄；20 天后在进行第 2 次，宜浅松土；再隔 20 天第 3 次除草，此时正值地下根茎发育盛期，只拔除杂草，不宜中耕。在翌年 1 月中、下旬当地上茎叶开始枯黄时进行清理田间枯萎茎叶，在根际周围培土，以利根茎安全越冬。第二年返青以后，一般不再中耕，如表土有板结现象，宜浅中耕。

（3）追肥　结合中耕除草进行，在栽后 2 个月内集中追肥 3 次，每隔 20 天一次，最后一次要求在霜降前施用，以充分腐熟符合无害化卫生标准的人畜粪水和饼肥为主，可适量加入速效氮磷钾肥。次年春季茎叶迅速生长，视苗长势再增施肥一次。

（4）灌溉排水　川芎水分管理主要在苗期、倒苗期和根茎膨大期 3 个阶段。苗期保持田间土壤湿润，以保证川芎的出苗率；倒苗期天气干燥，降水量少，当观察到土壤发白时，则需要灌溉；根茎膨大期雨水较多，应注意搞好田间的排水工作，以免地内积水引起根茎腐烂。

（三）病虫害防治技术

川芎生长过程中主要病害有根腐病、白粉病、菌核病；主要虫害有川芎茎节蛾等。

1. 根腐病　植株感病后，侧根变成褐色并开始腐烂，后逐渐蔓延到主根，最后导致整个根茎腐烂，植株枯萎死亡。防治方法：严格挑选无病健康的苓子作种；用50%多菌灵可湿性粉剂500倍液浸泡苓种20分钟进行预防；发现病株立即拔除，集中烧毁；与禾本科作物轮作。发病初期可用退菌特50%可湿性粉剂1000倍液灌注。

2. 白粉病　植株感病后，从下叶片开始发病，叶表面出现灰白色粉末状物质，然后逐渐蔓延到上叶片和茎秆，后期感染部位出现黑斑，严重时茎叶变黄枯萎死亡。防治方法：发病初期及时用25%粉锈宁800～1000倍液、50%托布津可湿性粉剂800～1000倍液防治；收获后彻底清除病残体。

3. 菌核病　病害发生初期，植株基部叶片呈淡黑褐色水斑，植株下部叶片开始枯黄，根部腐烂，茎基部出现黑褐色病变，腐烂面积逐渐扩大，直至整个植株枯萎塌陷。防治方法：发病初期用50%氯硝铵可湿性粉剂500g与石灰7.5～10.0kg拌匀，撒于病株基部及周围土壤；最好与禾本科作物轮作。

4. 川芎茎节蛾　幼虫从心叶或叶鞘处蛀入茎秆，咬食节盘，致使苓子不能作种。防治方法：育苓阶段可用80%敌百虫1000倍水溶液喷雾，喷杀第一、二代的老熟幼虫；平坝地区栽种前严格选择苓子，并用烟筋：枫杨叶：水按5：5：100浸泡数日，再取浸泡液浸苓子12～24小时。

（四）采收与初加工技术

1. 采收　川芎一般在栽后第二年5月下旬至6月上旬采挖。采挖时间过早，川芎块茎营养积累不充分，产量低；采挖时间过迟，夏季雨水过多，川芎块茎易腐烂，影响产量以及品质。采收时，先除去地上部分茎叶，然后用钉耙将川芎地下块茎钩出，抖掉泥土。

2. 初加工　采收后，及时干燥，多采用晒干法和烘干法进行加工。

（1）晒干法　一般晾晒2～3天，堆至回潮1～2天后再继续晾晒，晒干后筛去泥渣及须根。

（2）烘干法　一般用火炕干燥。火力不宜过大，以免表面炕焦而内部还未干燥；每天翻炕一次，使受热均匀。2～3天后，块茎表面干燥，散发出浓郁香气时，取出放入竹篓中，来回碰撞，撞去泥土和须根，烘至全干。

六、泽泻

泽泻为泽泻科植物东方泽泻 *Alisma orientate*（*Sam.*）Juzep. 或泽泻 *Alisma plantago - aquatica* Linn. 的干燥块茎，别名水泻、芒芋，具有利水渗湿、泄热、化浊降脂之功效。商品来源主要为栽培品种。主产于四川、福建、江西、广西、广东等地，其中，以产于四川的川泽泻、福建的建泽泻最为道地。目前，四川栽培泽泻产量最大，占全国总产量的80%以上。

（一）生物学特性

1. 生长发育习性　泽泻主要以种子进行繁殖，整个生育期约180天，其中苗期30~40天，成株期120~140天。

（1）苗期　每年6~7月份播种后，1~2天种子开始发芽，4~5天后，第1~2片真叶相继出土，6天左右开始长出不定根，15天后，大部分真叶长出叶柄，不定根15~20条。30~40天后，苗高约20cm，即可移栽定植。

（2）成株期　8~10月份移栽，随后植株进入快速生长发育阶段。9月下旬至10月上旬，植株高可达50cm以上；块茎生长旺盛，体积增至最大。并开始出现抽薹开花，生产上称为"早抽薹"，抽薹的泽泻块茎易中空，影响药材质量，应早拔除花薹。12月至次年1月，地上部分枯萎，块茎停止增大，完成整个生育期。

你知道吗
_____

早抽薹所结种子不能用于生产，必须专门培育种子。四川产地采用块茎繁育种子，在冬至后采挖泽泻球茎时，选择无病害侵染、生长发育良好、无遭受冻害、无侧芽、球茎大，无畸形、伤疤、腐烂的块茎，切去残叶，保留叶柄长约7cm，种植于避风的田角或水沟中，上面覆盖塑料薄膜，灌浅水保湿。一般在翌年立春后分苗移栽于种子田中，覆盖地膜保温。移栽后植株迅速生长，4~5月抽薹开花。开花早的，6月中旬种子成熟，称为早熟种子，可以用于当年育苗；开花迟的，7月上中旬种子才能成熟，称为晚熟种子，只能用于次年育苗。用早熟种子为好，晚熟种子次年才能播种，发芽率低，长势差。

_____

2. 生态环境条件　泽泻喜温暖潮湿气候，多生长在气候温和、日照和水源充足的地方。幼苗喜荫蔽，成株喜阳光。泽泻能耐寒，但在寒凉或霜期早的地方产量低，最适宜生长在亚热带季风气候区域。

主产区年平均气温17.1~27.6℃，最低气温-8.7℃，最高气温34.2℃，年平均相对湿度77.3%~86.2%，年平均日照时数825~2072小时，年平均降水量806~1807mm。泽泻生长的土壤类型以砖红壤、赤红壤、红壤、黄壤、水稻土为主，以富含腐殖质黏土最佳，质地过砂、土温低的冷浸田或旱地不宜栽植。在栽种过程中，宜选择海拔800m以下、土层深厚、保水性强、土壤肥沃而稍带黏性的水田栽培。忌连作。

（二）规范化种植技术

1. 选地与整地

（1）育苗地　应选择阳光充足、土层深厚、土壤肥沃而带黏性、排灌方便的秧田或菜园为苗床。整地前，排除过多的田水，施足基肥，每亩施腐熟厩肥或堆肥2000~3000kg，然后深耕细耙，耙平耙细，做成宽100~120cm、高10~15cm的苗床。整好的苗床待表土稍干时进行播种。为了防止床面泥土板结或干裂，也可在床面薄施一层草木灰，或结合播种时，将种子与草木灰混合拌匀，均匀撒播在床面上。

（2）移栽地　应选择排灌方便、光照充足、土质肥沃、保水性强的水稻田或莲田进行栽培；山冲冷水田、土温过低的烂泮田、锈水田、盐碱田不宜种植。与育苗地一样，施足基肥，然后进行深耕、细耙、整平。

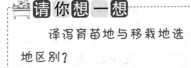

请你想一想

　　泽泻育苗地与移栽地选地区别？

2. 繁殖方法　泽泻繁殖方法为种子繁殖，再育苗移栽。

（1）选种　选用外观呈黄褐色或金黄色的中等成熟度种子为好。褐色、红褐色、黑褐色或黄绿色的种子均不宜作种。

（2）种子处理　泽泻种子比水轻，种皮不易透水，在播种前需要进行催芽。将选好的种子用纱布包好，放入流动清水中冲洗 1~2 天，取出后晾干表面水分，以待播种。

（3）育苗　6 月中旬至 7 月上旬播种。将处理好的种子与 10~20 倍细沙或草木灰拌匀撒于苗床上，播后用扫帚拍打畦面，使种子入土，防止被水冲走，光照过强可于畦边插遮阴物，约 3 天后幼苗出土。一般每亩用种 1~2kg，种苗可供 25~30 亩大田种植。

（4）移栽　移栽期因各地气候不同而有差异，一般在 8 月立秋后至处暑间。栽苗过早，植株容易抽薹；移栽过迟，生长期短，产量低。选择阴天或晴天下午挖起有 5~7 片真叶，株高 15cm 左右健壮幼苗，去掉病叶、枯叶后，按照株行距 30cm×25cm，入土 2~4cm 进行栽种，每穴栽苗 1 株，秧苗需栽直、栽稳，定植后，田间保持浅水勤灌。

3. 田间管理

（1）苗期管理　泽泻幼苗期畏强光，需要保持隐蔽度在 60% 左右，可在苗床上搭棚遮阴。1 个月后逐步撤除遮阴棚。苗期需常滋润畦面，采用晚灌早排水法，水深以淹没畦面为宜。苗高 1~2cm 时，浸 1~2 小时后，即行排水。随着秧苗的生长，水深可逐渐增加，但不得淹没苗尖。当苗高 3~4cm 时，进行间苗，保持株距 2~3cm。结合间苗，进行除草和追肥，第一次每亩施腐熟稀薄人畜粪水 1000kg 或硫酸铵 5kg 加水 1000kg，浇苗床，切勿浇在苗叶上；20 天后进行第二次追肥，每亩施腐熟稀薄人畜粪水 1500kg，方法同第一次。每一次追肥前，应排尽田水再施肥，待肥液下渗后再灌回浅水。

（2）扶苗补苗　幼苗定植后 2~3 天进行田间检查，如有倒苗应扶正，缺株应立即补苗。

（3）追肥　泽泻生长期一般追肥 3~4 次，宜早不宜迟，多集中在移栽后两个半月内。第 1 次追肥在移栽后半个月后进行，可用人粪肥、饼肥等混合使用；以后每隔半个月左右追 1 次，后几次施肥量可逐渐减少。施肥前先排干田水，然后施入，一般每次每亩施粪尿 1000~1500kg。第 3、4 次施肥是可适当增加磷钾肥，以促进块茎膨大，每次在人畜粪尿中，掺和腐熟饼肥和磷肥，每亩 30~50kg；第 4 次还可增施草木灰，每亩 100kg。

（4）中耕除草　结合施肥同时进行，易先施肥再耘田。第 1、2 次因植株较小，一般只将植株四周表土抓松,使肥料与土混合,并将杂草拔除,踩入泥土中,使逐渐沤烂供泽泻吸收。

(5)灌溉排水 泽泻宜浅水灌溉。移栽后,田水深度宜保持在 2~3cm;第 2 次中耕除草后,地上部分生长旺盛,可保持水深 3~7cm;进入块茎膨大阶段,应减少田水,让田内呈"花花水面"。11 月中旬至收货前 15 天左右开始,逐渐排干田水,进行烤田,利于采收。

(6)摘芽摘薹 在进行第 3 次中耕时,泽泻陆续抽花茎和萌发侧芽,必须摘除,以免徒耗养料,影响地下球茎的发育。以后每隔 5~7 天,摘芽 1 次,直到霜降为止。抽茎时还要摘心(俗称打薹子),从茎的基部折尽,不可残留茎桩,否则会再次萌发侧芽。

(三)病虫害防治技术

泽泻生长过程中主要病害为白斑病;主要虫害有泽泻缢管蚜、银纹夜蛾等。

1. 白斑病 俗称"炭枯病",由一种真菌引起,主要为害叶片,多在高温、多湿条件下发病。发病初期,叶片上病斑细小,圆形,红褐色,扩大后中心呈灰白色,边缘暗褐色,叶片逐渐发黄枯死。防治方法:选育高产抗病良种,增施磷、钾肥,提高植株抗病能力;播种前用 40% 的福尔马林 80 倍液浸种 5 分钟,洗净晾干待播;发病初期喷 50% 代森铵 500~600 倍液或 50% 托布津可湿性粉剂 200 倍液,每隔 7~10 天 1 次,连续 2~3 次。

2. 泽泻缢管蚜 7~8 月份多发,为害叶柄和嫩茎。防治方法:初期可喷 40% 乐果乳油 1500~2000 倍液或马拉松乳油 1000 倍液。

3. 银纹夜蛾 幼虫咬食叶片,8~9 月份为害严重。防治方法:可进行人工捕捉或 80% 敌百虫 1000~1500 倍液或杀虫脒 1000 倍液喷雾防治,每 7 天 1 次,连续 2~3 次。

(四)采收与初加工技术

1. 采收 各地种植泽泻时间、自然条件不一样,收获时间也有所不同,一般在秋冬季节地上部分枯萎后和初春植物发芽前采收。不宜收获过早,否则球茎小,尚未完全发育成熟,内部多白液汁,顶端幼嫩,炕干后顶端凹陷;收获过迟,则新芽萌生,球茎内养分被消耗,产量、质量均下降。采收时用镰刀划开块茎周围的泥土,用手拔出块茎,去除泥土及周围叶片,但注意留中心小叶。

2. 初加工 将泽泻球茎用清水洗净后干燥。干燥一般用火炕法。福建地区将泽泻上焙床、烘烤,温度约 55℃,烘烤一段时间后在药材上加盖保温,直至泽泻相碰时有清脆响声时表明全干,之后用去毛机刮净外皮及须根。四川泽泻加工方式为炕上烘干,温度大约 40℃,时间为三天三夜,机器剥皮。广西泽泻加工方式与四川地区相似,加工后干品偏灰白色。

七、天门冬

天冬为百合科植物天门冬 *Asparagus cochinchinensis*(Lour.)Merr. 的干燥块根,别

名三百棒、武竹、明天冬。具有养阴润燥、清肺生津之功效。主要分布我国中部、西北、长江流域及南方各地，广西、贵州、四川为主产区。此外，浙江、云南、陕西、甘肃、安徽、湖北、河南、江西等地亦产，以贵州产量和品质较佳。天冬过去主要以野生采挖为主，人工栽培发展缓慢。目前国内的主要品种有长花天门冬、滇南天门冬、昆明天门冬、短梗天门冬、西藏天门冬、西南天门冬、细枝天门冬、新疆天门冬、羊齿天门冬、折枝天门冬等，经过驯化栽培的品种不多，主要有滇南天门冬（云南）、西南天门冬（贵州）、短梗天门冬（广西）等，但推广范围有限，远远达不到市场需求量。

（一）生物学特性

1. 生长发育习性 天门冬具有较强的适应能力，栽培易成活，种植一般需要 2 年以上时间，以 4 年生以上为佳，达到 6 年后块根木质化，有效成分下降。每年 6~8 月份地上部分增长加速，8 月份达到峰值；之后（8~9 月份）块根干物质积累加快，10 月份后地上部分逐渐枯萎，块根停止生长。天门冬块根发达，入土深达 50cm。块根数量随着栽培年限不断增多，一般两年生植株块根达 140~200 个，四年生植株达到 360~600 个。

2. 生态环境条件 天门冬性喜湿润、温暖环境，不耐严寒，常分布于海拔 1750 米以下的山坡、路旁、疏林及山谷、荒地上；半阴性植物，忌高温，畏强光，透光度以 40%~50% 为宜。在年平均气温 16~25℃、无霜期 180 天以上、年降雨量 1000~1500mm、空气相对湿度 80% 以上、土壤相对湿度 70% 左右的地区生长较好。适宜生长在土层深厚、质地疏松、肥沃湿润、排水良好的中性至微酸性的腐殖土或砂质壤土中，黏土、土壤贫瘠、干燥地段不宜栽培。

（二）规范化种植技术

1. 选地与整地

（1）育苗地 选择在海拔稍低、温度条件较好、土质较疏松、腐殖质含量较高的地方，有天然或人工设置的遮阴条件。深翻土地，晒土 15~20 天后，碎土，然后每亩施入腐熟农家肥 3000kg、草木灰 2000kg、复合肥 50kg、50% 多菌灵 3~4kg。再次深翻，使肥、土、药充分混合后做成 1.3m 高的畦。

（2）移栽地 选择土层深厚、土质肥沃且排水良好的砂质壤土或富含腐殖质的土地。深翻土地，耙平后做宽 130cm 的高畦，按行距 40cm、株距 40cm 挖穴，每穴施入少量腐熟的农家肥，待栽种。

2. 繁殖方法 天门冬繁殖方法有种子繁殖和分株繁殖两种。天门冬为雌雄异株植物，自然条件下雌雄比例为 1∶2 左右，且一年生的天冬苗栽培 3 年后开始结籽，采用分株繁殖栽培的 1~2 后可以结籽。但种子的产量不高，发芽及出苗成活率低，且种子育苗生长缓慢，费工费时。所以，生产上一般采用分株繁殖。

（1）种子繁殖

1）采种选种 8~9 月份，当天冬果实由绿色变成黄色或红色，种子成为黑色后即可采收。然后将其堆积发酵，稍腐后用水洗去果肉，选取粒大而充实者立即进行秋播。若春播，种子可与湿沙按1：2的比例混合装入纸箱中，厚度30cm，上面盖一层3～5cm厚的湿沙，压实，将贮种箱置于室内阴凉处保存，并保持室内湿度，不能让沙干燥。

2）播种　在整好的畦上按沟距25cm、深5～6cm、播幅10cm开横沟，将种子均匀地撒在沟内，保持种子间距离2～3cm，播后用草木灰或经过腐熟的堆肥盖种，厚2～3cm，上面再盖稻草保温保湿。每亩用种量10～12kg。

3）定植移栽　春植一般在2～3月份，秋植在9～10月份。一年以后，当幼苗长出2～3个块根时即可定植。起苗时按照大小分级分别栽植，在整好的畦上按株行距60cm×60cm、深6～8cm穴栽，每穴内栽植1株苗。定植时将块根向四面摆放均匀，用细土压紧。

（2）分株繁殖　在秋冬季或初春采挖天门冬时，选择生长茂盛、无病虫害、块根多且粗壮的植株，剪除地上茎蔓，把直径1.3cm以上的粗大块根摘下加工成药材，将剩下的各株分割成数株，使每株至少有芽2～5个及3～4个小块根，并附带适量须根。切口不宜过大，并蘸上石灰粉或草木灰，以免感染病菌而导致根头腐烂。处理后的块根摊晾1天后即可种植。在整好的畦面上按株行距30cm×40cm、深度6～10cm开沟种植，每穴1株，将小块根向四周摆匀，以使根深、苗正，撒上草木灰，覆土压实，以刚盖过芦头1.5～2cm为宜，浇足定根水，并喷施乙草胺防除杂草。

3. 田间管理

（1）苗期管理　天冬播种后，在20～25℃时，15天左右即可出苗。出苗后应及时揭去盖草，搭棚遮阴。在苗高3cm左右时及时中耕除草、施肥，中耕除草宜浅，避免伤根；肥料以腐熟农家肥为主，每次每亩施用1000～1500kg，每隔3个月左右可施1次。苗期注意经常浇水，保持苗床湿润，雨季注意排水，防止积水。

（2）查苗补苗　定植后15～20天进行检查，若发现死亡缺苗，应及时拔除并补齐。

（3）中耕除草　天门冬定植后，幼苗生长缓慢，杂草滋生，需要及时松土除草，并铲除畦面及周边垄沟、路边的杂草。第1次除草在苗高约30cm时进行，以后根据杂草的生长情况和土壤板结程度，适时进行中耕除草，每年3～4次。最后1次中耕除草应在霜冻前结合培土进行，以便保护植株基部，以利于越冬。除草切勿锄断茎藤，中耕不宜过深，以免伤根。

（4）追肥　结合中耕除草及时追肥，第1次追肥可在定植后40～60天进行，过早施肥容易导致根头切口感染病菌，影响成活。一般每亩施腐熟人畜粪水1000～1500kg。第2次在6月上旬，主要是促进新块根形成，可每亩施厩肥1000kg。第3次在8月下旬，主要是促进块根膨大增多，每亩可施厩肥1000kg，适当添加尿素和钙镁磷肥等肥料。施肥时，应在畦边或行间开沟穴施，注意避免肥料直接接触根部，施肥后覆土压实。

（5）搭架修剪　当天门冬茎蔓长到20～30cm时，要设立支柱，使藤蔓缠绕生长，以利茎叶生长和田间管理。当叶状枝出现过密及病枝、枯枝时，应适当修剪疏枝，植株间透光度达 50% 以上。

（6）灌溉排水　天门冬喜湿润环境，整个生长期需水量大，抗旱、耐涝能力差，因此，遇旱要及时浇（灌）水，雨后及时排涝，忌持久干旱或长期积水，保持土壤相对湿度 70% 左右。

（三）病虫害防治技术

天门冬生长过程中主要病害有立枯病、茎枯病、锈病、根腐病等；主要虫害有蚜虫、红蜘蛛。

1. 立枯病　嫩芽染病后变成黑褐色，之后慢慢枯死。防治方法：发病初期用 50% 立枯净可湿性粉剂 800~1000 倍液、75% 百菌清可湿性粉剂 600~800 倍液或 50% 多菌灵可湿性粉剂 800~1000 倍液喷雾防治。

2. 茎枯病　茎染病后有不规则的、灰白色至黑褐色的干枯病斑，严重时整个茎干枯坏死。防治方法：用 80% 代森锌可湿性粉剂 600~800 倍液、75% 百菌清可湿性粉剂 600 倍液或 70% 甲基托布津可湿性粉剂 800~1000 倍液喷雾防治。

3. 锈病　发病初期叶和茎有黄褐色稍隆起的病斑，严重时茎叶变黄枯死。防治方法：用 50% 萎锈灵乳油 800 倍液、15% 粉锈宁可湿性粉剂 1000 倍液或 50% 硫磺悬浮剂 300 倍液喷雾。

4. 根腐病　染病根部初期呈褐色、水渍状腐烂，逐渐向根基部发展，严重时整个块根腐烂。防治方法：及时拔出病株，用石灰消毒发病株穴；做好排水工作；用 50% 多菌灵可湿性粉剂 500 倍液、70% 敌克松可湿性粉剂 1000 倍液或 50% 甲基托布津 1000 倍液喷施。

5. 蚜虫　主要为害芽心和嫩藤，导致整株藤蔓萎缩。防治方法：用 40% 乐果 1000~1500 倍溶液或 10% 吡虫啉 1000~2000 倍液喷施。

6. 红蜘蛛　主要为害叶部，初期病叶主脉及叶柄变褐色，后期叶柄霉烂，造成严重落叶。防治方法：冬季清园，集中销毁枯枝落叶或深埋；用 15% 灭螨灵乳油 3500 倍液或 20% 灭扫利乳油 4000 倍液等喷施。

（四）采收与初加工技术

1. 采收　天门冬定植 2~3 年后可采收，4~5 年后产量更高。有研究表明，天门冬栽种 4 年比栽种 3 年的根产量要增加 1 倍以上。一般采收期为 9 月至次年 3 月，此时块根水分少、粉质饱满、质量好、出品率高。采收时先割去茎蔓，挖起全株，去除泥土，选取直径 1.3cm 以上的块根作商品，其余完整的小块根留作种用。

2. 初加工　摘下块根，洗去泥沙，将两头须根和病、残、受损伤的部分剪除。按大、中、小分级，分批放入沸水中煮 10~15 分钟，以刚煮透心、容易剥皮为宜，捞出浸入清水中，剥去外皮，剥不干净者以刀刮净，勿留残皮。沥干水分，晒干或低温烘干至含水量为 10%~13% 即可。

八、天麻

天麻为兰科植物天麻 *Gastrodia elata* Bl. 的干燥块茎，别名赤箭、明天麻。具有息风止痉、平抑肝阳、祛风通络之功效。主产于四川、重庆、云南、贵州、湖北、陕西等地，其中以贵州、四川和云南所产天麻质量最优。

（一）生物学特性

1. 生长发育习性

（1）天麻与蜜环菌的关系 天麻无根，无正常叶片，不能光合作用制造有机物质，是典型的异养植物。蜜环菌是以腐生为主的兼性寄生真菌，常寄生或腐生在树根或老树干的组织内。天麻生长主要依靠消解侵入根茎的蜜环菌菌丝及块茎的表皮吸收土壤中的水分和微量矿质元素作为营养物质，与蜜环菌的关系是一种营养共生关系。当蜜环菌菌索侵入天麻块茎表皮时，菌索顶端破裂，菌丝侵入皮层表皮细胞，分解利用天麻细胞的内含物。之后菌丝进一步向内部伸展，至天麻块茎的皮层和中柱交界处"消化层"时，蜜环菌的菌丝反而被消化层细胞内的溶解酶分解吸收，供天麻生长。当天麻生理功能和生长势减弱时，根茎丧失消解吸收菌丝的能力，蜜环菌菌丝体就会将天麻块茎组织分解吸收，从而导致天麻内空或腐烂。

（2）生长发育规律 天麻完成一个生活周期（即从种子萌发到新种子形成）需要3～4年时间。天麻种子很小，无胚乳，只有一胚，需要借助外部营养供给才能发芽。胚吸收营养后，迅速膨胀，形成原球茎。随后天麻进入第一次无性繁殖，靠共生萌发菌提供营养，分化出营养繁殖茎。营养繁殖茎与蜜环菌建立营养共生关系后，其上生长的顶芽和侧芽继续发育形成新生麻，即米麻和白麻。随着气温下降，天麻以米麻和白麻形式进入休眠期。次年春季，当气温达到6～8℃时，蜜环菌开始生长，米麻和白麻依靠蜜环菌提供营养继续生长，其顶芽及节上的侧芽开始分生出新的子麻。其中，米麻分生的子麻一般只能发育成白麻和米麻。白麻在蜜环菌营养保证下，可分化出1～1.5cm长的营养繁殖茎，在其顶端可分化成具有顶芽的箭麻（具鹦哥嘴的块茎）。箭麻顶芽粗大，有穗的原始体，次年可抽薹开花结果，花期5～6月份，果期6～7月份。从抽薹到开花需21～30天，从开花到结果需要27～35天。天麻一个生活周期中除了抽薹、开花、结果的60～70天植株露出地面外，其他生长发育过程均在地下完成。

你知道吗

米麻一般是由种子发芽后的原球茎形成或是由箭麻、白麻等分生出较小的天麻块茎个体，一般长度1～2cm，重量在2g以下；白麻一般长度2～7cm，直径1.5～2.0cm，重2.5～30g，无明显顶芽，块茎前端有类似芽的生长点，不能抽薹开花，需要在地下生活或繁殖1～2年才能长成箭麻。箭麻一般为最大的天麻块茎，呈淡黄色、黄棕色或老黄色，主要供入药用，也叫药用麻。一般块茎长5～20cm，直径2～8cm，重50～300g，最重可达900g。

2. 生态环境条件 天麻喜凉爽、湿润的气候，适宜生长在海拔 1100~1600m、年降雨量 1400~1600mm、空气湿度 70%~90%、土壤含水量 40%~70%、夏季气温不超过 25℃的凉爽环境中。温度是影响天麻生长发育的关键因素，天麻种子最佳萌发温度为 20~25℃，超过 30℃种子萌发受到限制。春季当土地温升至 12~14℃时，天麻芽头开始萌动，20~25℃生长最快，30℃以上生长停止。冬季土壤温度保持在 -3~5℃，能安全越冬，当长时间低于 -5℃时，容易发生冻害。天麻生长发育各阶段对土壤湿度要求不同，秋季栽种的天麻对土壤湿度要求不高，一般含水量在 30%~40%为宜；天麻生长期间，土壤中水分要求高些，一般含水量 40%~60%，当含水量高于 70%，天麻块根容易腐烂，不利生长。天麻全株没有叶绿素，不需要进行光合作用，因此光线对天麻生长影响不大，适宜室内栽培。但光线对天麻开花、结果和种子成熟又有一定的作用。当箭麻出土后，散射光能促进天麻种子成熟，而太阳光直射会灼伤茎秆，需搭棚遮阴。土壤质地对天麻影响较大，天麻所需的营养物质主要来自蜜环菌和土壤。蜜环菌常寄生或腐生在树根及老树干的组织内，在通气性良好的腐殖土或砂壤土中生长较好，因此选用富含腐殖质、疏松肥沃、透气、排水、保水性能好的砂质壤土，利于蜜环菌和天麻生长，过于黏重的土壤不宜栽培，土壤酸性为好，pH 5.3~6。

（二）规范化种植技术

1. 选地与整地 宜选择排水良好、富含有机质、土层深厚、土壤疏松的砂质壤土。以富含腐殖质、疏松肥沃、透气、排水、保水性能好的生荒坡地为好。忌选用黏重和涝洼积水地。天麻栽培以"窝""穴"或"窖"为单位。整地时只需清理林地，砍掉过密的杂灌木，清理杂草、石块，便可直接开沟、挖坑或起箱床栽种。雨水多的地方，栽培地不宜过平，应保持一定的坡度，以利于排水。

2. 菌材的培养 天麻依附蜜环菌分解养分而生长，因此天麻栽培必须制备或培养蜜环菌菌种。生产上常采用菌种培养菌材（即长有蜜环菌的木材），再用菌材伴栽天麻。优质菌材是保证天麻产量和质量的关键措施，采用优质菌材伴栽，蜜环菌生长旺盛，天麻接菌率高，产量高，质量也好；若用腐烂的旧菌材，则会因为木料缺乏营养，蜜环菌长势弱，而影响天麻产量与质量。

（1）菌种的来源 用于培养菌材的蜜环菌菌种来源可分为 4 类。一类是采集野生菌种；二类是室内培养的纯菌种；三类是室外培养的新菌种（即树枝菌种）；四类是已伴栽过天麻的有效旧菌材。生产上一般采用室外培养的树枝菌种来培养菌材。野生菌种采集主要是将带有蜜环菌的树干、树桩、树根采回备用或将其皮层及生有菌丝的木质部分采回，切成短节碎片作为菌种备用；培养纯菌种可取蜜环菌的菌索、子实体或带有蜜环菌的天麻或菌材，在无菌条件下消毒，接种在灭菌的固体培养基上，在 20~30℃暗处培养 7~10 天即可得纯菌种，备用；室外培养的新菌种最好选取幼嫩、手指粗细的青冈、槲栎或桦树枝培养树枝菌种，将树枝斜砍成 8~12cm 长的短棍，挖深 30~35cm 的坑，具体大小视培养菌材量而定。在坑底铺一层落叶，将树枝短棍平铺其上，横放几根生长良好无杂菌的旧菌材或野生菌种或培养纯菌种，然后再铺放一层半腐落叶，如此摆放 6 ~ 7 层树枝和菌材，最后顶部盖土 10cm，并盖草保湿。40 ~ 50 天树枝上就长出菌索，即为树枝菌种。

（2）树枝菌材的培养　凡是长有蜜环菌菌素的树枝或木棒均称为菌材。常用于培养蜜环菌的树木有桦树（桦子树）、灯台树、麻栎（青冈）、槲栎（细皮青冈）、栓皮栎、猴栗、枫杨、冬瓜杨（水冬瓜）、桤木、野樱桃等，其中以质地坚硬、耐腐蚀的青冈类树种较好。选择直径 5 ~ 10cm 的大枝或树干，锯成长 40 ~ 60cm 的木棒，在木棒上每隔 3 ~ 5cm 斜砍些伤口，相对两侧各砍一行，砍口深度可达木质部，称为"鱼鳞口"，方便蜜环菌侵入。为使栽培天麻时有充足的优质菌材，菌材的培养必须选择合适的时间。冬栽天麻，菌材的培养时间一般在 6 ~ 8 月份，春栽天麻一般在 9 ~ 10 月份培养菌材。培养过早，菌材容易消耗腐烂，菌种老化；培养过晚，温度下降，蜜环菌生长慢，不能用于当年天麻伴栽。

菌材培养方法有坑培法、半坑培法、地上堆培法等，生产上多以坑培法为主。

1）坑培法　适用于地势低、气温较高、较干燥的地区。根据地形和培育菌棒的多少挖坑，一般深 30 ~ 50cm、宽 45 ~ 60cm，每坑培育菌材 100 ~ 200 根为宜。坑底铺一层树叶，将新鲜木棒平铺于上，用土填好空隙，第 2 层放菌种；也可每隔 2 根木棒放 1 根菌材，覆土填好空隙。依法摆放 4 ~ 5 层，再盖土 10cm 厚，略高于地面，盖草或树叶保湿。

2）半坑培法　适宜于气温较低、地下水位较高、湿度较大的半山区培养。与坑培法基本相同，一般坑深 15 ~ 20cm、宽 45 ~ 60cm。堆放菌材可高出地面 35cm 左右，地上部分摆放菌材时，上下层应纵横交错，以免散堆。

3）地上堆培法　适宜于气温低、地下水位高、湿度大、雨水多的地区。与坑培法、半坑培法基本相同，只是不需要挖坑，直接在地面上堆积。菌材堆积高度、宽度以 60cm 为宜，长度以菌材量而定，最后在堆外周及顶部铺上 6 ~ 8cm 后的苔藓植物或枯枝落叶，即可。

（3）菌材的管理　培养菌材的过程中要注意调节温度和湿度。温度在 18 ~ 22℃ 时，最适宜蜜环菌生长。在低温季节，可覆盖塑料薄膜提高坑内温度，培养坑上盖草或枯枝落叶也可以保温保湿；勤检查，根据坑内温湿度变化及时进行浇水或排水。

3. 天麻的繁殖方法　主要有块茎繁殖和种子繁殖。块茎繁殖生产周期短，产量高，是商品天麻主要来源，可用来生产种麻。但天麻块茎若反复多年进行无性繁殖，会引起品种退化，出现生长缓慢、块茎瘦小、分生能力差或容易腐烂等现象。种子繁殖是防止天麻退化、扩大种源和良种繁育的重要措施，生产上主要用于育种或复壮。

（1）块茎繁殖

1）种麻的选择　宜选用颜色黄白而新鲜，无蜜环菌侵染，无病虫害，无损伤的重 10 ~ 20g 的白麻作种。作种天麻块茎需要随用随挖，若不能及时栽种，可用湿沙层积，在 1 ~ 3℃ 下低温贮藏。

2）栽种方法　天麻栽培应选择在休眠期进行，南方一般在冬季 11 月份栽种，北方一般在春季 3~4 月份土壤解冻后栽种。高寒山区空气湿度大，温度低，宜浅栽；海拔低的地区干燥，温度高，应适当深栽。播种量依菌材长度而定，一般 80cm 长菌材可以下栽 8~12 个种麻。目前天麻栽培方法主要采用活动菌材加新材法、固定菌材法和固定菌材加新材法。

①活动菌材加新材法　在选好的地块，挖好栽麻坑，坑深 30~50cm，宽比木棒长 6~10cm，长视地形而定。坑底松土整平，用腐殖质土或培养料做垫土，厚约 6cm。间隔排放新材和菌材一层，相邻两菌材间的距离为 3~5cm 为宜。中间空隙用腐殖质土或培养料填平，当埋没菌材一半时，整平后靠近菌材每隔 12~15cm 放一块种麻，然后在两菌材间加放一根新木棒，再用腐殖质土或培养料覆盖菌材，厚度以超过菌材 3cm 左右；同法再栽一层，上下层菌材相互错开，最后盖土 10cm，并盖一层树叶杂草，保湿保温。越冬期间加厚覆土层，以防冻害。

②固定菌材法　是利用培养菌材的原窖，将种麻直接放入其中进行培养的方法。将覆盖在原窖上的土细心挖起，分层取出上层菌材，尽量不要破坏菌索。最下层菌材不动，将种麻栽种在下层菌材之间菌索较多的地方。然后将上层菌材放回原处，并在上层菌材间放入种麻，覆土，最后盖上枯枝落叶或杂草，保持土壤湿润。

③固定菌材加新材法　此法是对固定菌材法的改良，与固定菌材法基本相同。具体是将菌床中的旧菌材用新段木取代，并放入种麻。也可隔一取一，加入新木棒。此法能节省利用菌材。

> **请你想一想**
> 天麻块茎繁殖的三种栽种方法有什么区别？

（2）种子繁殖　是防止天麻退化、扩大种源和良种繁育的重要措施。

1）种子培育　天麻采收时，选择个体健壮、顶芽饱满、无病虫害、无破损、单个重 100~300g 的箭麻作种，随挖随栽。若不能及时栽种，也可用湿沙层积低温贮藏。箭麻本身贮藏有丰富的养分，能完全满足抽薹开花结果的营养，故不必用菌材伴栽，可直接栽土壤中。冬栽在 11 月份，春栽在 3~4 月份。选择背风向阳处的砂壤土作育种圃或搭建简易温棚或温室，翻地耙地后，做宽 50cm 的高畦，在畦上按株距 15~20cm 挖坑，每坑放一块箭麻，顶芽向上，栽后覆土 3~7cm，盖草防冻。5 月上旬箭麻花茎出土后，要搭棚遮阴，并在花茎的一侧插一支柱固定，以防被风吹断。现蕾初期，将花序顶端花蕾摘除，减少养分消耗，促使果实饱满。天麻自然受粉能力差，需人工授粉，当花粉松散膨胀将花药中帽盖顶起、在帽盖边缘微现花粉时，选晴天上午 10 时至下午 4 时夹取已成熟的花粉块，授于柱头上。开花期间，每天都要进行人工授粉，以获得较多种子。6 月下旬至 7 月上旬，天麻种子陆续成熟。瓣开果实，种子散开、乳白色，即为最佳采收期。当下部果实变暗、出现浅裂时，将邻近 3~5 个尚未开裂的果实剪下，此后逐日向上分批采收。天麻种子寿命短，不宜久存，最好边收边播。

2）菌床的培养　应在播种前培育，以便采种后及时播种。采用固定菌材培养法，在冬季或春季 3~4 月份挖窖，深 20cm 左右，以每窖能辅放 5~20 根段木为宜。在窖底放置几根菌材，每一菌材两侧各放一根新段木，间距 2 ~ 3cm，缝隙用腐殖土填平，用砍细的蕨根或碎细枝叶平铺其上，厚约 3cm，即为播种层。然后淋足水，盖 6 ~ 10cm 的草或落叶。

3）播种　揭开菌床上的覆盖物，在播种层上铺一层 1cm 厚浸湿的细碎枝叶，然后将种子均匀撒在上面，播种后上盖一层已灭菌的细蕨根或碎细枝叶，再放一层新段木，间隔 6 ~ 10cm，最后盖腐殖土 10cm，并盖草保湿。播种后注意防旱、防涝、防冻、防害，中途不能翻动，到第 2 年秋季可收获一部分箭麻、白麻、子麻和大量的米麻。

（3）田间管理

1）温度管理　温度是影响天麻和蜜环菌生长的主要因素，需要根据季节变换及时调节坑内温度。初春及秋冬季节注意保温，可采用加盖塑料薄膜、搭建温棚等措施，越冬前要盖土或覆草防止冻害；夏季气温升高后，及时撤去地膜，盖土覆草或搭棚遮阴，把地温控制在 28℃ 以下。

2）水分管理　天麻及蜜环菌的生长需要较高的土壤湿度，干旱会造成新生幼芽的大量死亡。春季需水量小，保持床内含水量在 40% 左右即可；夏季 6 ~ 8 月份，天麻生长旺盛，土壤水分需保持在 50% ~ 60%，如遇干旱季节，可盖草防止土壤水分蒸发，并进行人工浇灌。雨季要注意防涝，挖好排水沟，防止积水造成天麻块茎腐烂。

（三）病虫害防治技术

天麻主要的病害有杂菌感染及块茎腐烂病；主要虫害有蛴螬、蝼蛄、介壳虫、白蚁等。

1. 杂菌感染　杂菌是指生活在天麻栽培穴中，可传染给天麻引起天麻块茎腐烂的病菌。天麻的杂菌种类较多，多为霉菌和担子菌引起的病害，主要有块茎黑腐病、块茎锈腐病、白环锈伞。防治方法：宜选择环境中杂菌较少，不带菌或带菌少的生荒地；选择优良的蜜环菌菌种，加大菌种用量，造成蜜环菌的生长优势，以抑制杂菌的生长繁殖；严格控制土壤湿度，宜选择排水良好的砂质壤土栽种，干旱时浇水要均匀适度；培养料和填充料要减少污染，最好堆积、消毒、晾晒；菌材空隙要填实，以免留空易生杂菌；严格选种，种麻应完整、无破伤、色泽鲜、无病害；每窖菌材量不宜过大，以免污染后全部报废。及时灭菌，如在培养过程中发现有杂菌，要及时采取防治措施。

2. 块茎腐烂病　发生软腐烂病的块茎，皮部萎黄、中心组织腐烂，掰开茎，内部变成异臭稀浆状，有的组织内部充满黄白色或棕红色的蜜环菌菌丝，严重时整窖腐烂。该病大多易发生在高温、高湿、透气性不好的环境下。防治方法：选择地势较高、不积水、土壤疏松、透气性好的地方种植天麻；严格田间管理，控制适宜的温度和湿度，避免穴内长期积水或干旱；选择无病虫为害、健壮、没有受高温高湿为害的初生块茎作种。

3. 蝼蛄　以成虫或若虫嚼食天麻块茎。防治方法：用 90% 敌百虫拌炒香的麦麸、豆饼等诱杀；设置黑光灯诱杀。

4. 蛴螬　以幼虫嚼食天麻块茎。防治方法：播种前用 50% 锌硫磷乳油 30 倍液喷洒窝面再翻入土中；生长期用 90% 美曲磷脂 800 倍液浇灌虫穴；黑光灯诱杀成虫。

5. 介壳虫　主要是粉蚧为害天麻块茎。一般由菌材、新材等树木带入窖内。为害后天麻长势减弱，品质降低。防治方法：发现虫害，应及时将此穴天麻及时翻挖，全部加工成商品麻出售，严禁留种，并将此穴菌材焚烧，以防蔓延。

6. 白蚁　除为害菌材外，还蛀食天麻原球茎及块茎。防治方法：在为害盛期可用灭蚁粉毒杀。

（四）采收与初加工技术

1. 采收　天麻采收应在休眠期进行，通常在初冬 10～11 月份至翌年春季 3～4 月份。秋季过早采收，块茎还在生长，影响产量和质量；开春后过迟采收，块茎已经萌发，加工后多空心泡松。收获时，要认真仔细，注意不要损伤麻体。小心拨开窖内表土，取出上层菌材，轻轻地将天麻取出，取出天麻按照大小分类。除留下作种麻的块茎以外，其他均可加工成产品。

2. 初加工　采收天麻应及时加工，长时间堆放容易腐烂。生产中一般用水煮法或蒸笼法将天麻蒸煮至无白心，然后进行烘干或晒干。具体做法：先将天麻用水冲洗干净，擦去粗皮，注意保留芽嘴。按大小分级，分别蒸煮，至无白心为度。蒸后取出晾干水汽，于 50～60℃ 烘至七八成干时，取出压扁整形，若有气胀则用竹针穿刺放气，堆放使之发汗，再在 70℃ 左右温度下继续烘炕，温度不能超过 80℃，接近全干时再降低温度，烘炕至完全干燥。

目标检测

自测题

思考题

1. 丹参的栽种方法及要点是什么？
2. 丹参采收的最佳时间及采收加工方法是怎样的？
3. 芍药采用芍头繁殖时，芍头应如何选择及处理？
4. 你认为芍药田间管理的关键技术有哪些？为什么？
5. 芍药最佳采收期是什么时候？应如何采收加工？
6. 当归生长发育习性是怎样的？
7. 当归早抽薹原因是什么？如何预防？
8. 黄连种子繁殖时，最适宜选用哪类种子？育种前种子如何处理？
9. 黄连高产关键技术主要有哪些？
10. 如何选择川芎育苓地和栽植地？
11. 请你思考一下，川芎生长发育过程是怎样的？
12. 如何培育泽泻"早熟种子"？
13. 泽泻优质高产主要应把握好哪些栽培环节或方面？
14. 天门冬种子育苗如何采种选种？
15. 天门冬移栽后田间管理应注意哪些问题？

16. 天麻与蜜环菌的生长有什么关系呢？

17. 如何区分箭麻、白麻和米麻？它们各有何用途？

18. 天麻块茎繁殖方法有哪些？是怎样操作的？

PPT

学习目标

知识要求

1. 掌握 当地主要全草类药材的栽培、采收和加工技术。

2. 了解 当地主要全草类药材的生物学特性。

能力要求

1. 能熟练操作当地主要全草类药材的种子繁殖和营养繁殖。

2. 能顺利进行当地主要全草类药材的田间管理、采收和加工。

实例分析

实例 薄荷由于植株体内的薄荷油、薄荷脑的含量，常随生育时期和不同天气状况发生变化，因此，抓住含油量高时及时收获，是实现油、脑高产丰产的关键，在温度高、阳光强、风力小的天气，叶片含油量高，所以，要选在连续晴天高温后的第 4 ~ 5 天，在中午无风或微风的天气收割为宜。收割时，应尽量平地面将地上茎割下，并摊晒在地上至 5 ~ 6 成干，最好当天割，当天运回蒸馏，蒸馏不完的叶片，要及时摊晾，不要堆放，以防发热，茎叶霉烂，油分挥发。收割后残留田间的叶片，也可收集起来蒸油。

分析 薄荷要选择什么天气收割为宜？

一、薄荷

薄荷为唇形科多年生草本植物薄荷 *Mentha haplocalys* Briq. 的干燥地上部分，别名苏薄荷、南薄荷等。全草入药。其性凉、味辛，具有宣散风热、清利头目、疏肝解郁之功效；可用于治疗风热感冒、头痛、目赤、咽喉肿痛、口疮、风疹、湿疹等症。提取的薄荷油、薄荷脑广泛应用于医药、食品等行业，是制造清凉油、八卦丹的原材料及糕点、牙膏、皂的添加剂。薄荷在我国分布较广，家种、野生都有，以家种为主。主产于江苏、江西、湖南、四川、浙江、广东、云南、福建等地，江苏太仓出产的薄荷质量最佳，全国各地均有栽培。

（一）生物学特性

1. 生长发育习性

（1）地下部分 薄荷的地下部分包括根茎和根。根茎从茎基部发出，入土浅，集中分布于土壤表层15cm左右范围内，根茎的节上可萌发新苗，长成新植株。根茎没有休眠期，只要温湿度适宜，一年四季都可萌发新苗。根茎和茎的节上还长出须根和气生根。

（2）地上部分　薄荷的地上部分有直立茎、匍匐茎和叶片。直立茎的腋芽萌发成分枝，茎基部节上的芽，萌发成沿地面横向生长的匍匐茎。当薄荷收割后，茎节或匍匐茎上的芽萌发成新苗，向上发生并分枝。叶片生有油腺，是贮藏挥发油的场所。在自然情况下，每年只开花一次。人工栽培一年收割两次，故开两次花，第一次在7月份，第二次在10月份。

2. 生态环境条件　薄荷适应能力强，喜温和湿润气候，在海拔2000m以下的地区都可生长，以海拔300~1000m处栽培产量高、质量好。幼苗能耐-5℃低温，植株生长适宜的温度为20~30℃，昼夜温差大，有利薄荷油的积累。生长初期和中期，需要雨水较多；现蕾开花期，则需要晴朗、较干燥的天气。在整个生长发育时期都需要充足的光照，有利于提高薄荷油的含量。薄荷对土壤的要求不严，一般土壤都能生长，以疏松肥沃、排水良好的砂壤土和壤土为好。酸碱度以pH 5.5~6.5为宜。薄荷病虫害多，吸肥力强，不宜连作，一般以2~3年轮作为好。

（二）规范化种植技术

1. 选地与整地　宜选土壤肥力中等以上，有机质含量大于1%，碱解氮高于60mg/kg，有效磷高于8~10mg/kg，pH 6~7.5，含盐量0.4%~0.6%以下，地势平坦，土层深厚，结构良好，具备排灌条件，2~3年内未种过薄荷的微酸性沙质壤土。薄荷病虫害多，吸肥力强，不宜连作，一般栽种2年后必须实行2~3年轮作。前茬收获后亩施腐熟堆肥或厩肥2000~3000kg、过磷酸钙15kg作基肥，然后深耕地25~30cm，耕耙整平，把肥料翻入土中，碎土，做宽150~200cm、高15~20cm的高畦，沟宽25~30cm，雨水少的地区或排水较好的地块也可做平畦。

2. 繁殖方法　薄荷的繁殖方法主要是根茎繁殖、分株繁殖和扦插繁殖。种芽不足时可用扦插繁殖和种子繁殖，后两者育种时采用，生产上不采用。

（1）根茎繁殖　在冬季或春季均可进行。春季一般在2月中旬至4月上旬进行；冬栽宜在10月上旬至11月下旬栽种。冬季栽比较好，生根快。种用根茎要随挖随栽，选色白、粗壮、节短、无病虫害的新根茎作种用，剪去老根和黑根，切成6~10cm小段。按行距25cm在面开小沟深6~10cm，将根茎小段均匀放入，下种密度以根茎首尾相接为好，随即覆土6~8cm，压实，有些地区采用穴栽，按行株距各25cm挖穴，穴径7cm，深6~10cm，每穴放根茎2~3节，施人畜粪水后覆土。

（2）分株繁殖　也称秧苗繁殖或移苗繁殖。选择没有病虫害的健壮母株，使其茎与地面紧密接触，浇水、追肥两次，每亩施尿素10~15kg。待茎节产生不定根后，将每一节剪开，每一分株就是一株秧苗。

（3）扦插繁殖　5~6月份，将地上茎枝切成10cm长的插条，整好的苗床上，按行株距7cm×3cm进行扦插育苗，待生根、发芽后移植到大田培育。该法产量无根茎繁殖产量高，多用来选种和种根复壮。

（4）种子繁殖　春天 3～4 月份把种子均匀撒入沟内，覆土 1～2cm 厚，浇水，盖稻草保护，2～3 周即可出苗。种子繁殖生长慢，容易变异，只用来育种。

3. 田间管理

（1）查苗补苗　在 4 月上旬移栽后，苗高 10cm 时，要及时查苗补苗，保持株距 15cm 左右，即每亩留苗 2 万～3 万株。

（2）中耕除草　3～4 月间中耕除草 2～3 次。因薄荷根系集中于土层 15cm 处，地下根状茎集中在土层 10cm 处，故中耕宜浅不宜深。第一次收割后，再浅除一遍。

（3）追肥　每次中耕除草后都应施肥。追肥以氮肥为主苗期和生长后期可少施些，生长盛期应多施些，每次收割后也应多施些。肥料一般用人畜粪水，每次施人畜粪水 1500～2000kg/亩，或施尿素 8～10kg/亩。人畜粪水与尿素混合追肥效果更好。在第一第二年最后一次收割后，每亩用油籽饼 50～70kg 与堆肥或厩肥 2500～3000kg 混合堆沤腐熟之后，撒施于地面作为冬肥，促使次年出苗早，生长健壮整齐。

（4）排灌　每次施肥后都要及时浇水。当 7～8 月出现高温干燥以及伏旱天气时，要及时灌溉抗旱。多雨季节，应及时排除田间积水。

（5）去杂　良种薄荷种植几年后，均会出现退化混杂，主要表现为植株高矮不齐，叶色、叶形不正常，成熟期不一，抗逆性减弱，产量和质量下降。当发现野杂薄荷后，应及时去除，越早越好，最迟在地上茎长至 8 对叶之前去除。

（6）摘心　薄荷是否摘心应因地制宜。摘心是指摘去顶端，以促进新芽萌发生长。一般密度大的单种薄荷田不宜摘心，而密度稀时或套种薄荷长势较弱时需摘心，以促进侧枝生长，增加密度，摘心以摘掉顶端两对幼芽为宜，应选晴天中午进行，以利伤口愈合，并及时追肥，以促进侧芽萌发。

（三）病虫害防治技术

薄荷主要病害有斑枯病、锈病；主要虫害有地老虎、蚜虫、黑纹金斑蛾等。

1. 斑枯病　为害叶片。叶片受侵害后，叶面上产生暗绿色斑点，后渐扩大成褐色近圆形或不规则形病斑，直径 2～4mm，病斑中间灰色，周围有褐色边缘，上生黑色小点（分生孢子器）。为害严重时病斑周围的叶组织变黄，早期落叶。防治方法：收获后清除病残体，生长期及时拔除病株，集中烧毁，以减少田间菌源；择土质好、容易排水的地块种植薄荷，并合理密植，使行间通风透光，减轻发病；实行轮作。发病期喷洒 1∶1∶160 波尔多液或 70% 甲基托布津可湿性粉剂 1500～2000 倍液，7～10 天喷 1 次，连续喷 2～3 次。

2. 锈病　主要为害叶片和茎。发病初期叶背面有黄褐色斑点突起，随之叶正面也出现黄褐色斑点，受害重者，病斑密布。薄荷一经为害，叶片黄枯反卷、萎缩而脱落，植株停止生长或全株死亡，导致严重减产。防治方法：加强田间管理，改善通风条件，降低株间湿度，以增强抗病能力。发现少数病株应立即拔除；发病初期用 1∶1∶100 的波尔多液喷洒，防止传播蔓延，发病后用敌锈钠 250 倍液防治；如在收获前夕发病，可提前数天收割。

3. 地老虎　又叫切根虫、土蚕、地蚕。4 月下旬到 5 月上旬为害严重。幼虫咬断幼苗，造成缺苗。防治方法：人工捕杀要做到经常检查，发现植株倒伏，扒土检查捕杀幼虫；加强田间管理，及时清除枯枝杂草，集中深埋或烧毁，使害虫无藏身之地；毒饵诱杀将麦麸炒香，用 90% 敌百虫晶体 30 倍液拌料，或将 50kg 鲜草切成 3~4cm 长，直接用 50% 辛硫磷乳油 0.5kg 湿拌，于傍晚撒在畦周围诱杀。

4. 蚜虫　一般是在二刀期干旱季节发生。群集为害叶片。吸取叶液，使叶片皱缩反卷、枯黄。防治方法：发生期间可用 1500~2000 倍 40% 乐果液喷杀。

5. 黑纹金斑蛾　薄荷经常遭受黑纹金斑蛾的为害，使产量受到很大的损失。每年发生有比较明显的五代。防治方法：喷施 90% 敌百虫 500~1000 倍液，须连续防治 2 次为好，相隔 7~10 天。

（四）采收与初加工技术

1. 采收　薄荷收获期是否适当和产量有密切关系，薄荷一般收 2 次，个别地方收 3 次。第一次收割在 7 月下旬，称头刀；第二次收割在 10 下旬，称二刀。头刀在初花期，基部叶片发黄或脱落 5~6 片，上部叶下垂或折叶易断，开花未盛，每株仅开花 3~5 节时，选晴天上午 10 时至下午 3 时，用镰刀齐地割下茎叶；二刀在可在花蕾期或叶片渐厚发亮时选晴天收割。

2. 加工　空气干燥的地区，薄荷可挂于屋檐下。湿度较大的地区如四川，一般采用摊薄暴晒，每 2~3 小时翻动一次，至七八成干时停晒回润，将其扎成小把，每把重约 1kg；然后将捆成的小把基部

> **请你想一想**
> 湿度较大的地区如何使薄荷干燥一致？

朝外，梢部朝内，相互压叠堆放成圆堆或长堆，上放木板或石块压实发汗，使其干燥一致，堆放 2~3 天后，再翻堆晒至全干即成。若加工薄荷油，可晒至半干，分批放入蒸锅内蒸馏，即得薄荷油。

二、紫苏

紫苏为唇形科植物紫苏 *Perilla frutescens*（*l.*）Britt.，别名红苏、香苏、赤苏等。以枝叶及种子入药。全苏即全草，味辛、性温，有散寒解表、理气宽胸之功效。主治风寒感冒、咳嗽、头痛、胸腹胀满等症。茎名苏梗，有散风解表、理气安胎之功效；叶名苏叶，药效同全苏；果实名苏子，有润肺宽胸、消痰止咳之功效。全国各地广泛栽培，长江以南有野生。主产于河北、河南、山东、山西、江苏、浙江、湖北、四川、广东、广西等省区。黑龙江南部生育期在 150 天以上地区可种植。

（一）生物学特性

紫苏对气候条件适应性较强，但在温暖湿润条件下生长旺盛，产量较高。土壤以

疏松肥沃、排水良好的砂质壤土为好。在黏土及瘠薄干燥的砂土上生长不良。前茬以小麦、蔬菜为好。紫苏需充足阳光，因此可在田边、畦埂种植。种子发芽的适温是25℃左右。在温湿度适宜的条件下，3～4天即可发芽。紫苏生长要求较高温度，因此前期生长缓慢；6月份以后气温高，光照强，雨水充足，生长旺盛。

（二）规范化种植技术

1. 选地与整地　选阳光充足、疏松肥沃、排水良好的砂质壤土种植为好。每亩施厩肥3000～4000kg作基肥。耕翻土地深25cm，耙细整平，作宽1.2m、高15cm畦，长度因地而宜。或起60cm垄种。

2. 繁殖方法　用种子繁殖直播和育苗移栽均可，育苗可提早成熟。

（1）直播　于4月中下旬条播、穴播均可。条播按行距40～50cm，开0.5～1cm浅沟，播后覆薄土并稍加镇压，有利出苗。每亩用种量0.75～1kg。穴播按行株距50cm×30cm开穴，播后覆薄土。每亩用种量150～300g。

（2）育苗移栽　在干旱、高寒地区及种子缺乏时，都可用育苗移栽。播前先将育苗畦浇透水，待水渗下后，将种子均匀撒于床面盖细土0.5cm即可。盖草及薄膜保温保湿。待幼苗破土后再揭去盖草和薄膜。当苗高10～15cm时，可选阴天或傍晚移栽。挖苗前一天，将苗床浇透水，随挖随栽。在畦上按50cm行距开沟，深15cm，将苗按30cm株距排列于沟内。然后覆土，浇水干旱时浇2～3次水即可成活。

3. 田间管理

（1）中耕除草　植株封垄前必须勤锄，特别是直播容易滋生杂草，做到有草即锄。浇水或雨后土壤易板结，应及时松土，但不宜过深，以防伤根，也可将中耕、施肥及培土结合进行。

（2）间苗、定苗、补苗　条播者应在苗高5cm时间苗，株距10～15cm一株，在苗高15cm左右进按株距30cm定苗。穴播者，每穴间留苗2～3株。最后每穴留苗1株。如有缺苗者应补上，育苗移栽者，栽后一周左右，如有死亡，也应及时补栽。

（3）追肥　紫苏施肥量大则枝叶繁茂，如果土壤瘠薄或未施底肥，出苗后可隔周施一次化肥。每次每亩施10～20kg。全生育期用量100～130kg，应氮、磷、钾俱全。最后一次追肥应培土。

（4）排灌　紫苏在幼苗和花期需水较多，干旱应及时浇水，雨季应注意排出积水，以免烂根死亡。

（三）病虫害及其防治

紫苏主要病害有斑枯病和锈病；主要虫害有银纹夜蛾、苏子卷叶螟等。

1. 斑枯病　病原是真菌中一种半知菌。6月份以后开始发生，初期叶面出现褐色或黑色小斑点，逐渐扩大成为近圆形大病斑，病斑干枯后形成大穿孔。高温多湿、种植过密、通风不良时，易染此病。防治方法：发病前用1∶1∶120波尔多液喷雾；不要种植过密，雨季注意排水。发病初期用代森锌7%胶悬干粉喷粉防治，每隔一周1次，连喷 2 ~ 3 次。

2. 锈病 病原是真菌中一种担子菌。6 月中旬发生，主要为害叶。受害植株先在下部叶背面产生黄褐色斑点，之后叶片枯黄，翻卷脱落。防治方法：开沟排水降低田间湿度；病势严重，提前收获，并清除田间落叶。发病初期用 97% 敌锈钠 300 ~ 400 倍液或用 50% 二硝散 200 倍液，每隔 7 天喷 1 次，连续 2 ~ 3 次。

3. 银纹夜蛾 又名量步虫，属鳞翅目夜蛾科。7 ~ 9 月份幼虫咬食苏叶。防治方法：可用 90% 敌百虫 800 倍液喷雾。

4. 苏子卷叶螟 属鳞翅目螟蛾科。幼虫为害叶片和顶梢。多吐丝将顶梢叶片卷由缀成一团并在其中取食。8 ~ 9 月份为害。防治方法：清园，处理残株；收获后翻耕土地，减少越冬虫源。

（四）采收与初加工技术 〔e〕微课 1

1. 留种 留种的紫苏应稀植，以行株距各 50cm 为宜，加强水肥管理，使之生长健壮。当果穗下部 2/3 长一段的果萼已经变褐色时可收割，因种子寿命短，应及时播种或在干燥低温处保存。

2. 采收 收获苏叶、苏梗，则于 9 月上旬花序刚长出时采收，用镰刀从根际割下，将植株倒挂在通风背阴的地方晾干，干后将叶子打下，即为苏叶，余下的茎切段即成苏梗。也可用摘取法收苏叶。

收获苏子则在果实成熟时，割下全株或果穗扎成小把。收全苏一般在 9 ~ 10 月份，等种子部分成熟收割运回加工。

3. 加工 紫苏收回后，摊在地上或悬挂通风处阴干。干后捆好称全苏。如摘叶子，拣出碎枝、杂物，则为苏叶；抖出种子为苏子；其余茎秆及枝条即成苏梗。全草收获后，去掉粗梗。将枝叶摊晒一天，锅蒸馏，晒过一天的枝叶 450kg 一般可出紫苏油 0.4 ~ 0.5kg；每亩可收全苏干货 100 ~ 150kg，折干率 25% 左右；苏子 75 ~ 100kg。

三、石斛

石斛为兰科植物金钗石斛 *Dendrobium nobile* Lindl.、霍山石斛 *Dendrobium huoshanense* C. Z. Tang et S. J. Cheng、鼓槌石斛 *Dendrobium chrysotoxum* Lindl. 或流苏石斛 *Dendrobium fimbriatum* Hook. 的栽培品及同属植物近似种亲鲜或干燥茎。具有益胃生津、滋阴清热之功效。

（一）生物学特性

1. 生长发育习性 石斛在 2 ~ 3 月份气温达 9 ~ 15℃ 时发芽，叶片互生于茎的上端，5 ~ 6 月份为花期，8 ~ 9 月份为果熟期。石斛通常二年生植株才开花结果。叶片一般第 3 年秋冬脱落，在第 3 年的 3 ~ 5 月份，茎的上端常有腋芽萌发，随即长出气生根而成新植株，可割离母体作为繁殖材料。石斛种子多而细小，种子萌发的幼苗生长很缓慢，生产周期长，故栽培很少采用种子繁殖。

石斛为附生植物,它的根一部分附生在树上或岩边石坎摄取营养,另一部分根裸露在空气中,从空气中摄取养分。因此,石斛的生长发育与被附生物及地势、气候环境密切相关。

2. 生态环境条件　石斛喜温暖、湿润、半阴半阳的环境,怕严寒、强光。适宜在常绿、树皮粗厚疏松、树冠枝叶生长茂盛的阔叶林的树干,以及较阴凉湿润、生有苔藓的石缝、石隙、石槽间生长。人工栽培多在海拔 1000m 以下,年降水量 1000mm 以上,相对湿度 85%,年平均气温 17℃ 以上的山区;海拔过高,无霜期过长的地区不宜栽种。

(二) 规范化种植技术

1. 选地整地　栽培地宜选在冬季气温高于 0℃ 以上,空气湿度为 80% 以上,气候温暖而湿润,半阴半阳的地区。岩石栽种的石块地也应选在阴凉、湿润地区,石块表面有少量腐殖质,并有苔藓植物生长。贴树栽种应选树干粗大,树皮厚、有纵裂沟纹,树冠茂盛,含水多的活树作为树种,如梨树、樟树等。

2. 繁殖方法　石斛的繁殖目前主要采用分株繁殖法,此外还有扦插育苗和腋芽繁殖等方法。分株繁殖一般在春季进行,此时降雨量逐渐增大,空气湿度也不断加大,种植易成活。在发芽前选择生长健壮、萌蘖多、根系发达、无病虫害的一年或二年生植株作种,连根挖出,剪去老茎,将过长的老根剪短至 1.5～2cm。大株石斛可进行分切,每 4～5 株带叶嫩茎;然后栽植,可采用贴树栽植和贴石栽植。

3. 栽植　石斛的种植一般在春季进行。

(1) 贴树栽植　选树干平处或凹处,用刀砍出一浅裂口,并砍去一部分树皮,将种蔸涂一薄层牛粪与泥浆混合物,然后塞入破皮处或树纵裂沟处贴紧树皮,再覆一层稻草,将株丛根部用竹钉或竹篾固定在树干上,再用牛粪泥浆涂抹根部及周围树皮皱纹(切忌糊在石斛基茎上)。也可用竹钉或绳索将其根部固定于小蕨块上栽培。

(2) 贴石栽植　选阴湿树林生有苔藓的砂页岩,按 30cm 的株距种在凹处或石缝里。将种涂一薄层牛粪与泥浆混合物,塞入石穴或石槽中,周围可塞小石块、碎砖、木炭固定,使其稳固而不脱落,促使根迅速附在石块上生长。

4. 田间管理

(1) 浇水　栽种后应保持土壤湿润,空气湿度过小时要经常浇水保湿,可用喷雾器以喷雾的形式浇水,使相对湿度保持在 50%～70% 之间,植株才能正常生长。在新芽开始发生、新根形成时,水分供给要适度。

(2) 追肥　栽种后从第二年起开始追肥,每年 2 次。第一次在春分至清明前后,以氮肥混合猪牛粪及河泥为主,以促使嫩芽发育良好。第二次在立冬前后,用豆渣、菜籽饼、猪牛粪、过磷酸钙等加入河泥调匀糊在根部使石斛储藏养分,保温过冬。石根部吸收养分的能力较差,可进行根外追肥,采用 1% 的尿素和硫酸钾以及 2% 的过磷酸钙溶液,每月根外喷施 1 次。

(3) 除草　结合追肥,每年除草 2 次,以影响生长。高温季节则不宜除草,以避免暴晒，对生长不利。

（4）整枝 每年春天植株发新芽前，结合采收老茎，剪除丛内的枯茎、病茎、弱茎以及病根。栽种 6～8 年后，视丛生长情况进行翻蔸重新分枝繁殖。

（5）调节荫蔽度 石斛生长地的荫蔽度在 60% 左右，过高或过低都不利于生长。种于树上的石斛，要经常对附生树进行整枝修剪，修去过密的树枝，使荫蔽度适当。若用人工遮阴，可根据上午 10 时前以有直射光为佳，其余时间需按有 20%～30% 散射光的要求调节光照强度。

（三）病虫害防治技术

石斛主要病害有黑斑病和炭疽病；主要虫害有盾蚧、蜗牛、菲盾蚧等。

1. 黑斑病 3～5 月份发生，为害叶片使其枯萎。防治方法：可用 50% 的多菌灵 1000 倍液喷雾 1～2 次。

2. 炭疽病 1～5 月份均有发生，为害叶片及茎枝，受害叶片出现褐色或黑色病斑。防治方法：用 50% 多菌灵 1000 倍液或 50% 甲基托布津 1000 倍液喷雾 2～3 次。

3. 盾蚧 寄生于植株叶片边缘或背面，吸食汁液，5 月下旬为孵化盛期。防治方法：可用 40% 乐果乳剂 1000 倍液喷雾杀灭或将有盾壳老枝集中烧毁。

4. 蜗牛 是一类软体动物，包括蛞蝓、东风螺及小蜗牛。3～9 月份均有活动。主要为害嫩茎、嫩芽和叶片。严重时叶片被吃光，茎被咬断，造成缺苗断垄。防治方法：可清除附近的草丛，使用 90% 敌百虫晶体 800～1000 倍液、五氯酚钠或灭螺净喷雾防治；清晨、阴天或雨后人工捕捉，或在排水沟内堆放青草诱杀；地面撒生石灰。

5. 菲盾蚧 主要为害叶片。寄生于植株叶片边缘或背面，吸食汁液，5 月下旬为孵化盛期。防治方法：集中病枝残叶并烧毁；用 40% 乐果乳油 1000 倍液喷雾灭杀。

（四）采收与初加工技术

在栽后 2～3 年即可采收，生长年限越长，茎数越多，单产越高。每年在立冬后至次年清明之前采收，此时植株停止生长而未萌芽，茎枝饱满，干燥率高。采收时，剪下三年生以上的茎枝，留下嫩茎继续生长。鲜用的石斛需除去须根及杂质。石斛要在洗尽泥沙，去掉叶片及须根，分出单茎株，放入 85℃ 热水烫 1～2 分钟后取出，晒至五成干，用手搓去鞘膜质，再摊晒至足干，其间注意常翻动；或将洗尽的石斛放入沸水中浸烫 5 分钟，暴晒至身软，边晒边搓直至去净残存叶鞘，晒至足干，其间每天翻动 2～3 次。

四、淫羊藿

淫羊藿为小檗科植物淫羊藿 *Epimedium brevicomu* Maxim.、箭叶淫羊藿 *Epimedium sagittatum*（Sieb. et Zucc.）Maxim.、柔毛淫羊藿 *Epimedium pubescens* Maxim. 或朝鲜淫羊藿 *Epimedium koreanum* Naka 的干燥叶。具有补肾壮阳，祛风除湿之功效。

（一）生物学特性

淫羊藿生活于海拔 650～2100m 的灌木丛、林下或比较背光潮湿的地方。主产于陕西南部、山西南部、甘肃南部和东部、河南东部以及青海、四川、宁夏等地。

（二）规范化种植技术

1. 整地　分为 2 次进行，第 1 次于 5 月份，趁杂草种子尚未成熟，除去地面杂草及部分小灌木，堆于林中地势低洼处，保留乔木和多数的灌木作为淫羊藿生长的自然遮阴条件。翻耕 20～30cm，在整地时，边整地边除去残留的杂草及部分树根。第 2 次于 10 月份淫羊藿种植前，再次将杂草割除，翻耕 20～30cm，并将腐殖质土施于地表，耙平做畦，畦面大小长短因地势而异，栽前开沟，开沟时施入腐熟农家肥 2500kg/亩，再在其上盖一层待栽。

2. 繁殖方法　淫羊藿的繁殖方法有种子繁殖、分株繁殖和根茎繁殖。

（1）种子繁殖　将当年采收的淫羊藿种子直接播于富含腐殖土的苗床中，覆土 1cm 左右，保持土面湿润。到第 2 年初春，淫羊藿的种子开始萌动，1 个月后出苗。淫羊藿的有性繁殖从播种到出苗所隔时间较长（7 个月左右），且出苗率较低（45%），实生苗植株生长较慢。

（2）分株繁殖　按植株根茎的自然生长及萌芽状况进行分株，每株带 2～3 苗或带 1～2 芽，修剪地上部分，保留 5～10cm，修剪过长的须状根，保留 3～5cm，同时剪去多余的根茎（剪下的根茎可做根茎繁殖用），进行移栽定植。移栽定植时间为 10 月下旬至翌春 3 月下旬，淫羊藿的地下根茎处于近萌芽时移栽定植。其移栽定植方法可采用沟植或窝植，行距 20cm×20cm，深 10～15cm，每亩栽种量 75～100kg，每亩 6000～8000 穴，每亩施底肥 2000kg。定植时应使其根系伸展以免"压根"而影响根的伸展和子芽的萌发。覆土 5cm，压紧，使根系与土壤充分接触，以利于萌发。种后浇足定根水。

（3）根茎繁殖　以分株繁殖修剪所得的根茎为繁殖材料，视根茎的芽或芽眼多少，分成 2～3cm 长的种栽，每个种栽保留 1～2 芽或芽眼，剔除失去活力的根茎，混合均匀，随机取种栽播种，栽种量每亩 200kg。栽后覆腐殖质土并浇水。

3. 田间管理

（1）中耕除草　在淫羊藿生长的旺季，应注意除草，以防杂草与淫羊藿争夺养分和水分。一般 15～20 天除草 1 次；在荫蔽度较高的地块，可适当减少除草次数，而秋季杂草生长较缓慢，可 30～40 天除草 1 次。除草时结合中耕，以畦面少有杂草为度。

（2）排灌　淫羊藿喜湿润土壤环境，干旱则会造成其生长停滞或死苗。在夏季一般连续晴 5～6 天，就应于早晚进行人工浇水。

（3）冬季管理　冬季淫羊藿生长缓慢，应适时清园，将园中枯枝落叶清除，除去田间地埂杂草，集中堆沤或烧毁，以减少病虫害的发生。

（4）合理施肥　每年 3～6 月份为淫羊藿地上部分生长盛期，此时淫羊对肥水的要求较高，应加强施肥管理。7～9 月份，淫羊藿生长减缓，对肥水的需求随之相对降低。

10月份至翌春2月份为淫羊藿地下芽生长的关键时期，植物的生长转入地下部分，此时应适当增施有机肥，以助其地下部分的生长和新芽的形成。

1）施肥种类　用农家肥、厩肥、有机复合肥、无机复合肥和其他腐殖酸类肥料、菜籽饼、油枯、沼气发酵肥、叶面肥等。

2）施肥时间　底肥于头年的10~11月份结合整地开畦时施入。提芽肥于翌年3月底至6月追施1~2次，促芽肥于翌年10~11月份施1次。在每次采收（一般为夏采或秋采）后，及时补充土壤肥料。

3）施肥方法　底肥主要于开畦后定植前，将肥料均匀撒于畦面，然后翻入土中，耙细混匀。也可进行"穴施"或"条施"，即在开畦后定植前，挖定植"穴"或"条"时，将肥料均匀放入"穴"或"条"内，并将肥料与周围土壤混匀。追肥主要采用"穴"施；若施叶面肥则采用叶间喷施。追肥时切勿将肥施到新出土的枝叶上，应靠近株丛的基部施入，并根据肥料种类覆土或不覆土。

4）施肥量　底肥视土壤肥力情况而定，一般施1000~3000kg/亩；追肥一般情况下无机氮肥施入量不超过5kg/亩，有机复合肥10~30kg/亩（视肥料种类与含量而定）；促芽肥一般可施农家肥1000kg/亩或有机复合肥10~20kg/亩；采收后一般可施农家肥1000~2000kg/亩，或有机复合肥20~30kg/亩。

（三）病虫害防治技术

在淫羊藿种植实践中，病虫害的发生较少，仅偶见小虫咬食叶片使成孔洞，或有蛾类幼虫咬食幼苗茎秆或叶片，将茎秆咬断及为害叶片形成网纹的虫害现象。亦偶见煤污病发生。

（四）采收与初加工技术

种植2年后的淫羊藿可采收。8月份将地上茎叶采收，捆成小把，置于阴凉通风干燥处阴干或晾干。加工过程中，应认真选出杂质、粗梗及有可能混入的异物，以保证药材质量。连续采收几年后，影响淫羊藿的后期发育，影响其越冬芽及来年的新叶产量和质量。

因此，连续采割3~4年后，轮息2~3年以恢复种群活力。

目标检测

自测题

一、单项选择题

1. 以下（　　）不是紫苏的主要病虫害。

　　A. 银纹夜蛾　　　　B. 茎腐病　　　　C. 锈病　　　　D. 斑枯病

2. 薄荷属于（　　）植物。

　　A. 长日照　　　　B. 短日照　　　　C. 日照　　　　D. 长光照

3. （　　）不是薄荷的主要虫害。

A. 地老虎　　　　　B. 蚜虫　　　　　C. 黑纹金斑蛾　　　D. 红蜘蛛

4. 薄荷最佳采收时间是（　　　）。

　　A. 上午 11 时左右　B. 上午 8 时左右　　C. 下午 4 时左右　　D. 晚上 11 时左右

5. 种植石斛调节荫蔽度应控制在（　　　）。

　　A. 20% 左右　　　　B. 40% 左右　　　　C. 60% 左右　　　　D. 80% 左右

6. 以下（　　　）是石斛的主要虫害。

　　A. 斜纹夜蛾　　　　B. 银纹夜蛾　　　　C. 蜗牛　　　　　　D. 大青叶蝉

7. 石斛的种植一般在（　　　）进行。

　　A. 春季　　　　　　B. 夏季　　　　　　C. 秋季　　　　　　D. 冬季

8. 淫羊藿生活于（　　　）海拔，灌木丛、林下或比较背光潮湿的地方。

　　A. 50 ~ 2100m　　　B. 150 ~ 2100m　　　C. 250 ~ 2100m　　　D. 650 ~ 2100m

9. 以下哪项是淫羊藿的主要虫害。

　　A. 卷叶螟　　　　　B. 蛾类　　　　　　C. 蜗牛　　　　　　D. 菲盾蚧

二、多项选择题

1. 淫羊藿的主要繁殖的方法有（　　　）。

　　A. 种子繁殖　　B. 分株繁殖　　C. 压条繁殖　　D. 根茎繁殖　　E. 有性繁殖

2. 紫苏田间管理有（　　　）阶段。

　　A. 中耕除草　　　　　　　　B. 间苗、定苗、补苗

　　C. 追肥　　　　　　　　　　D. 排灌　　　　　　　　　E. 采收

3. 石斛上品的特征有（　　　）。

　　A. 卷得严　　B. 香味重　　C. 胶质多　　D. 质地轻　　E. 杂质多

三、思考题

薄荷有哪些病害？应防治措施？

第三节　皮类药材

PPT

学习目标

知识要求

1. **掌握**　皮类药材的栽培技术和采收加工技术。

2. **熟悉**　常见皮类药材的基原、道地产区和主要病虫害防治技术。

3. **了解**　常见皮类药材的生物学特性。

能力要求

1. 能顺利进行常见皮类药材的田间管理、采收和加工。

2. 能对皮类药材剥皮和产地加工等提出科学合理的解决方案。

实例分析

实例 2019 年 11 月 1 日，海南省药品检验所出具药品检验报告（报告编号：YC20191219）显示，标示广西蓝正药业有限责任公司生产的黄柏（批号：180701）检验结果：【性状】不符合规定（具有黄柏饮片的性状特征，未去粗皮）。

《中华人民共和国药典》规定，黄柏加工要剥取树皮后，除去粗皮，晒干。而黄柏未去粗皮就加工销售，致使外表面特征明显不符，非药用部位超标。依据《中华人民共和国药品管理法》（2015 年修正版）第四十九条第三款第六项规定，上述黄柏按劣药论处，并进行相应处罚。

分析 黄柏的采收加工要注意哪些问题？

一、黄柏（关黄柏）

黄柏为芸香科落叶乔木黄皮树 *Phellodendron chinense* Schneid，以干燥树皮入药，习称川黄柏。具有清热燥湿，泻火除蒸，解毒疗疮之功效。主产于四川、重庆、湖北、贵州、云南、江西、浙江等地。另外，同属植物黄檗 *Phellodendron amurense* Rupr. 的干燥树皮也可入药，《中华人民共和国药典》称关黄柏，主产东北和华北地区，其功效和栽培方法与黄柏近似。

（一）生物学特性

1. 生长发育习性 黄柏为速生树种，生长发育较快，栽后 5 年可开花结果，15 年可成材剥皮。黄柏种子寿命短，仅 1 年；2 年以上的种子不能萌发。种皮骨质坚硬，萌发困难，播种时应进行处理。树皮愈合能力较强，可进行环状剥皮。

黄柏为雌雄异株，雄花花期长而早，雌花花期较短。花期为 5～6 月份，果熟为 10～11 月份，成熟果实多为黄绿色，老熟则为紫黑色。

2. 生态环境条件 黄柏适应性强，喜温暖湿润气候，喜阳光，不耐荫蔽，耐严寒，关黄柏比川黄柏更耐寒。以陕西吕梁山为界，以北适合关黄柏生长，以南适宜川黄柏生长。喜深厚肥沃土壤，喜潮湿，喜肥，怕涝。水分过多，根系生长不良，生长迟缓，甚至叶片枯萎脱落。苗期稍能耐荫，成年树喜阳光。黄柏幼苗忌高温、干旱，幼树在强烈日光照射和空旷的环境下，生长发育不良，会形成矮树和伞形树冠。栽培黄柏宜选择稍向阳的地势，生长迅速，成树早。

对土壤适应性较强。以土层深厚、肥沃，腐殖质含量丰富，中性至微酸性的砂壤土生长最好。瘠薄的土壤种植，根系发育差，植株生长缓慢。海拔高度以 600～1200m 为宜，海拔过高，生长缓慢；海拔过低，病虫害严重。

（二）规范化种植技术

1. 繁殖材料的准备 黄柏主要采用种子繁殖。种子繁殖可以在短期内集中培育出大量苗木，是大面积发展黄柏、解决苗木来源的主要途径。

（1）种子采收 选择生长快、树皮产量高、无病虫害、15 年生以上的雌株作为采种母树。于 10 ~ 11 月份果实成熟，部分果实呈紫黑色，较硬，尚未开裂，用力能挤出种子时采收。

（2）种子处理 采回果实后，堆放于屋角或桶内，盖上麻袋或塑料薄膜，沤 10 ~ 15 天，当果实完全变黑破裂时，取出放竹筐内，反复搓擦，于水中淘洗去掉果皮、果肉和空壳，阴干或晾干备用。用手搓擦时，手上应涂上清油，以免果胶黏附手上，难以洗净。种子有浅休眠性，可通过调节播种期或层积处理打破休眠。秋播则可直接播种。春播宜早不宜晚，一般在 3 月上、中旬，播前用 40℃温水浸种 1 天，然后进行低温或冷冻层积处理50 ~ 60 天，待种子裂口后，按行距30cm 开沟条播。播后覆土，搂平并稍加镇压，浇水。秋播在 11 ~ 12 月份进行，播前 20 天湿润种子至种皮变软后播种。每亩用种 2 ~ 3kg。一般 4 ~ 5 月份出苗，培育 1 ~ 2 年后，当苗高 40 ~ 70cm 时，即可移栽。关黄柏春播则需进行低温处理（冬季混湿砂层积室外，播前 20 天左右取出置温暖处催芽）。

2. 育苗

（1）选地与整地 育苗地应选择地势平坦、土层深厚、疏松肥沃、光照充足、排灌方便的地方。苗圃地选好后，于早春翻地深 22 ~ 25cm，碎土整平后做畦，畦高 15 ~ 25cm、宽 1.3m。

（2）播种方法 南方地区可冬播（11 ~ 12 月份），也可春播；北方地区多进行春播（3 ~ 4 月份）。先在畦面上按行距 20 ~ 25cm 开播种沟，沟宽 5cm、深 3 ~ 5cm，将种子拌 10 倍细土或细砂，均匀撒入沟中，覆土 1 ~ 2cm，一般每亩用种量 3 ~ 4kg。播后稍镇压，浇透水并覆盖草或地膜保持土壤湿度。

（3）苗期管理 播种后一般 10 ~ 15 天出苗，出苗后要及时揭去盖草或薄膜。齐苗后要浇透水一次。苗高 5 ~ 7cm 时要及时间苗，留强去弱，同时保持苗床的合理密度，一般间隔 3cm 左右保留一苗；苗高 15 ~ 20cm 时定苗，间隔 8 ~ 10cm 选留壮苗一株。黄柏的种苗对高温和干旱的抵抗力较弱，在夏季需注意及时浇水。出苗后至郁闭前，中耕除草、追肥 2 ~ 3 次，每次每亩施人畜粪尿 1500 ~ 2000kg，夏季在封行前可施一次厩肥，每亩用量 2500kg。通常幼苗在培育 1 ~ 2 年后，当苗高 30 ~ 60cm 时，即可移栽。川黄柏管理精细者当年即可出圃。

3. 定植

（1）选地与整地 山区、平原均可种植，以土层深厚、便于排灌、腐殖质含量较高的地方为佳。零星种植可在沟边路旁、房前屋后，土壤比较肥沃、潮湿的地方。可不整地。

（2）定植方法 可在冬季落叶后至翌年新芽萌动前定植。选择雨后土壤湿润时将幼苗带土挖出，剪去根部下端过长部分，在事先整好的定植地上，按穴距 3 ~ 4m 开穴，穴深 30 ~ 60cm、宽 80 ~ 100cm，每穴施入腐熟厩肥 5 ~ 10kg 作底肥，与底土拌匀，上盖 10cm 细肥土，每穴栽苗一株，将苗摆正，覆土至一半时，提苗舒根，然后继续覆土至与地面平齐，踏实，浇透水，待水下渗后，再盖一些细土，使根基培土略高于地面。

（3）间作 由于黄柏生长期较长，且幼树期生长缓慢，为提高黄柏种植的经济效益，可在黄柏的行间搭配一些豆类、麦类等农作物或一些 1 ~ 2 年生的草本药材。

4. 田间管理

（1）间苗、定苗　黄柏的幼树抗旱能力较差，在定植后要加强水分管理，尤其在夏季或干旱时节要及时浇水，以抗旱保苗。幼苗出齐后较密，必须及时拔除。当幼苗长到 3～5cm 高时进行间苗，除去小苗和弱苗，每隔 3～4cm 留一株小苗；在苗高 10cm 左右时进行定苗，株距 7～10cm。

请你想一想

　　黄柏果实如不进行脱皮沤制、揉搓去除果皮和果肉，会不会影响种子萌发？还有没有其他方法可提高种子发芽率？

（2）中耕除草　黄柏在幼龄期长势较弱，为避免杂草荫蔽树苗，减少来年的杂草数量，改善土壤的通透性，可在移栽后 1～3 年的每年夏、秋季各进行一次中耕除草，以利于幼树的生长。

（3）施肥　黄柏生长期的施肥以农家肥、绿肥为主，既可增加肥效补充营养成分，又可以改善土壤。育苗期，结合间苗中耕除草应追肥 2～3 次，定植后，于每年入冬前施一次农家肥，每株沟施 10～15kg。

4. 整形修剪　为促进黄柏的主干发育，在黄柏生长未成林前，要剪除过多的侧枝。成林后黄柏的修剪则重点在于枯枝、病虫枝、密生枝及细弱枝，保证主干粗壮、挺直。

（三）病虫害防治技术

黄柏主要病害有锈病和煤污病；主要虫害有花椒凤蝶、地老虎、蚜虫等。

1. 锈病　为害叶片。一般在 5 月中旬发生，6～7 月份危害严重。发病初期叶片上出现黄绿色近圆形斑，边缘有不明显的小点；发病后期叶背成橙黄色微突起小斑，病斑增多后致叶片枯死。时晴时雨有利锈病发生。防治方法：发病期喷敌锈钠 400 倍液或 0.2～0.3 波美度石硫合剂或 25% 粉锈宁 700 倍液，每隔 7～10 天喷一次，连续喷 2～3 次。

2. 煤污病　为害叶部和嫩枝。发病后叶片上出现煤烟状铅黑色的霉层，植物的光合作用及呼吸作用受到严重影响，植株生长衰弱。防治方法：冬季加强幼林管理，合理修枝，改善林内通风透光条件，减少病虫害发生；喷 40% 乐果 1000 倍液防治蚜虫和介壳虫。发病期间用 50% 多菌灵 1000 倍液或 0.2～0.3 波美度的石硫合剂喷雾。

3. 花椒凤蝶　以幼虫咬食叶片，每年发生多代。防治方法：利用天敌寄生蜂抑制发生；在幼龄期用 90% 敌百虫 800 倍液或 50% 杀螟松乳剂 1000 倍液喷施，每周一次，喷 2～3 次。

4. 地老虎　育苗期幼虫咬断根茎。防治方法：用 90% 敌百虫拌毒饵（炒过的麦麸等）进行诱杀。

5. 蚜虫　一般发生在幼苗及定植后 1～4 年的幼龄树上。防治方法：冬季清园将枯枝落叶深埋或烧毁；发生期喷 40% 乐果乳油 1500～2000 倍液，7～10 天一次，连续数次。

（四）采收与初加工技术

1. 采收技术

（1）采收　通常在黄柏定植 10～15 年后开始采收。一般在黄柏树皮易剥落也易愈合再生的 5～6 月份进行采收。采收年限不可太短，年限短则皮张薄而小、品质差。

（2）**剥皮方法**　一般是砍树剥皮，将树干砍倒，按 80～90cm 长度剥下树皮。

为保护黄柏资源，可采取活树剥皮，让被剥皮的黄柏继续生长，再生出新皮。宜用局部剥皮法，逐年轮换更替。方法是：在夏初的阴天，日平均温度在 22～26℃ 时，此时形成层活动旺盛，再生树皮容易。在树干上，先上下横切一刀，再纵切，剥下树皮，切割深度以不损伤形成层为度，喷 10mg/kg 的吲哚乙酸（IAA）溶液，再把略长于剥皮长度的小竹竿缚在树段上，以免塑料薄膜接触形成层，外面再包塑料薄膜两层，可促使再生新树皮。

2. 初加工　黄柏皮采收后要及时加工，趁鲜刮去表面粗皮，使其呈黄色，然后至阳光下先晒至半干，用木板或石板压平，再晒至全干。

你知道吗
_____

黄柏应用历史品种

黄柏原名"檗木"，始载于《神农本草经》，列为上品。而在《名医别录》记载："黄檗，生汉中山谷及永昌。"《蜀本草图经》谓："出房、商、合等州山谷中，以蜀中者为佳。"宋代苏颂谓："处处有之，以蜀中出者肉厚色深为佳。"古代所用黄柏均是指川黄柏，关黄柏古代典籍并未提及，可能后期寻找扩大新药源所致。古代黄檗则是指今之黄皮树。《中华人民共和国药典》（2010 年版）以后把黄皮树 *Phellodendron chinense* Schneid 干燥树皮，药材名定黄柏；而把黄檗 *Phellodendron amurense* Rupr. 的干燥树皮，药材名定关黄柏。以便更好区别使用。

_____

二、杜仲

杜仲为杜仲科多年生木本植物杜仲 *Eucommia ulmoides* Oliv.，以干燥树皮入药，别名丝棉木、玉丝皮、丝连皮。是我国的名贵特产，是幸存的古老树种之一。主产于贵州、四川、重庆、陕西、湖北、湖南、云南等省区，浙江、江西、广西、广东、河南、甘肃等省区均有栽培。

（一）生物学特性

1. 生长发育习性　每年 3 月中下旬展叶，5 月上中旬叶片定型，10 月份霜降前后落叶。通常由种子发芽而来的实生苗要 8～10 年才能开花结实。雌雄异株，风媒花。雄株萌动期比雌株早 10～15 天，雄花先于叶开放，花期较长，3 月中下旬到 4 月中下旬。雌花与叶同放，花期较短，4 月上中旬开花。杜仲种子较大，种子寿命 0.5～1 年。具有休眠特性，砂藏处理可打破休眠。胸径生长速生期出现在树龄 15～25 年，杜仲树皮随树龄增加而增厚。根际、树干、枝干愈伤力和萌芽力强，可利用此特性进行无性繁殖和部分剥皮。杜仲在 1～10 年内生长缓慢，10～20 年为速生期，20～30 年生长速度逐渐下降，30 年后生长速度急速下降，50 年后生长基本处于停滞状态。

2. 生态环境条件　杜仲属喜阳植物，适应性较强，以温暖、湿润、向阳的环境生长良好。能耐严寒和高温，在 – 19.1 ~ 40.6℃的地区均能正常生长发育。热带地区栽培为常绿树，无休眠期，但生长发育反而很差。能耐旱，怕涝，耐阴性能差。对土壤要求不严，在酸性土、中性土、微碱性土及钙质土中均能生长，以土层深厚、肥沃、湿润、排水良好、土质疏松，pH 6 ~ 8 的砂质土壤为佳。

（二）规范化种植技术 📱 微课 2

1. 繁殖材料的准备 杜仲可用种子、扦插、压条和嫁接繁殖。以种子育苗移栽为主，其他方法已很少采用。

（1）种子采收 应选择树龄 15 年以上，生长快，树皮或树叶产量高、产量稳定，树冠发育正常，抗性强的雌株作为留种母树。一般在 9 ~ 10 月份，果实呈棕褐色或黄褐色，表面有光泽，果实饱满时采收。采集过早，种胚发育不健全，发芽力差；采集过迟，果实会脱落而无法收集。种子薄摊于阴凉通风处，不能日晒或烘烤，以免降低发芽率。

（2）种子处理 杜仲果皮含胶质，会影响种子吸水，延缓发芽，降低发芽率，故种子成熟后宜及时冬播，任其自然腐烂吸水，春季可正常发芽出苗。如春播，则需进行催芽处理。方法是：在采种后将种子与清洁湿润细砂按 1∶10 混合后进行层积处理，或于播种之前，用 20℃温水浸种 2 ~ 3 天，每天换水 1 ~ 2 次，随时搅拌，待种子膨胀后取出，稍晾干后播种。

2. 育苗

（1）选地整地 育苗地宜选地势向阳，土质疏松、肥沃、湿润，排灌方便，微酸性至中性的砂壤土的地方。播前深耕土地，施腐熟厩肥或土杂肥作基肥，整平耙细后，做成约高 20cm、宽 2m 的苗床，苗床呈鱼背形。

（2）播种方法 南方地区多在 11 ~ 12 月份冬播，北方地区多在 2 ~ 3 月份播种。条播按行距 20 ~ 25cm 开播种沟，沟宽 5cm、深 3 ~ 4cm，将种子拌 10 倍细土或细砂，均匀撒入沟中，覆土 1 ~ 2cm，每亩用种量 6 ~ 8kg。播后稍镇压，浇透水并覆盖草或地膜保持土壤湿润。

（3）苗期管理 冬播在次年春出苗；春播 7 ~ 10 天出苗。出苗后要及时揭去盖草或薄膜，齐苗后要浇一次透水，苗高 3 ~ 6cm 时要及时中耕除草。在幼苗出现 2 ~ 4 片真叶时开始追肥，用量为每亩 1 ~ 1.5kg 尿素，兑水 200kg 施与沟间。在 6 ~ 8 月份苗木进入速生期，每隔 20 ~ 25 天追肥 1 次，每亩用尿素 2 ~ 10kg，并同时施适量过磷酸钙、氯化钾。在苗木长到 4 ~ 6 片真叶时，要及时间苗，保持株距在 6 ~ 10cm。

3. 定植

（1）定植方法 在秋冬季落叶后至次年春季萌发前均可移出定植，以春季移栽成活率较高。按株行距（2 ~ 2.5）m×3m 挖穴，穴深 30cm、宽 80 ~ 100cm。每穴施入腐熟厩肥 20kg，骨粉或过磷酸钙 1kg 作为基肥，与底土拌匀，上盖 10cm 细肥土。每穴栽苗 1 株，将苗摆正，覆土至一半时，提苗舒根，然后继续覆土至与地面平齐，踏实，浇透水，待水下渗后，再盖一些细土，使根基培土略高于地面。

（2）间作 定植后 3 ~ 5 年内，杜仲生长缓慢，行间的空隙较大，可在行间种植一些与杜仲争水争肥矛盾较小的作物如花生、小麦、薯类、蔬菜等矮秆、浅根作物，或者种植一些能提高土壤肥力、改善土壤结构的作物如绿肥、大豆等。林粮或林农间作不但能增加收益，还能加快杜仲幼树的生长速度。

4. 林地管理

（1）中耕除草　定植后，3~5 年内，杜仲生长较慢，需对土壤进行中耕，同时锄掉杂草。在每年的春季、夏季各进行一次。

（2）追肥　每年春、夏季为杜仲生长的高峰期，需要大量的营养成分，可结合中耕除草，每亩施入腐熟厩肥 1500~2000kg、饼肥 50kg。研究证明，杜仲幼树（定植 10 年以下的）对追肥敏感，追肥后生长快、长势好，而不追肥的生长慢、长势弱，尤其是定植后的 3 年内，施肥效果极其显著，而对成年树追肥效果不明显。北方在 8 月底以后停止施肥，避免晚期生长过旺、抗寒能力降低。

（3）整形修枝

1）摘除下部侧芽　定植后要及时摘去茎干下部的侧芽，只留顶端 1~2 个健壮饱满侧芽，以促进主干生长。在树木发芽后的第 3 个月内，要及时剪除过多的侧枝，只保留 6~8 个侧枝。

2）换身　也叫平茬。一些生长直立性差、主干低矮或无明显主干、侧枝粗大的幼树，在杜仲栽植 1 年后，于落叶后至春季萌芽前，将其主干从靠近地面处截断，截口处用黏土封好，促使幼树从根基萌发新的萌条，从中选留一根生长苗壮干形好的萌条培育成新主干。

3）疏剪侧枝　对主干发育正常的杜仲树，可在休眠期适当疏剪侧枝，促进主干通直、粗壮，通风、透光。一般成年树在 5m 以下的侧枝要尽可能除去，以使主干高大、树皮肥厚。

请你想一想

杜仲为什么种子发芽率低？

（三）病虫害防治技术

杜仲主要病害有苗木根腐病、角斑病；主要虫害有木蠹蛾等。

1. 苗木根腐病　多发生于苗圃和 5 年生以下幼树。防治方法：选择土壤疏松、肥沃、排水良好的地块育苗，不能连作；雨季及时排除田间积水；发病初期用 50% 甲基托布津可湿性粉剂 800 倍液或 25% 多菌灵 800 倍液灌根；及时拔除病死株，并进行消毒。

2. 角斑病　多发生于杜仲林场，为害叶片，病斑多位于叶片中间，呈不规则暗褐色多角形斑，以后长灰黑色霉状物，最后叶片变黑脱落。防治方法：以预防为主，在 4 月份发病前提前使用 1∶1∶150 的波尔多液喷雾保护。

3. 木蠹蛾　以幼虫蛀食树干，致使树势衰退，严重时蛀空树干，遇风则树倒，甚至全株枯死。防治方法：于 6 月初，在成虫产卵前用涂白剂涂刷树干；可根据树干上的新鲜虫粪找出虫道，用废布或棉花蘸 80% 敌百虫原液塞入虫道，并用黄泥封口，毒杀幼虫；在 3 月中旬选择阴天施用白僵菌进行生物防治。

（四）采收与初加工技术

1. 采收 杜仲剥皮年限以 15～25 年生较为适宜。剥皮时期以 4～6 月份树木生长旺盛时期，树皮容易剥落。可用砍树剥皮法或活树剥皮法。活树环状剥皮的方法如下。

（1）环状剥皮法 在杜仲树干基部近地面 20cm 处和上部树干分枝处分别环割一刀，然后在两环之间纵割一刀，并从纵割处向两侧剥皮。有的地方剥皮时在主干中央留一条宽 10cm 左右的树皮带以利于输送养分。

（2）带状剥皮法 在主干上割取带状或条状树皮。优点是不影响杜仲树的生长发育，再生新皮成功率高；缺点是树皮较小。

（3）剥面的保护 活树剥皮后要注意保护剥面。特别是南方产区剥皮季节雨水多，气温高，剥面极易感病，使愈伤组织腐烂，新皮不能形成，杜仲树极度易枯死。可采取以下措施：①选择适宜的剥皮时间，一般 5～6 月份剥皮为好，避开多雨、高温易发病时期；②剥皮要严格遵守操作规程，防止机械损伤剥面；③剥皮后喷高效杜仲增皮灵（由 2,4-D 和 NAA 等组成）或者喷京 2-B 薄膜剂，以保护剥面不受病菌感染；④用塑料薄膜包裹剥面，做法是先在剥面上端环老树皮间隔一定距离捆 4～5 个小竹竿或木条，然后将薄膜从小木条上面树皮向下面包裹剥面，薄膜下端不捆扎在树干，让其通风透气。愈伤组织形成新皮后揭去薄膜。

2. 初加工 先用沸水淋烫；随即将皮展开放平，两张皮内面相对，依次层层重叠，用木板压紧，上面再加石头、铁器等，使其平整；同时在四周围草促其"发汗"，约 1 周后，待其内皮呈暗紫色时，取出晒干；再将表面粗皮刮去，修剪整齐即可。

你知道吗

植物活化石

杜仲，又名思仙（《本经》），地球上只有一属一种。在第四纪冰期来临时，便在欧洲和亚洲部分地区消失，只在亚洲中国的中部地区存活至今，故有"植物活化石"的美称。杜仲是雌雄异株的植物，杜仲雄花自古就有很高的药用价值，具有安神、镇静及镇痛作用，长期服用可明显改善睡眠。此外，杜仲雄花含有的人体必需的胶原蛋白，具有促进肌肉发达强健的功效，其活性成分木脂素类具有的抗疲劳作用十分明显。

目标检测

自测题

思考题

1. 黄柏适合在什么生态环境生长？

2. 如何防治为害杜仲的蛀茎害虫？

PPT

第四节 花类药材

学习目标

知识要求

1. **掌握** 当地主要花类药材的栽培、采收和加工技术。

2. **了解** 当地主要花类药材的生物学特性。

能力要求

1. 能熟练操作当地主要花类药材的种子繁殖和营养繁殖。

2. 能顺利进行当地主要花类药材的田间管理、采收和加工。

实例分析

实例 黄淮地区种植红花药农中有这样一句农谚："芒种前后麦梢黄，红花小麦两头忙"，说明红花采收的时期即将到来。当然，这只是代表黄淮地区的红花种植户，其他产区的采收时期有早有晚，不尽相同。如云南、广西等地区，头年秋季播种，冬季可缓慢生长，来年的 3~5 月份也可采收；新疆及西北地区，只能春季土壤解冻后播种，当年的 7~9 月份采收。

分析 各产地采收时期为何不尽相同？

一、红花

红花 *Carthamus tinctorius L.* 为菊科红花属植物，以花入药。性温、味辛，具有活血通经、散瘀止痛等功效，是重要的活血化瘀中药之一，主治经闭、痛经恶露不行、跌打损伤、疮疡肿痛等症；除药用外，还是一种天然色素和染料。种子中含有 20% ~ 30% 的红花油，是一种重要的工业原料及保健用油。主产于河南、浙江、四川、河北、新疆、安徽等地，全国各地均有栽培。

（一）生物学特性

1. 生长发育习性 红花在北方多为春播一年生植物，南方多为秋播二年生植物。其生长发育可分为四个阶段。

（1）莲座叶丛期 幼苗出土后由于得不到长日照条件，茎节不能伸长，植株贴近地面，叶片成簇如莲座状。这个阶段时间长，幼苗生长好，产量高；相反，若此阶段时间短，产量低。

（2）茎节伸长期 秋播红花在早春返青后，植株生长加快，茎不断增高、拔节。

（3）现蕾开花期 南方 4 月份现蕾，一个月后开花。花的颜色随花的发育不断发生变化，由淡黄逐渐变为深黄色，后期变为红色，再变为深红色，最后干枯凋谢。

（4）果实成熟期 一般花谢后约 30 天果实成熟，果皮变白色。

2. 生态环境条件 红花原产热带，喜温暖、阳光充足、稍干燥环境。植株生长的最适温度为20~25℃，幼苗能耐-4℃低温。阳光充足有利植株生长；种植较密时，分枝则向上伸长，茎下部分枝减少，下部花序小而少，花序多集中在植株顶端，花序较大。因此，适当密植，可以提高产量，并有利于采收。红花怕水涝，较耐旱。土壤湿度过大易生病害，尤其开花结果阶段遇阴雨，花冠含水量高，干后易粘连成饼，种子和油的产量低。

红花根系发达，以土层深厚、排水良好、肥力中等的中性砂壤土为好。土壤过于肥沃，植株生长繁茂，但枝叶多，开花少，通风不良，易生病虫害。适当增施磷、钾肥，能显著提高花和种子的产量。红花也是一种耐盐碱的植物，但盐分过高会降低种子发芽率、种子产量和质量。红花病虫害多，忌连作。

（二）规范化种植技术

1. 选地与整地　红花抗旱怕涝，宜选地势高燥，排水良好，土层深厚，中等肥沃的砂壤土或壤土种植。忌连作，前茬以豆科、禾本科作物为好。整地时，每亩施用农家肥2000kg，配加过磷酸钙20kg作基肥，耕翻入土，耙细整平，做成宽1.3~1.5m的高畦。在北方种植，可不做畦，但地块四周需开好排水沟。

2. 繁殖方法　红花用种子繁殖。由于红花对日照长短有特殊的要求，若播种期选择得当，满足红花在不同生长发育阶段对日照的要求，就能获得高产，反之就要大幅度减产。一般我国北方宜春播，南方则以秋播为主，具体时间因时因地而异。坚持北方春播宜早、南方秋播宜晚的原则，使红花有一个较长的营养生长时期，为生殖生长做好物质准备。春播时间宜在土壤化冻以后尽量早播，一般在3月中下旬至4月上旬进行播种；秋播时间在10月中旬至11月上旬为好，播种过早易导致越冬苗过大而冻死，过晚则使营养生长时间不够而导致减产。

播种方法分条播和穴播。播前用50℃温水浸种10分钟，转入冷水中冷却后，取出待播。条播行距为30~50cm，沟深6cm，播后覆土2~3cm。穴播行距同条播，穴距20~30cm，穴深6cm，穴径15cm，穴底平坦，每穴播种5~6粒，播后覆土，耙平。每亩用种量：条播3~4kg，穴播2~3kg。

3. 田间管理　红花一生分为莲座期、伸长期、分枝期、开花期和种子成熟期5个生长发育阶段。因地制宜，根据红花生长发育特性对各生育阶段正确管理，是红花获得高产优质的基础。

（1）莲座期　红花生长缓慢，田间杂草容易滋生。此期管理要点：要注意防除杂草，结合间苗进行；当幼苗具3片真叶时，进行间苗，条播者按株距10cm间苗，穴播者每穴留壮苗4~5株。

（2）伸长期　随着气温逐渐回升，红花植株进入快速生长的伸长阶段，对肥料和水分的需要开始增加。伸长期茎幼嫩，极易遭霜冻。此期管理要点：早春有强霜冻地区注意防霜冻；及时追肥和灌溉，特别是贫瘠干旱地区。红花十分耐旱，也非常怕涝，浇水要慎之又慎，一般每亩追施入畜粪水2000kg，结合培土沟灌，可防止红花倒伏并避免病害，特别是根腐病的发生；苗高8~10cm时定苗，条播者按株距20cm定苗，根据植株生长及土壤肥瘦情况，每穴定苗 2~3 株；去除杂草，结合定苗进行；打顶，当株高达 1m 左右时进行。一般种植较稀，在肥沃土地上生长良好的植株，可去顶促其多分枝，蕾多花大，提高产量。密植或瘠薄地块上的植株不宜打顶。

（3）分枝期　红花分枝越多，花球也越多，单株的花和种子的产量就越高。因此，促进植株多分枝达到一定的群体是管理的关键。分枝的多少除受品种、密度等因素影响外，主要受水分和肥料的影响。此期植株生长迅速，叶面积迅速增加，对肥料和水分的需要量也增大。另外，分枝阶段若遇暴风雨或浇水后遇大风，易倒伏。因此，这一时期的管理要点是：重追肥，结合沟灌进行大培，一般每亩追施人畜粪水 3000kg 左右，配加过磷酸钙 20kg，以促进茎秆健壮多分枝、花球大，并可防止植株倒伏，避免根腐病的发生。现蕾前，还可进行根外喷施 0.2% 磷酸二氢钾溶液 1~2 次。伸长期未施肥的地块，此期必须施肥。在植株封行前进行最后一次除草。

（4）开花期　红花开花期是需水的高峰期。此期要求有充足的土壤水分，但空气湿度和降雨量均不能大，否则会导致各种病虫害的发生。开花期遇雨对受粉也不利，影响开花结实。此期管理要点：盛花期灌足水，但注意及时疏通排水渠道，避免积水。

（5）种子成熟期　盛花期过后，红花对水分的需求量迅速减少，干燥的气候利于种子发育。由于栽培红花的绝大多数品种的种子没有休眠期，在成熟期如遇连续下雨就会导致花球中的种子发芽、发霉，严重影响种子的产量和品质。因此，红花的栽培实际上被限制在气候比较干燥的地区或较干旱的季节，并尽量多种早熟品种。

（三）病虫害防治技术

红花的主要病害为锈病、枯萎病、茎腐病、炭疽病、花芽腐烂病及黄萎病；主要虫害有红花长须蚜、油菜潜叶蝇、红蜘蛛等。

1. 锈病　病原为红花柄锈菌，属担子菌亚门，冬孢菌纲，锈菌目，柄锈菌科，柄锈菌属。高温高湿或多雨季节易发生流行病害。连作地发病重。主要为害叶片，也可为害苞叶等其他部位。受害幼苗的叶、下胚轴及根部出现蜜黄色病斑，其上密生针头状黄色小颗粒；叶片背面散生锈褐色微隆起的小疱斑，后期形成暗褐色至黑褐色疱状物。严重时花色泽差，种子不饱满，品质与产量降低。防治方法：收获后及时清除田间病株，并集中烧掉。选择地势高燥、排水良好的地块种植；控制灌水，雨后及时开沟排水；适当增施磷钾肥，促进植株健壮。选育并推广抗病或早熟避病良种；幼苗期结合间苗拔除病苗并带出田外深埋。播种前用 25% 粉锈宁按种子重量 0.3%~0.5% 拌种。发病初期和流行期喷洒 25% 粉锈宁 800~1000 倍液、97% 敌锈钠 600 倍液或 62.25% 仙生 500 倍液 2~3 次，每 10 天喷 1 次。

2. 枯萎病　病原为尖镰孢红花专化型，属半知菌亚门，丝孢菌纲，丛梗菌目，瘤坐菌科，镰刀菌属。又名"根腐病"。开花前后发病严重。主要为害根部和茎部。病菌于苗期侵入，发病初期须根变褐腐烂，扩展后引起支根、主根和茎基部维管束变褐。发病严重时植株茎叶由下而上萎缩变黄，3~4 天全株枯萎死亡。防治方法：选用健康种子；播种前用 50% 多菌灵 300 倍液浸种 20~30 分钟。选择地势高燥、排水良好的地块种植，雨季节及时排除田间积水。发病初期拔除并集中烧掉病株，并用生石灰撒施病穴及周围土壤；发生期用 50% 多菌灵或甲基托布津 800 倍液浇灌病株根部。

3. 茎腐病　病原为核盘菌。在南方，4 月份可见病株，5 月份为盛发期。在排水不畅的黏性土、冷湿的环境、邻油菜地或连作地容易发生此病。一般秋播的有刺红花，密植时发病率高。主要为害茎。初期茎的基部出现水渍斑，叶上有白色的菌丝体，植株发黄、萎蔫而枯死。防治方法：实行水旱轮作，不用带病的种子，选育抗茎腐病的品种；及时松土，以减少病原基数。保持田间通气透光，排除积水以降低土壤湿度。适当增施磷钾肥而控制氮肥，防止机械损伤。喷洒波尔多液或多菌灵进行预防。用生石灰消毒病区。

4. 炭疽病　病原为红花盘长孢菌，属半知菌亚门，腔孢菌纲，黑盘孢目，黑盘孢科，盘长孢属。是红花的重要病害，各产区均有发生，常造成普遍减产。于 4 月中旬开始发生，5~6 月份发病较重。雨季、氮肥施用过多时易于发病。为害叶片、叶柄、嫩梢和茎。叶片病斑褐色，近圆形，有时龟裂；茎上病斑褐色或暗褐色，梭形，互相汇合或扩大环绕基部。天气潮湿时，病斑上生橙红色的点状黏稠物质，即病原菌分生孢子盘上大量聚集的分生孢子。严重时造成植株烂梢、烂茎、折倒甚至死亡。防治方法：选用抗病品种，一般有刺红花比无刺红花抗病力强，种子的产量也高；选择地势较高、排水良好的土地种植，切忌连作；加强田间管理，播前施足底肥，定苗后追施磷钾肥，提高植株抗病能力；用 30% 菲醌 50g 拌种子 5kg，拌后播种；在分枝前后开始喷药防治，1∶1∶100 波尔多液、65% 代森锌 500~600 倍液或 50% 二硝散 200 倍液，每隔 7~10 天喷 1 次，连续 2~3 次。

5. 花芽腐烂病　病原为灰葡萄孢菌。在湿度大的沿海地区或多雾多雨的地方此病较多发生；灌溉沟边缘的土地，因湿度较高也有发生。为害花。受害花头变为淡绿色，逐渐变成白色，皱缩，停止生长。受害严重的花头会折断，这是由于苞片与花梗连接处的组织被损坏所引起的。防治方法：参照一般根腐病防治方法。

6. 黄萎病　病原为黄萎轮枝孢。在含有大量氮和水分的冷湿黏结土壤容易发生。生长期内的任何阶段都可发病。为害茎及叶。叶子的脉间及叶缘变白，叶片从下部逐渐出现斑点，最后变为白色或棕色，维管束组织出现黑色。为害严重时植株发黄、枯死。防治方法：选用没有携带病菌的种子播种；同时用有抗性的作物如玉米、水稻、高粱、甜菜等和红花轮作；培育抗病品种。

7. 红花长须蚜　俗称"蚰虫"。6~7 月份，红花开花时为害最重。一般雨季为害减轻，干旱时为害严重。以无翅胎生蚜群集于红花嫩梢上吸取汁液，造成叶片卷缩起疱等。防治方法：发现蚜虫时可喷药防治；释放七星瓢虫作生物防治。

8. 油菜潜叶蝇　又名豌豆潜叶蝇，俗称"叶蛆"。在红花上发生普遍。主要是幼虫潜入红花叶片，吃食叶肉，形成弯曲不规则的由小到大的虫道。为害严重时，虫道相通，叶肉大部分被破坏，以致叶片枯黄脱落，影响产量。防治方法：5 月初喷 40% 乐果 1500~2000 倍液、90% 敌百虫 1000~1500 倍液防治。

9. 红蜘蛛 现蕾开花盛期，常大量发生，聚集叶背，吸食叶液。被害叶片显出黄色斑点，继后叶绿素被破坏，叶片变黄脱落。受害轻的生长期推迟，重者死亡。可用0.3 波美度石硫合剂、1.8% 齐螨素 2500 倍、73% 克螨特 2000 倍或 50% 溴螨酯 2000 倍液喷杀。

此外，尚有菌核病、蚜虫、钻心虫等为害。特别是分枝期和开花期，由于气温转暖，蚜虫滋生繁育，要注意防治蚜虫，一般用抗蚜威防治 2~3 次。

（四）采收与初加工技术

1. 花的采收与加工 春栽红花当年、秋栽红花第二年 5~6 月份即可收获。红花开花时间短，一般开花 2~3 天便进入盛花期，要在盛花期抓紧采收。红花适宜采收期应为开花第 3 天早晨 6 时至 8 时半，同时注意要在露水干后开始进行。从外观形态上来看，以花冠顶由黄变红，中部为橘红色，花托的边缘开始呈现米黄色时采收为宜。每个头状花序可连续采收 2~3 次，每隔 2 天采 1 次，采下的花忌暴晒，应盖一层白纸在阳光下干燥；或阴凉通风处阴干，不能搁置或翻动，以免变黑；也可用微火烘干（40~60℃）。干燥程度以用手搓揉即成粉末为宜。干后的红花放入室内，略回润后装袋，置阴凉干燥处保存，防潮和防霉变。以干燥、色红黄、鲜艳、质柔软者为佳。一般每亩产干花 15~30kg，折干率 20%~30%。

2. 种子采收 于采花后 10~15 天，茎叶枯萎时，种子已成熟。选晴天，连果枝割回，晒干脱粒。如遇连日阴雨天气，应注意及时抢收，否则成熟种子吸水后生根发芽，失去商品价值。每亩可产收种子 100~200kg。

请你想一想
红花为何要选择晴天采收？

二、金银花

金银花来源于金银花科半常绿缠绕灌木忍冬 *Lonicera japonica Thunb.*，又名忍冬、二花、双花、银花。以花蕾和藤入药，药材名分别为金银花和金银花藤，为常用中药。金银花具有清热解毒、凉散风热等功效；用于痈肿疔疮、咽喉肿痛、丹毒热血毒痢、风热感冒、瘟病发热等症。金银花藤，具有清热解毒、通经活血等功效，主治湿病发热、关节疼痛、痈肿疮疡、腮腺炎、细菌性痢疾。除药用外，金银花还是牙膏、饮料、化妆品以及多种中成药的重要原料，如"银翘散""双黄连""金银花茶""金银花露"等医疗、保健产品，开发潜力巨大。金银花主产于河南、山东全国大部分地区均有栽培。

（一）生物学特性

1. 生长发育习性 忍冬在河南、山东产区是半常绿藤本，经过整形修剪形成直立灌木；在南方是常绿藤本，茎长可达 10m 以上。定植 2 年就会开花，5 年后花的产量增长最快，8~10 年进入盛花龄，20 年后植株生长衰退，开花渐少，必须进行更新。4 月下旬至 5 月上旬开始孕蕾，孕蕾后 15 天左右花开放。花开在当年早春抽出的新枝上，一年开花 2 次，第 1 次在 5~6 月份，第 2 次在 8~10 月份，以第 1 次开花多，第 2 次开花少。种子有休眠特性，如在冰箱中放置 80 天，发芽率可达 80%，温度愈高，发芽率愈低。所以，生产上通常采用秋播，以打破休眠。

2. 生态环境条件　忍冬常野生于丘陵、山谷、林边。其根系发达，生命力强，适应性广。喜温暖、湿润、光照充足的环境。怕荫蔽，在荫蔽处生长不良，开花少。具有耐寒、耐热、耐旱、耐涝、耐盐碱特性。对土壤要求不严，以土层深厚，土质肥沃、疏松、富含腐殖质的沙质壤土为好。

（二）规范化种植技术

1. 选地与整地　忍冬栽培对土壤要求不严，抗逆性较强。为便于管理，以平整的土地，有利于灌水、排水的较好。移栽前每亩施入充分腐熟有机肥 3000~5000kg，深翻或穴施均可，耙平、踏实。

2. 繁殖方法　以扦插繁殖为主，也可采用种子繁殖和分株、压条繁殖。

（1）扦插繁殖　分直接扦插和扦插育苗两种，春、夏、秋季均可进行。选择 1~2 年生的健壮枝条，截成长 30cm 左右的插条，至少有 3 个节位。然后摘去下部叶片，留上部 2~4 片叶，将下端近节处削成斜面，每 50 根扎成一小捆，用吲哚丁酸（IBA）500 倍液快速浸蘸下端 5~10 秒，稍晾后立即进行扦插。若直接扦插，在整好的栽植地上，按株行距 150cm×150cm 或 170cm×170cm 挖穴，穴径和深度各 40cm，每穴施入充分腐熟的厩肥或堆肥 5~10kg，然后将插条均匀撒开每穴插入 3~5 根，入土深度为插条的 1/2~2/3，插后填细土压实，浇透水，保持土壤湿润，1 个月左右可生根发芽；若扦插育苗，在整平耙细的插床上，按行距 15~20cm 划线，每 7~10cm 插一根插条，压实，浇透水。早春低温时扦插，床上要搭拱形棚，覆盖薄膜，保温保湿。春季扦插的于当年冬季或翌年春季出圃定植；夏、秋季扦插的于翌年春季出圃定植。

（2）种子繁殖　秋季种子成熟时采集成熟的果实，置清水中揉搓，漂去果皮及杂质，捞出沉入水底的饱满种子，晾干贮藏备用。秋季可随采随种。如果第 2 年春播，可用沙藏法处理种子越冬，春季开冻后再播。在苗床上开行距 21~22cm 宽的沟，将种子均匀撒入沟内，盖 3cm 厚的土压实，畦面盖上一层杂草，每隔 2 天喷 1 次水，保持畦面湿润，10 多天后即可出苗。苗期要加强田间管理，当年秋季或第 2 年春季幼苗可定植于生产田。

（3）分株繁殖　于 2 月上中旬茎蔓尚未萌动时进行，从生长茂盛的金银花株丛中挖出一部分植株移栽，株行距与直接扦插的相同。分株繁殖的优点是新植株开花早，生长茂盛；缺点是影响母株花的产量，且繁殖系数低。

（4）压条繁殖　在夏末秋初雨水较多时进行，将生长旺盛的茎蔓压在地上，每 3~4 节压上厚 5cm 的土，踏实，20~30 天新根发出后截断茎蔓即可单独成苗。

3. 田间管理

（1）深翻园地　为防止土壤板结，提高其保水保肥能力，对金银花园地要求每年深翻一次，深度 30~40cm。方法是：每年 2~3 月份和秋后封冻前，距主干 20~30cm 先挖出沟，依次外延，将表土和基肥混合翻地下，整平地面。对干黄黏土进行压沙厚度 10~20cm，然后深刨，使土沙均匀混合。对于瘠薄的山地，若有土源，可进行压土加厚土层，为金银花根的生长发育创造良好的条件。

（2）中耕除草 金银花栽植成活后，要及时中耕除草。中耕除草在栽植后的前 3 年必须每年进行 3~4 次，发出新叶进行第一次，7~8 月份进行第二次，最后 1 次在秋末冬初霜冻前进行，并结合中耕培土，以免花根露出地面。3 年以后可视植株的生长情况和杂草的滋生情况适当减少除草次数，每年 2~3 月份和秋后封冻前要进行培土。

（3）追肥 金银花每年早春萌芽后和每次采花后，都应进行一次追肥。春、夏季施用充分腐熟的人畜粪尿或硫酸铵、尿素等氮肥，于金银花墩旁开浅沟施入，施后覆土；冬季每墩施用充分腐熟的肥或堆肥 5~10kg、硫酸铵 100g、过磷酸钙 20g，在金银花墩周围开环状沟施入，施后用土盖肥并进行培土。在现蕾时喷施 0.4%~0.8% 的磷酸二氢钾，增产效果较好。

（4）排灌 花期若遇干旱天气或雨水过多时，均会造成大量落花、沤花、幼花破裂等现象。因此，要及时做好灌溉和排涝工作。在每茬花蕾采收前，结合施肥浇一次促蕾保花水；土壤干旱时要及时浇水，以利植株新梢生长，可促进多次开花。

（5）整形修剪 金银花自然更新的能力较强，新生分枝多，枝条自然生长时间则匍于地，不利于立体开花，为使株型得以改善且保证成花的数量，需进行合理的修剪。对金银花进行冬季修剪和夏季修剪，是一项提高产量、复壮更新、延长丰产年限的重要技术措施。

（三）病虫害防治技术

金银花主要病害有褐斑病、白粉病；主要虫害有咖啡虎天牛、豹蠹蛾、柳干木蠹蛾、银花叶蜂、金银花尺蠖、蚜虫。

1. 褐斑病 病原为鼠李尾孢，属半知菌亚门，尾孢属真菌。为害叶片。多发生于生长季的中后期，夏季 8~9 月份发病严重，多雨潮湿易于发病，植株生长衰弱时发生严重。发病后，叶片上病斑呈圆形或受叶脉所限呈多角形，黄褐色，潮湿时背面生有灰色霉状物。防治方法：秋末清除病枝病叶，集中烧掉，减少病菌来源；加强栽培管理，增施有机肥料，增强植株抗病力；用 30% 井冈霉素 500~1000 倍液喷雾、50% 代森锰锌 500 倍液或 1∶1.5∶300 波尔多液在发病初期喷施，每隔 10~15 天 1 次，连用 2~3 次。

2. 白粉病 病原是真菌中的一种子囊菌。为害叶片和嫩茎。发病初期叶片出现圆形白色绒状霉斑，后不断扩大，连接成片，形成大小不一的白色粉斑。最后引起落花凋叶，枝条干枯。防治方法：选育枝粗、节密而短、叶片浓绿而质厚、密生绒毛的抗病品种；合理密植，整形修剪，改善通风透光条件，发现病枝叶及时剪除，集中烧毁；发病前期喷 65% 代森锰锌 500 倍液，发病严重时喷 25% 粉锈宁 1500 倍液或 50% 甲基托布津 1000 倍液，每 7 天 1 次，连喷 3~4 次。

3. 咖啡虎天牛 属鞘翅目，天牛科。5～6月份始发。主要为害茎枝。初孵幼虫先在木质部表面为害，后再纵向蛀食，形成曲折虫道，蛀孔内充满虫粪和木屑，造成主干或主枝枯死。严重时整株枯死。防治方法：用食糖1份、醋5份、水4份、敌百虫0.01份制成糖醋液诱杀；发现茎叶突然枯萎时，及时清除枯枝，并进行人工捕捉；5月下旬至6月下旬幼虫孵化期，用50%辛硫磷乳油600倍液喷射灭杀；7～8月释放天敌天牛肿腿蜂防治。

4. 豹蠹蛾 属鳞翅目，豹蠹蛾科，又称六星黑色蠹蛾。主要为害嫩枝。幼虫多自枝杈或嫩梢的叶腋处蛀入，向上蛀食，受害新梢很快枯萎，幼虫后往下转移，再次蛀入嫩枝内，向下继续蛀食。被害枝条内部被咬成孔洞，孔壁光滑而直，内无粪便。防治方法：及时清理花墩，收二茬花后，一定要在7月下旬至8月上旬结合修剪，剪掉有虫枝；如修剪太迟，幼虫蛀入下部粗枝再截枝对花墩长势有影响。

5. 柳干木蠹蛾 属鳞翅目，木蠹蛾科，又称柳乌木蠹蛾。幼虫喜为害衰弱的花墩，是金银花蛀干性害虫之一。幼虫孵化后先群集于老皮下，渐次向下取食，形成弯曲的孔道。3龄幼虫开始蛀入木质部，越冬前进入根颈或根内，严重破坏植株的生理机能，阻碍植株养分和水分的输导，致使金银花叶片变黄、脱落，花枝干枯。防治方法：加强管理，适时施肥、浇水，促使金银花生长健壮，以提高抗虫力。发现虫害后，立即剪掉被害枝集中烧毁。

6. 银花叶蜂 属膜翅目，叶蜂科，是近年在四川地区为害银花较严重的一种害虫。幼虫为害叶片。初孵幼虫喜爬到嫩叶上取食，从叶的边缘向内吃成整齐的缺刻，全叶吃光后再转移到邻近叶片。严重时，可将全株叶片吃光，使植株不能开花，不但严重影响当年花的产量，而且使次年发叶较晚，受害枝条枯死。防治方法：发生数量较大时可在冬、春季于树下挖除虫茧，减少越冬虫源；幼虫发生期喷90%敌百虫100倍液。

7. 金银花尺蠖 属鳞翅目，尺蛾科。5～6月份为害严重。初龄幼虫在叶背为害，取食下表皮及叶肉绿色组织，残留上表皮，使叶面呈白色透明斑。3龄以后食叶呈缺刻，4～5龄可将叶片全部吃光。为害严重时，可把整棵金银花叶片和花蕾全部吃光，若连续为害3～4年，可使整株干枯而死。防治方法：清除地面枯枝落叶，减少越冬虫源。幼虫初期用2.5%鱼藤精400～600倍液或90%敌百虫晶体800～1000倍液喷施，尤其对未修剪的金银花应做重点防治，花期不宜施用敌百虫。

8. 蚜虫 为害忍冬的蚜虫主要有中华忍冬圆尾蚜和胡萝卜微管蚜，属同翅目，蚜科。4～6月份虫情较重，立夏后，特别是阴雨天，蔓延更快。为害叶片、嫩枝。成、幼虫刺吸汁液，使叶片卷缩发黄，花蕾畸形；同时分泌蜜露，导致煤烟病发生，影响叶片的光合作用，造成植株生长停止，产量锐减。防治方法：用40%乐果乳油1000倍液或80%敌敌畏乳剂1000～1500倍液喷雾，每隔7～10天喷1次，连用2～3次，最后一次用药须在采摘金银花前10～15天进行，以免农药残留而影响金银花质量；饲养草蛉或七星瓢虫，在田间释放，进行生物防治；将枯枝、烂叶集中烧毁或埋掉。

(四) 采收与初加工技术

1. 采收 摘花最佳时间是花蕾上部膨大略带乳白色下部青绿，含苞待放时采收，已开放的花不作药用。据研究，金银花在一天之内以上午 11 时左右绿原酸含量最高，所以应选择晴天早晨露水刚干时摘取花蕾为最佳，上午以前结束。金银花过早、过迟采摘都不适宜，会影响花的药材品质。采下的花蕾尽量减少翻动和挤压，并及时送晒或烘房或用机器加工。采收时亦应注意，不能带入枝杆、叶片及其他杂质。

2. 加工 采收的花蕾，若采用晾晒法，以在水泥石的晒场晒花最佳。要及时将采收的金银花摊在场内，花层要薄，厚度 2～3cm，晾晒中途不可翻动。在未干时翻动，会造成花蕾发黑，影响商品花的价格。晒干的花，其手感以轻捏会碎为准。晴好的天气两天即可晒好，当天未晒干的花，晚间应盖或架起，翌日再晒。采花后如遇阴雨，可把花筐放入室内，或在席上摊晾，此法处理的金银花同样色好、质佳。

另外可采用烤干法，一般在 30～35℃初烤 2 小时，可升至 40℃左右。经 5～10 小时后，保持室温 40～50℃，烤 10 小时后，鲜花水分大部分排出，再将室温升高至 55℃，使花速干。一般烤 12～20 小时即可全部干燥。超过 20 小时，花色变黑，质量下降，故以速干为宜。烤干过程不能翻动，否则容易变黑。未干时不能停烘，否则会发热变质。据研究，烤干的产量和质量比晒干的高。优质的商品花色黄白色或淡黄色，含未开、夹杂碎叶含量不超过 3%，无其他杂质，有香气。自然干制的花较烤制的花有香气，药味淡，有条件的地方可用烘干机械加工，效果更佳。

三、菊花

菊花为菊科多年生草本植物菊 *Chrysanthemum morifolium Ramat.*，以干燥头状花序入药，药材名菊花。菊花在我国有悠久的入药历史，同时又被广泛用于保健茶饮。菊花味甘、苦，性微寒，具有疏风、清热、明目、解毒之功效，主治头痛、眩晕、目赤、心胸烦热、疔疮、肿毒等症。药材按产地和加工方法不同，有杭菊、亳菊、滁菊、贡菊和祁菊等之分。杭菊主产于浙江桐乡和江苏射阳，有白菊和黄菊之分；亳菊主产于安徽亳州；滁菊主产于安徽滁州；贡菊主产于安徽歙县一带，亦称菊，浙江德清亦产，另称德菊；祁菊主产于河北安国。此外，还有产自河南的怀菊、四川的川菊和山东的济菊等。

(一) 生物学特性

1. 生长发育习性 菊花为多年生草本植物。一般 3 月上旬萌发，9 月中下旬形成花蕾并开花，10 月中下旬为开花盛期，12 月上中旬地上部分开始枯萎，全年生长期为 290 天左右。

2. 生态环境条件 菊花喜温暖、湿润和阳光充足的环境，能耐寒，稍耐旱，怕水涝。生长期要求土壤湿润，过于干旱，植株分枝少，发育缓慢，产量低，尤其是近花期，不能缺水，否则使花蕾数大减。但水分过多，则易造成烂根死苗。在荫蔽的环境中生长不良。菊花属短日照植物，对日照长短反应敏感，每天不超过 10~11 小时的光照，才能现蕾开花。

菊花喜肥，在肥沃、疏松、排水良好、含腐殖质丰富的砂壤土中生长良好。黏土或低洼之地不宜种植。土壤以中性至微酸或微碱性为好，盐碱地不宜种植。忌连作，否则病虫害重。

（二）规范化种植技术

1. 选地与整地 选地势平坦，排灌水方便，疏松肥沃，排水良好的沙质壤土为扦插育苗地。选地后，施入足量的堆肥作为基肥，深翻后，耙细整平，做 1.2m 高为扦插育苗床。移栽地宜选地下水位低、地势较高、阳光充足、土层深厚、疏松肥沃、富含腐殖质的沙质壤土，选地后，每亩施腐熟肥 3000kg、过磷酸钙 50kg，深翻 20cm 左右，耙细整平，做宽 1.2m 高畦，畦沟宽 30~40cm。

2. 繁殖方法 菊花的繁殖方法很多。以分根和扦插繁殖为主，也可用嫁接和压条繁殖。分根繁殖虽然前期容易成活，但因根系后期不太发达，易早衰，进入花期时，叶片大半已枯萎，对开花有一定影响，花少而小，还易引起品种退化；而扦插繁殖虽较费工，但扦插苗移栽后生长势强，抗病性强，产量高，故目前生产上常用。

（1）扦插繁殖

1）扦插育苗 一般在 4 月下旬至 6 月上旬均可扦插育苗，选择健壮、无病虫害的新枝作为插条，剪成 10~13cm 长的小段，上端平截，下端去掉叶子，于节下剪成斜面，快速在 1000~1500mg/kg 吲哚乙酸溶液中蘸一下，稍晾干，在整好的苗床上，按行距 20cm 横开深 10cm 的沟，将插条沿沟边斜插入沟内，株距 5~8cm，覆土 5~7cm，顶端露出地面 3cm 左右。压实浇透水，加强苗床管理，约 20 天即可发根。当新苗高 20~25cm 时，即可移栽。

2）移栽 苗龄掌握在 40 天左右，于 5 月下旬至 6 月上旬移栽，选阴天或晴天傍晚进行起苗时先将苗床浇透水，带土移栽，成活率高。在整好的畦面上按行株距 40cm ×40cm 挖穴，穴深 6~8cm，每穴栽一株，苗摆正，覆细土压紧，浇透水，每亩栽 5500 株左右。

（2）分根繁殖 在收割菊花的田间，用肥料将选好的种菊根盖好，保暖以防冻害。翌年 4 月下旬至 5 月上旬，发出新芽时，将种菊根挖出，抖净泥土，顺芽带根将种菊根分开，将过长的根切掉，保留 6~7cm。在整好的畦上按行株距 40cm × 40cm 挖穴，深 15cm，每穴栽 1~2 株，苗摆正，覆土压实，浇透水。$1m^2$ 种菊根，可分栽 15~20m^2。

3. 田间管理

（1）中耕除草 菊花是浅根性植物，中耕不宜过深。一般中耕 3~4 次，第一次在移植成活后 1 周左右宜浅松土。表土松，地下稍湿润，使根向下扎，控制水肥，使地上部生长缓慢，否则生长过于茂盛，至伏天不通风透光，易发生叶枯病。第二次在 7 月中下旬。第三次在 9 月上中旬，应深松土，结合培土，以防倒伏。在每次中耕时，应注意勿伤茎皮，不然在茎部内易生虫或蚂蚁，将来生长不佳，影响产量。每次大雨之后，土地板结时，浅锄一次，可使土壤内空气畅通，菊花生长良好，并能减少病害。

（2）追肥　菊花根系发达，细根多，吸肥能力强，需肥量大。结合中耕除草，可进行 3~4 次追肥。第一次在菊苗转青或移栽成活后 5 月上中旬打顶时，每亩施人畜粪尿 1500kg；第二次在 6 月下旬，植株开始分枝时，每亩施人畜粪尿 1500kg，或硫酸铵 10kg；施后培土第三次在 9 月下旬，菊花花蕾将形成时，每亩用较浓的人畜粪尿 2000kg，肥饼 50kg，过磷酸钙 30kg，以促使多结花蕾，也可进行根外追肥，用 2% 过磷酸钙水溶液均匀喷于叶面。先将过磷酸钙用水发散，充分搅拌，务使无颗粒，用水泡一昼夜。施前加足水搅匀，用布袋过滤，而后在晴天下午喷射，最好在傍晚进行，容易吸收。每隔 3~5 天大喷 1 次，共喷 2~3 次。

（3）排灌　菊花喜湿润，但怕涝，春季要少浇水，防止幼苗徒长，按气候而定。保证成活即可。6 月下旬以后干旱，要经常浇水，如雨量过多，应疏通大小排水沟，切勿有积水，否则易生病害和烂根。

（4）打顶　是促使主秆粗壮，增多分枝，多结花蕾，提高产量的有效措施。当菊花移栽前，苗高 20~25cm 时，进行第一次打顶，摘去主秆顶芽 3~5cm；第二次在 6 月上中旬，植株抽出 3~4 枝长 25cm 左右的新枝时，摘去新枝顶芽；第三次在 7 月上旬打顶，摘去二次新枝顶芽，剪除疯长枝条。

（5）选留良种　选择无病、粗壮、花头大、层厚心多、花色纯洁、分枝力强且无病花多的植株，作为种用。然后根据各种不同的繁殖方法，进行处理。因为菊花在同一个地区的一个品种由于多年的无性繁殖，往往有退化现象，病虫害多，生长不良，产量降低，但同时亦有变好的，故选留良种时，特别注意选留性状良好变种，加以培育和繁殖。必要时，可在其他地区进行引种。

（三）病虫害防治技术

菊花的主要病害有叶枯病、霜霉病、枯萎病、花叶病；主要虫害有菊天牛、大春叶蝉、菊蚜、斜纹夜娥、银纹夜娥等。

1. 叶枯病　又叫"斑枯病"，为害叶片。于 4 月下旬发生，雨季发病严重。植株下边叶片首先被侵染。初期，叶片出现圆形或椭圆形的紫褐色病斑，中心呈灰白色，周围很绿，有一淡色的圈，后期病斑上生有小黑点。严重时病斑扩大，造成整株叶片干枯。防治方法：拔除病残叶，集中烧毁；前期控制水分，防止疯长，以利通风透光，雨后及时排水，降低田间湿度。发病前喷 1∶1∶120 波尔多液，发病初期喷 50% 甲基托布津 1000 倍液，每 7~10 天喷 1 次，连续 3~4 次。

2. 霜霉病　春、秋两季雨水大容易发生。被害叶片出现一层灰白色霉状物。严重时全株死亡。防治方法：实行轮作；选育抗病品种和健康种苗栽种；种苗用 40% 霜疫灵 300 倍液浸 10 分钟后栽种。发病初期用 50% 瑞毒霉 300~400 倍液或 40% 霜疫灵 200~300 倍液喷雾防治。

3. 枯萎病 雨季发病严重。受害植株叶片变为黄绿色或紫红色，自下而上蔓延，以致全株死亡。病株根部深褐色，呈水渍状腐烂。防治方法：实行轮作；雨季及时疏沟排水，降低田间湿度；及时拔除病株，并用生石灰消毒病穴。发病初期用 50% 多菌灵 1000 倍液灌根防治。

4. 花叶病 发病植株的叶片呈黄绿相间，叶卷曲。病株矮小或丛枝，枝条细小，开花少，花朵小，严重影响产量和质量。防治方法：选育抗病品种；发现病株及时拔除，集中烧毁，并用石灰消毒病穴；及时防治蚜虫。发病后可喷 50mg/kg 的农用链霉素溶液防治。

5. 菊天牛 又叫"蛀心虫"。成虫和幼虫均能为害菊花。在 7～8 月份菊花生长旺盛时咬食菊花嫩茎梢，并产卵于茎髓部，使茎梢枯死，易折断。卵孵化的幼虫，多在茎分枝处蛀入茎内，因此茎秆分枝处易折断，被害枝不能开花或整枝枯死。防治方法：避免长期连作或与菊科植物间作套种；平时要注意剪除有虫枝条，发现茎枝萎蔫时，于折断处下方约 4cm 处摘除，集中销毁；菊天牛卵孵化盛期可喷洒 40% 乐果乳油 1000 倍液或杀螟松乳油 200 倍液防治。在成虫活动期，每天于早晨露水未干时在菊花园中寻捕成虫。成虫盛发期喷 5% 西维因粉剂，每亩用量 2～2.5kg。

6. 大青叶蝉 成虫、若虫为害叶片，被害叶片呈现小黑点。防治方法：用 40% 乐果乳油 2000 倍液或 50% 杀螟松乳油 1000～1200 倍液喷雾。

7. 菊蚜 于 4～5 月份或 9～10 月份，成、若虫密集于菊花叶背、花蕾和嫩枝梢，吸取汁液，使叶片变黄皱缩，花朵减少或变小。防治方法：实行轮作，清除杂草。发生初期喷 40% 乐果乳油 1500 倍液防治或 50% 灭蚜松乳油 1000 倍液喷雾防治。人工释放瓢虫、草蛉治蚜。

8. 斜纹夜蛾 俗称夜盗蛾、夜盗虫等。以 6～9 月份为害严重。初孵幼虫群集在卵块附近取食叶肉，留下叶脉和上表皮。大龄幼虫进入暴食期，常将叶片蚕食光并为害花与花蕾。防治方法：幼虫为害期，喷施 50% 辛硫磷乳剂 1500 倍液。用荧光灯或用糖醋液（糖∶醋∶水 =3∶1∶6）加少量敌百虫，诱杀成虫。

9. 银纹夜蛾 俗称菜步曲，分布于全国各地。幼虫 7～11 月份为害菊花，叶子被咬食成孔洞或缺刻。防治方法：与斜纹夜蛾相同。

（四）采收与初加工技术

1. 采收 于霜降至立冬采收，以管状花（即花心）散开 2/3 时为采收适期。收获时，将花连其所在的枝从分杈处割下或剪下，扎成小把阴干；或直接剪取花头，随即加工。采摘时用食指和中指夹住花柄，向怀内折断。采花时间最好在晴天露水已干时进行，这样水分少，干燥快，省燃料和时间，减少腐烂，色泽好，品质优。但遇久雨不晴花已成熟，雨天也应采，否则水珠包在瓣内不易干燥，而引起腐烂，造成损失。采下的鲜花立即干制，切忌堆放，应随采随烘干，最好是采多少烘干多少，以减少损失。菊花采收完后，用刀割除地上部分，随即培土，并覆盖熏土于菊花根部。

2. 加工 菊花由于品种较多，产地各异，因此，加工方法也不同，有阴干、晒干、烘干等，以烘干方法最好。

（1）阴干 选晴天下午连花枝一起割下，挂搭好的架上阴干，全干后剪下干花，即为成品。

（2）生晒 将采收的带枝鲜花置架上阴干1~2个月，剪下花朵，每100kg喷清水2~4kg，使均匀湿润后，用2kg硫黄熏8小时左右，熏后稍晾晒即为成品。也可在采收后用硫黄熏鲜花，熏后晒干。

（3）蒸晒 将收获的鲜菊花置蒸笼内，铺厚度约3cm，蒸4~5分钟，取出放烘筛上暴晒，勿翻动晒3天后翻1次，6~7天后，堆起返润1~2天，再晒1~2天，至花心完全变硬时即为成品。

（4）烘焙 将鲜菊花置烤房烘筛上，厚度3~5cm，在60℃左右温度下烘烤，半干时翻动1次，九成干时取出，晒至全干即为成品。以烘干方法为最好，干得快，质量好，出干率高，一般5kg鲜花能加工1kg干货。

你知道吗

菊花不仅好看，还是药用植物，下面就来看看药用菊花的种类有哪些呢？大家来了解一下吧。

1. 滁菊 产于安徽滁州，一般为玉白色，呈不规则的球形或扁球形，内卷曲边缘皱缩，花瓣紧密如玉，花蕊成簇金黄。滁菊的药效最佳，有清热解毒、护肝明目、提高免疫力的功效。滁菊的干燥花瓣不及其他菊花优雅，但去火功力尤佳，平时泡水可以散热明目，同时也有提高睡眠质量的作用。

2. 亳菊 产于药都亳州，花瓣较为疏松，容易开散，多为淡黄色或者白色，花瓣如傲骨刚直，花蕊羞藏于中。亳菊花瓣虽易散但性效不减，有散热明目、解暑的功效，故而较适合在春夏使用。炎炎夏日，熬一碗冰粥，散几瓣亳菊，想必定会在唇喉处寻一份清凉。

3. 贡菊 是黄山的一大特色，相传古时黄帝患眼疾红眼，遍寻名药，徽州知府献上黄山的菊花，皇帝服用后眼疾得以解除，故而用来贡朝廷取名贡菊。贡菊因其生长在黄山得天独厚的环境中，花瓣肥美洁白，均匀不散。贡菊的明目效果尤佳，能够明显的减除眼疲劳，提高视力。相信这个功效很适合现代人们的生活，放下电脑手机，品一杯贡菊，给上火的眼睛及时降温。

4. 怀菊 产于河南焦作，焦作地区古称怀庆府，四大怀药即是此地的出名的道地药材。怀菊生于河南中原大地，得天地之灵，灌黄河之精，花瓣玉白，花蕊深黄，色泽均匀，于滁菊较为相似，功效亦是。不过医者常认为怀菊明目之效较佳，长用于平肝明目。

目标检测

一、单项选择题

1. 红花属于（　　）植物。

A. 长日照　　　　B. 短日照　　　　C. 少日照　　　　D. 长光照

2. （　　）不是红花的主要病害。

A. 枯萎病　　　　B. 茎腐病　　　　C. 炭疽病　　　　D. 花叶病

3. （　　）不是红花的主要虫害。

A. 红花长须蚜　　B. 油菜潜叶蝇　　C. 红蜘蛛　　　　D. 大青叶蝉

4. 菊花主要加工方法不包括（　　）。

A. 蒸晒　　　　　B. 炒制　　　　　C. 烘焙　　　　　D. 阴干

5. （　　）不是菊花的主要病害。

A. 枯萎病　　　　B. 霜霉病　　　　C. 炭疽病　　　　D. 花叶病

6. （　　）不是菊花的主要虫害。

A. 斜纹夜蛾　　　B. 银纹夜蛾　　　C. 红蜘蛛　　　　D. 大青叶蝉

7. 金银花最佳采收时间是（　　）。

A. 上午11时左右　B. 上午8时左右　C. 下午4时左右　D. 晚上11时左右

8. 金银花商品国家标准第3等是（　　）。

A. 开放花朵、破裂花蕾及黄条不超过5%

B. 开放花朵、破裂花蕾及黄条不超过10%

C. 开放花朵、破裂花蕾及黄条不超过20%

D. 开放花朵、破裂花蕾及黄条不超过30%

9. （　　）不是金银花的主要虫害。

A. 柳十木蠹蛾　　B. 银纹夜蛾　　　C. 豹蠹蛾　　　　D. 咖啡虎天牛

二、多项选择题

1. 金银花的主要繁殖的方法有（　　）。

A. 种子繁殖　B. 分株繁殖　C. 压条繁殖　D. 根茎繁殖　E. 有性繁殖

2. 红花田间管理有（　　）阶段。

A. 莲座期　　B. 伸长期　　C. 分枝期　　D. 开花期　　E. 结果期

3. 药用菊花的种类有（　　）。

A. 怀菊　　　B. 贡菊　　　C. 枸杞　　　D. 亳菊　　　E. 红花

三、思考题

菊花有哪些虫害？如何防治？

第五节　种子果实类药材　📱微课3

PPT

一、砂仁

砂仁为姜科豆蔻属植物阳春砂 *Amamum villosum* Lour. 、绿壳砂 *Amamum villosum* Lout. var. *xanthioides* T. L. Wu et Senjen 和海南砂 *Amamum longiligulare* T. L. wu 的干燥成熟果实，别名阳春砂仁、春砂。具有化湿开胃、温脾止泻、理气安胎之功效，属药食两用植物。阳春砂为主要栽培品种，主产于我国广东、海南、广西、云南、福建等省区，以广东阳春产量大、品质好，阳春蟠龙金花坑所产品质最佳，也是广东省立法保护的岭南道地药材。目前，云南文山和红河引种阳春砂的产量和质量也比较高。绿壳砂习称西砂仁，主要靠进口，也产于云南西双版纳，用量较少。

（一）生物学特征

1. 生长发育习性　砂仁为多年生常绿草本植物，四季皆可生长，冬季全株生长缓慢。砂仁种子春播后 20 天即可出苗，当年可长 10 片叶左右，苗高达 30～40cm。伴随茎叶的生长，茎基部萌发幼芽，伏地伸长成匍匐茎，匍匐茎顶芽萌发向上长成幼笋，幼笋生长成直立茎形成新分株，如此又不断分生。每年 3～5 月份和 10～11 月份，是从根状茎上抽生新植株的盛期。种植后的头两年砂仁增生分株快，一般可增生 7～9 次新分株，总计可达 43～46 株，母株会死亡 6～7 株。

砂仁实生苗种植 3 年开花结果，分株苗 2 年就可开花结果。花序主要从匍匐茎节上抽出，少量着生在头状茎上，每分株 1～2 个，多的 3～5 个。壮、老苗花序多，幼、弱苗花序少。每年冬春季节，大概 10 月份至次年 2 月份逐渐分化形成花芽，2～4 月份是笋苗和幼苗旺盛生长期，通常 3 月中旬现蕾，4 月下旬至 6 月开花，8～9 月份为果熟。此时，砂仁又抽生新的笋苗，笋苗和幼苗再次进入旺盛生长期，至 11 月生长逐渐缓慢，进入次年 1～2 月后开始分化花芽。砂仁的花药生长在大唇瓣里，柱头高于花药，花粉粒密生小肉刺，彼此粘连，不能自然传播在柱头上，也不利于昆虫传粉，自然结实率低，一般只有 5%～6%，产区采用人工辅助授粉措施提高产量。种子透性差，发芽慢，发芽不整齐，鲜种子早播种，发芽率高，晒干则易丧失发芽力。

2. 生态环境条件　砂仁属于热带、南亚热带雨林、季雨林植物，喜温暖而凉爽的气候环境，以年平均气温 22～28℃的地区为最适宜。花期气温要求在 22～30℃，过高或过低均影响开花受粉。喜湿润，怕干旱和积水，年降水量 1000mm 以上，年均相对湿度 80% 以上。不同生长发育期对水分要求有所不同。花芽分化发育期土壤含水量以 20%～22% 为宜，土壤过湿提前开花；花受粉期对湿度要求特别严格，要求空气相对湿度 90% 以上，土壤含水量 24%～26%，如干旱，则花瓣不张开，花粉质量差，柱头黏液少，不利于昆虫传粉和受粉结实；果期干旱或水涝都会造成严重落果。砂仁为阴生半阴生植物，喜散射光，忌阳光直射，1～2 实生苗以荫蔽度 70%～80% 为宜，3 年后植株进入开花结果期，以荫蔽度 50%～60% 为宜。宜选底土为黄泥，表土层肥沃疏松，富含腐殖质，保水保肥性强，pH 4.8～5.6 的黑色砂壤土种植。

（二）规范化种植技术

1. 选地与整地

（1）育苗地　宜选择背北向南、通风透光、土壤湿润、排灌方便、土壤肥沃的新垦沙质土作苗床，因为新垦地病害少。播种前精细整地，每亩施厩肥或土杂肥 1500～2000kg，过磷酸钙 20～25kg；碎细平整做畦，畦宽 1～1.2 m、高 15～20cm。

（2）移栽地　应选避风、空气湿度大、土壤肥沃疏松、排灌方便、长有荫蔽林的坡地、山谷及平地。以坡度 15～30°，坡向朝南或东南为好。移栽地应视实际情况提前做好准备工作，除保留树冠宽、落叶后容易腐烂、保水性能良好的树作荫蔽外，其余杂草灌木应伐光铲净。全垦或开成梯带，翻土深 30cm 左右，清除树根，在种植地的上方开环形排水沟，以待定植。

2. 繁殖方法　目前栽培的砂仁原植物主要是阳春砂，主要采用种子繁殖和分株繁殖两种方法。

（1）种子繁殖　目前采用的通常是育苗移栽的方式。

1）种子采收　每年 8 月下旬至 9 月上旬果实成熟时，选择高产的地块作为留种地，从中选果大、果多、无病害的果穗留作种用，当其果实呈紫红色，种子呈黑色或黑褐色时，嚼其种有浓烈的辛辣味时，即将其果穗剪下。

2）种子处理　选取的鲜果置于较柔和阳光下连晒两天，每天晒 2～3 小时（于上午 9～10 时或下午 3～5 时），然后剥开果皮，将种子团搓散，1 份种子加 3～4 份河沙于密孔筛内混合均匀，用手搓揉，除去种子外层胶膜，放入水中筛去沙，取出种子即可播种。如不能立即播种，应湿砂贮藏或阴干贮藏。

3）播种技术　种子最好随采随播，播种一般在采种当年 8～9 月初，最晚不得超过 9 月中旬。此时气温较高，种子发芽快，萌发率高，成苗早。春播宜在第二年惊蛰至清明前后。播时在畦上按行距 12～15cm、深 2cm 开沟，按株距 5cm 每处放种子 2 粒，用腐熟的堆肥与草木灰混合覆盖，淋稀薄人畜粪水，并在畦面上盖一层薄草，每亩播种量 0.6～1kg。

4）苗期管理　播种后要经常淋水保持畦土湿润，以利种子发芽出土，一般 20 天左右幼苗出土，这时应及时把畦上盖草揭开，同时搭盖荫棚，使地内透光度为 20%～30%。当幼苗长至 3～4cm 时，进行一次追肥，每亩施稀薄人畜粪水 1000kg，以后每隔 15～20 天施 1 次，粪水可以逐渐加浓，约进行 3 次。在冬季和早春可施腐熟的牛粪、草木灰等，以保温并增强抗寒能力；寒潮来时，也可用农膜覆盖防寒，风口处应搭设挡风棚。第二年 2 月份以后，每月追肥 1 次，每亩施人畜粪水 1000kg。在幼苗移植前 2～3 个月要适当疏棚炼苗，使透光度增加到 40%～50%。一般培育 1 年，苗高 50cm 以上时定植。

5）移栽定植　广东产区春秋两季均可定植，但以春季 3～5 月份为好，此时天气温暖，雨量充沛，多为阴天，种后易成活。秋季可于8～9月份定植，但雨水较少，需注意淋水或灌溉。云南产区在5～6月份雨季开始时定植较好。定植时宜选阴天进行，按株行距70cm×70cm或1m×1m挖坑，每坑栽苗一株。栽苗时根状茎顶芽应向下或者与梯地平行放置。根状茎老的覆土厚6～9cm，并压实；根状茎嫩的应覆盖松土，不必压实，以免影响抽生花葶结果。然后浇定根水，覆盖稻草或杂草，以保持土壤湿润。

（2）分株繁殖 这是目前使用最普遍的方法，省时、省工，开花结果早。宜选当年生植株，具1～2条地下根茎并带有鲜红色的嫩芽，茎秆粗壮，具5～10片叶者作为繁殖用的分株苗。分出的新植株可适当剪去部分叶片和长根，然后定植。

3. 田间管理

（1）除草与割苗 定植后1～2年内，每年应除草2～3次。开花结果后，每年除草2次，第1次在2月份，清除杂草、枯苗和过厚的树木落叶，同时要割除过多的幼笋，以减少养分的消耗。第2次在秋季果实采收后，割去病枯苗、衰老苗，以促进新分生植株增长，使其多开花结果。割苗要均匀，保持每平方米有苗40～50株。

（2）追肥与培土 结合除草每年施肥2次，第1次在春季除草后，每亩施尿素8～10kg、过磷酸钙15～20kg，混合腐熟的堆肥1000～1500kg；第2次在秋季除草后，每亩施复合肥10kg、豆麸30～50kg、火烧土2000kg。每次施肥后再覆盖一层薄土。

（3）灌溉排水 砂仁根系较浅，抗旱能力差，要经常浇水，保持土壤湿润。进入开花结果龄的砂仁，冬春花芽分化期要求水分少些；开花期和幼果期要求较湿润，遇干旱必须及时浇水；果熟期土壤含水量宜少些，雨水过多，土壤过湿，易发生烂果，要及时排出积水。

（4）调整荫蔽度 不同生育期对荫蔽度的要求不同，幼苗期宜70%～80%，定植后2～3年幼龄期宜60%～70%，开花结果期宜50%～60%。每年采收果实后要砍掉树上过密的树枝，或者间伐一些树，增加一些透光；荫蔽度过小的地方，应在春季补种树苗遮阴。

（5）人工授粉 采用人工授粉结实率可提高40%～70%，大大提高砂仁的产量。人工辅助授粉时间宜在盛花期，从上午8～10时开始，下午2时前结束。抹粉法：先用左手拇指和食指夹住花冠下部，然后用右手食指把雄蕊花粉抹在柱头口。推拉法：用拇指和食指将大唇瓣和雄蕊一同夹住，然后用拇指或食指向下推动雄蕊花药，使已散出的花粉被擦在大唇瓣上，接着再把花药向上拉，使位于花药隔沟上端的柱头口，像"电铲"那样将花粉铲入柱头口。

（6）保果 为预防落果，在花末期和幼果期，喷5mg/L的2,4-D水溶液，或者5mg/L的2,4-D加0.5%磷酸二氢钾，保果率可提高14%～40%；用0.5%尿素喷施花、果、叶，或0.5%尿素加3%过磷酸钙溶液喷施花、果，保果率可提高52%～55%。

（7）衰老苗群更新 结果多年的衰老苗群，必须重割衰老苗和枯老的匍匐茎。在收果后将苗全部割去，只留苗桩高5cm，施经过充分腐熟的混合肥（火烧土5000～10000kg、猪牛栏粪500～1000kg、过磷酸钙5kg）作基肥。春季出苗后，根据苗情适量追肥，2~3 年后苗群复壮，又继续开花结果。

（三）病虫害防治技术

砂仁主要病害为叶斑病、果腐病；主要虫害有黄潜蝇、老鼠等。

1. 叶斑病 先嫩叶发病，病斑水渍状，扩展连成大斑，中部现小黑点，以后叶片变黄干枯。防治方法：发新叶时喷 1：1：150 波尔多液预防。发病期用 50% 托布津 1000 倍液或 50% 多菌灵 1000 倍液交替喷雾。

2. 果腐病 发病初期果皮上现淡棕色病斑，后扩大至整个果实，果实变黑、变软至腐烂。果梗感病呈褐色软腐。防治方法：6~8 月份注意排除积水，增施草木灰、石灰，以增强植株抗病力；于采收前喷 1：1：150 波尔多液或 50% 托布津 1000 倍液；幼果期喷 0.2% 高锰酸钾液。

3. 黄潜蝇 防治方法：3~4 月份成虫卵时用 40% 乐果乳剂 1000 倍液，每隔 5~7 天喷 1 次，连喷 2~3 次。

4. 老鼠 防治方法：4~8 月份特别是结果期，将鼠夹、鼠拢于傍晚设置于砂仁地里进行人工捕杀；或用炒香的谷、糠、或杂粮、炼熟的植物油及磷化锌以 100：3：4 拌匀，制成毒饵进行诱杀。

（四）采收与初加工技术

1. 采收 7~9 月份，当果实由鲜红色变为紫红色，种子由白色变为褐色或黑色，质地坚硬，牙咬有浓烈辛辣味，即为成熟，便可采收。采收不宜过早，过早加工干燥率低，质量差。用剪刀将果穗剪下，切勿用手摘，以防将根状茎表皮撕破，感染病害，影响第 2 年结果，同时应尽量避免践踏根茎。

2. 初加工 采回的果实要及时加工干燥，否则容易霉烂。

（1）**土炕焙干** 将鲜果摊放在竹筛中，盖上湿麻袋，置于炉灶上以文火烘焙（杀青）。当焙至皮变软（五六成干）时，趁热喷水一次，使皮壳骤然收缩，这样种子紧缩无空隙，长久保存也不易发霉；也可取出装于竹箩或麻袋内，加压一夜，使果皮与种子团紧贴（压实）。再装筛置炕上用木炭火炕干，温度控制在 70℃ 以下，并经常翻动（复火）。

（2）**烤房烘干** 将鲜果装于焙筛中，厚约 10cm，送入烤房，先用 90~100℃ 高温烧烤 2~3 小时（杀青）。然后停止加热，让其在余热中保持半小时后，打开烤房门放气降温，使果皮收缩；也可杀青后连筛取出置地上冷却收缩。再装回烤房用 80℃ 温度烘干。

（3）**晒干法** 一般用木桶盛装砂仁，置于烟灶上，用湿麻袋盖密桶口，升火熏烟，至砂仁发汗（即果皮布满小水珠）时，取出摊放在竹筛或晒场上晒干。

（五）留种技术

1. 母株选择 选择无病虫害、生长旺盛、结实多的植株地块作留种地，对留种母株加强田间管理。

2. 选种 采果时从留种地中挑选穗大、果粒多，种子饱满，无病虫害的果实作种。

3. 种子处理 将选取的鲜果置于较柔和的阳光下晾晒 2~3 天，每天晒 2~3 小时，然后剥弃果皮，加等量的细沙擦薄种皮至有明显的砂仁香气为止，浸泡在清水中漂去杂质，取出种子，稍晾干后即可作播种用。若要翌年春播种，可将处理好的种子藏于湿沙中或阴干贮藏，至翌年惊蛰至清明节播种。

4. 注意事项 需要贮藏的果实不能暴晒或烘熏。

你知道吗
_____

阳春砂

阳春砂栽培悠久，并在生产上形成了两个品种，即黄苗仔和大青苗。

1. 黄苗仔 又名矮脚种。茎矮，一般高 1~1.5m，植株耐阴，不耐寒。结果多，产量高，年年结果。果实早熟，立秋前后成熟，比大青苗早成熟约半个月。果实小而较软，圆形，一端较平，淡红色，果柄长，种子红褐色。

2. 大青苗 又名高脚种。茎高 1.5m 以上，植株耐寒，较能耐强光。结果少，产量低，且有大小年之分。果实成熟较迟，处暑后 10 天成熟。果实较大，坚实饱满，椭圆形，一端较尖，红色，果柄短，种子油润黑色。

_____

二、瓜蒌

瓜蒌为葫芦科栝楼属植物栝楼 *Trichosanthes kirilowii* Maxim. 或双边栝楼 *T. rosthornii* Harms 的干燥成熟果实，别名栝楼、瓜楼、药瓜、杜瓜等，具有清热涤痰、宽胸散结、润燥滑肠之功效。另外，种子、果皮和根也均可药用。瓜蒌在我国分布广泛，大部分地区有野生或栽培，主产于山东、河南、河北、山西、陕西、安徽、江苏、湖北、四川、广西、贵州等省区。

（一）生物学特征

1. 生长发育习性 栝楼为多年生草质藤本。实生苗当年不开花结果，第 2 年初果，第 3~8 年左右为盛果期，第 10~13 年少挂果或完全不挂果，最后根部腐烂，完全死亡，多数寿命 10 年左右。植株 6~7 月份进入花期，9 月下旬至 10 月果实成熟，11 月上旬枯萎。花期长达 3~4 个月，果实成熟很不一致。栝楼种子有休眠特性，一般经催芽后才播种。种子失水会丧失生命力，种子含水量过低则发芽率低。据试验，新采果实不脱粒悬挂阴凉干燥室内，20 个月后种子发芽率仍达 100%。由于栝楼为异花授粉植物，种子繁殖难以控制雌雄，一般雄株占 1/3，雌株占 2/3。

2. 生态环境条件 栝楼适应性广，自然分布于海拔 200~1800m 的山坡林下、灌丛、草地和村旁田边。喜温暖气候，较耐寒，但寒冷地区根容易受冻。喜湿润，不耐旱，也怕涝。喜光照，也耐阴，但光照不足时不易开花结实，块根也难于膨大。盛花期如遇长期阴雨天气，瓜蒌将大量减产。通风是瓜蒌丰产的措施之一，过密的藤叶可造成只花不果（虽不断地开花，但相继全部脱落）。

栝楼对土壤要求不严。但因其为深根性植物，主根能深入土中1.5m，故宜选土层深厚、疏松肥沃、排水良好的砂质壤土为好。过于黏重、积水和盐碱地不宜种植。

（二）规范化种植技术

1. 选地与整地

（1）育苗地　宜选土层深厚、疏松肥沃、排水良好的砂质壤土作苗圃，做好排水沟，不宜选择盐碱地及低洼地进行育苗。

（2）移栽地　因根系入土可深达1m以上，故移栽地宜选土层深厚、疏松肥沃、排水良好的砂质壤土平原地，或10～40°的向阳山坡地。于头年封冻前深翻土地，整平耙细，按行距150cm，开深80cm、宽50cm的种植沟，翻出的土要晒干透，然后一层一层地逐次覆入沟内，使土壤充分风化熟透。深翻晒土可有效地预防结线虫病的发生。结合晒土填土，每亩用腐熟厩肥、土杂肥、饼肥、过磷酸钙等混合堆沤过的复合肥共5000kg于沟内作基肥，然后将面土与肥料拌匀，上面再盖一层薄土待栽植。多雨地区应起高畦，畦面呈龟背形。

2. 繁殖方法　可用种子、分根及压条繁殖。用种子繁殖品种易混杂，往往种的是仁瓜蒌，而结的是仁、糖瓜蒌都有，开花结果晚，也难以控制雌雄。故产区种子繁殖，主要是密植以收获天花粉为主，水肥充足的，当年即可收获。生产上收获瓜蒌主要采用分根繁殖。

（1）种子繁殖　目前采用的是育苗移栽且密植的方式。

1）种子采收与处理　果实成熟时，选择橙黄色、壮实而柄短的果实采回挂在室内通风处，第二年播前剖开果壳取出种子，选取粒大饱满的颗粒放于40～50℃温水浸泡24小时，然后取出与湿沙混匀，置室内25～30℃的温度下催芽20～30天，当大部分种子裂口时即可播种。

2）播种技术　一般春播，主产区山东，在清明到谷雨间播种。育苗按行株距15cm×9cm或18cm×8cm距离开沟播种，覆土3～4cm，保持土壤湿润，15～20天出苗。

3）移栽定植　待苗高30cm并能分辨出雌雄株时，进行匀苗间苗。第二年春季按行株距150cm×50cm挖穴栽种，定植时浇足定根水。

（2）分根繁殖

1）种根选择　根据不同的栽培目的要求，选择挖取不同性别的植株块根作繁殖材料。识别雌雄株的方法是，雄株的茎叶表面上有长而深密的白毛，而雌株无毛或稀而短的毛。以收获果实为目的时，宜选择雌株的块根作繁殖材料，并搭配一定数量的雄株块根作种（每亩10株）。若以收获块根天花粉为目的，则全部选用雌株或雄株的块根作繁殖材料。

2）种根直播技术　北方在3～4月份，南方在10月下旬至12月下旬。选叶型、果型均优良、已结果3～5年的栝楼，将块根挖出，选无病虫害、直径3～6cm、折断面白色新鲜者，用手折成4.5～6cm长的小段作种根（如折断面有许多黄色筋则不易成活），切口蘸上草木灰，摊于室内通风干燥处晾放一天，待切口愈合后下种。栽时，在整好的畦面上，每隔60cm挖9cm深的穴，将种根平放穴里，上面盖土3～6cm，用脚踩一遍，使种根与土壤密切接触，然后再培土高6～9cm，做成小土堆，以防人畜践踏和保墒。栽后半个月左右，扒开土堆，以利幼苗出土，一个月左右即可出苗。

（3）压条繁殖　瓜蒌的茎节易生不定根。一般在5～7月份进行，但该法较少使用。宜选3～4年生、生长健壮、产量高的瓜蒌作母株，将藤蔓弯曲埋入土中，在茎节上压土，每节压一堆土，两个月左右便能生根。将节剪断，留根，加强管理，促发新枝，次年春移栽定植。

3. 田间管理

（1）搭架与引苗上架　春季茎蔓长到30cm时，就要搭棚或插杆支架；同时进行摘芽，每棵只留2～3个壮芽供做主茎上架，其余的芽应及时除去。一般2～3行之间搭一架，1行栝楼1行柱子，架子高1.5m、宽2.4～2.7m，用竹竿、树枝搭横架，在架子平顶上横排两行高粱秸，并用绳子固定。主茎长成后，在每棵栝楼旁插上两颗高粱秸，上端捆绑在架子上，每棵选2～3根健壮的茎，引其上架，并去掉多余的茎。

（2）修剪　上架茎如有分枝，要及时掐去，以利养分集中和通风透光；架顶上过多的分枝及腋芽也要及时掐去。待上棚后的主茎长至2～3m时及时打顶，以促进侧枝生长，使茎（滕）蔓尽早封棚。封棚后也要依据栽培目的及生长状况，不断合理地进行打顶、疏枝、摘芽或摘蕾。以收获块根天花粉为目的时，于7～8月份现蕾时将小花蕾摘除，以减少开花消耗养分，促进块根生长，提高天花粉的产量。以收获果实为目的时，在开花期的每天上午进行人工辅助授粉，以提高坐果率。

（3）中耕追肥　栝楼喜肥，肥水减少会引起大量落花落果。整地时施足底肥，栽后第一年，如底肥不足，可在6月间追1次肥。从第二年起，每年追肥2次，第一次在栝楼茎蔓长出30cm高时；第二次在6月中旬（开花之前）。均以有机肥为主，每亩用腐熟大粪500～1000kg或豆饼50kg、尿素10～15kg、过磷酸钙15kg及土杂肥。在离植株四周约15cm开沟，将肥料撒于沟内，填土盖平。施肥后在距植株30cm远处做畦埂，放水浇灌。

（4）灌溉排水　栝楼喜潮湿、怕干旱，栽后如土质干旱，可在离种根9～12cm处开沟浇水，不可浇蒙头水。每次施肥后在距植株30cm处做畦埂，放水浇透水一次。如遇连续阴雨，地块积水时，应及时排水。

（5）人工授粉　在雄株较少时要人工授粉，以提高结果率，在开花期早晨8～9时，用新毛笔或棉花蘸取雄花粉粒，向雌花的柱头上授粉；也可将粉粒浸入眼药水瓶内，滴几滴在柱头上。一朵雄花一般可供10～20多雌花授粉之用。

（6）越冬管理　收获果实后，在封冻前，将离地约1m以上的茎割去，留下的茎蔓盘在地上，培土覆盖在栝楼植株上，形成30cm高的土堆以防冻害。来年扒开土堆，以利出苗。

（三）病虫害防治技术

栝楼主要病害为枯萎病、根结线虫病；主要虫害有黑足黑手瓜、蚜虫等。

1. 枯萎病 为栝楼的主要根部病害之一。栝楼染上枯萎病后，一般种植 5～7 年便死亡，对产量影响很大。防治方法：轮作，年限 5～8 年以上；挖除病根集中晒干烧毁；选无病菌的健壮根作种根，种前用 50% 多菌灵可湿性粉剂 500 倍液浸泡 1 小时；用 70% 甲基托布津可湿性粉剂对种植畦进行土壤消毒，每亩用药 1.5～2kg；施肥要以农家肥、有机肥为主，苗期尽量减少施速效氮肥，始花期以后最好不要施速效氮肥，以利增强植株抗病力。

2. 根结线虫病 是栝楼老产区毁灭性病害。为害根部，病株的侧、须根上全部生有大小不等的根结，后期根部局部或全部腐烂。防治方法：可用 5% 克线磷颗粒剂每亩10kg 拌入细土撒入畦面，翻入土中进行土壤消毒；在块根栽种前，用 50% 辛硫磷乳油浸种。在植株发病初期用低毒杀菌剂多氧霉素或抗霉菌 100～150ppm 药液灌根防治。

3. 黑足黑手瓜 是栝楼的重要虫害，又名黄萤子，属鞘翅目，叶甲科，守瓜亚科。成虫为害叶、花及幼果，幼虫还可蛀入主根，使植株生长势减弱，根部易腐烂，直至整株枯萎死亡。防治方法：成虫危害可用 90% 敌百虫 1000 倍液喷雾，幼虫危害可用鱼藤精 1000 倍液、30 倍的烟碱水灌根，或人工捕捉。

4. 蚜虫 6～8 月份发生，为害嫩叶及顶部，使叶卷曲，影响植株生长，严重时全株萎缩死亡。防治方法：用 40% 乐果 1000～1500 倍液或 50% 灭蚜净 4000 倍液喷杀，或用 1：10 的烟草、石灰水混合液喷施进行防治。

（四）采收与初加工技术

1. 果实的采收 果实于 9～11 月份先后成熟，当果皮表面开始有白粉、蜡被较明显、并稍变淡黄色时，表示果实成熟，便可分批采摘。

2. 初加工 摘收时将茎蔓从离地 1m 处剪断，使瓜蒌在棚上悬挂几天，然后将果实连带茎蔓割下编成辫子，挂于室内阴凉干燥通风处凉干，即成全瓜蒌。在果柄处呈"十"字形剪开，取出瓜瓤，外皮干后即为瓜蒌皮；瓜瓤在水中淘净内瓤，取出种子，晒干即为瓜蒌仁。

（五）留种技术

1. 种子 于每年 9～10 月份选果柄短、果实饱满健康、皮色橙黄熟透的果实留种。如果以果实生产为目的，要在结实率高、果大皮厚品质好的植株上选瓜，将选出的好瓜种吊在阴凉通风处，次年春剖开果实取出种子，阴凉干燥处保存备用。

请你想一想

栝楼的根部一般于栽后第 3 年采挖，可入药用，以生长 4～5 年者为佳。宜霜降前后采挖最好，挖出后去掉芦头，洗尽泥土，趁鲜刮去粗皮，切成 10～15cm 长的短节，粗的可纵剖为 2～4 块，晒干或烘干。或者将根放入清水中浸泡数天，切成小段并捣烂、磨碎、滤去杂质，澄清滤液，取出沉淀物晒干，即为中药材天花粉。那么，天花粉的功效与瓜蒌的功效是一样的吗？

2. 种根　种根繁殖易控制植株雌雄，生产快，种根直播每亩需要 30～50kg。一般结合秋冬季采收天花粉时选留种根。选择生长健壮、无病虫害、结果 3～5 年的良种瓜蒌，挖取块根，置于室内砂藏或窖藏以防冻害。或者春季采挖，切口蘸取草木灰后挖穴栽种。

你知道吗

仁瓜蒌，为主要栽培品种。果实长椭圆形，表面橙红色，皱缩、带弹性；基部略尖，有明显隆线 18～20 条；皮薄、质轻，手摇无响声。剖开内表面黄白色，有浅红色丝络；果瓤橙黄色，稍干，与种子不收缩一起，与内果皮不分离。每果种子约 191 粒，扁平长卵形，表面棕褐色，平滑，一端有种脐，另一端较狭。果实含糖汁较稠，品质优良，产量高而稳定。

糖瓜蒌，果实类球形，表面橙黄色，较光滑，稍皱缩，皮厚；基部微凸，有明显隆线 9～11 条；质重，手摇有响声。剖开内表面黄白色，上有一层黄棕色薄膜，有红黄色丝络；果瓤棕红色，黏稠，与多数种子黏结成团。每果种子约 167 粒，扁平椭圆形，表面深棕色，平滑，一端有种脐，另一端钝圆。果实含糖汁也较稠，但不易干燥，质量次于仁瓜蒌。

三、薏苡

薏苡为禾本科植物薏苡 *Coix lacroyma – jobi* L. var. *mayuen*（Roman.）Stapf 的干燥成熟种仁，别名苡仁、薏米、药玉米，具有利水渗湿、健脾止泻、除痹排脓、解毒散结的功效，属药食两用植物。薏苡是我国栽培面积最大、分布最广的药用植物之一，主产于福建、江苏、河北、安徽、山东、辽宁、四川、浙江、湖北、云南、贵州等省区。

（一）生物学特征

1. 生长发育习性　薏苡整个生育期可分为 4 个生育期。

（1）苗期　历时 40～50 天，叶龄为 1～8 片。4 片真叶后开始进入分蘖期，8～9（10）叶后，小穗开始分化，分蘖期结束。此期决定田间的基本苗和有效分蘖数。

（2）拔节期　历时 15～20 天，叶龄 9～11 片。从第 9 片叶出现起，主茎顶端花序开始分化，基部节间开始伸长。此期决定有效茎（主茎和分蘖）上分枝数的多少。薏苡是分枝性极强的作物，分枝多少直接影响结实数。

（3）孕穗期　历时 8～10 天。此期以生殖生长为主。叶片增加快，茎秆变粗。主茎顶花序进入性器官分化阶段，其他分枝和分蘖茎也处于不同的分化阶段。此期是加强水肥管理，促使多分化花序、提高结实率、争取高产的关键时期。

（4）抽穗灌浆期　历时 60 天。抽穗与灌浆同时进行，很难分开。抽出的花序要经历授粉、结实灌浆阶段。此期在产量上主要决定实粒数和千粒重，是决定高产稳产的第二个关键时期。

2. 生态环境条件　薏苡适应性较强，南北各地均可种植。喜温暖而稍潮湿及阳光充足的环境。忌高温闷热，不耐寒。当气温高于15℃时，薏苡开始出苗；气温高于25℃、相对湿度80%～90以上时，幼苗生长迅速。薏苡耐涝，不耐干旱。薏苡属湿生植物，足够的水分可以达到稳产高产的目的。特别在苗期、抽穗期、灌浆期，薏苡对水分的需要量最大，如遇干旱，植株生长矮小，开花结实少，果实秕粒多，产量低。对土壤要求不严，一般土壤均可种植；但以潮湿、保水性好的黏质壤土为宜。凡干旱瘠薄的砂土不宜种植。忌连作，一般不宜与其他禾本科的作物轮作。

（二）规范化种植技术

1. 选地与整地　一般采用大田直播，近年来也有采用育苗移栽者；以直播为好。

（1）选地　种植地宜选择地形开阔、阳光充足、土层深厚、灌溉和排水方便、肥沃的黏质壤土，稍低洼或平地。前茬以豆类、棉花、薯类等为宜。薏苡对盐碱地、沼泽地的盐害和潮湿的忍受性较强，因此在这些地区发展薏苡生产也是可行的。

（2）整地　前作收获后，于秋季翻耕土地，翻耕深度20～25cm。翻耕前每亩施入腐熟厩肥或土杂肥3000kg、过磷酸钙30kg。春季播种前整平耙细，根据当地情况做畦或垄，一般畦宽2.5～3m，沟深15cm、沟宽40cm，以利灌排。

2. 繁殖方法

（1）种子繁殖　薏苡用种子繁殖。薏苡种子容易萌发，种子寿命为2～3年。

1）种子采收　选择矮秆、分蘖强、分枝多、结籽密、果壳呈黑褐色、成熟期一致的单株作采种株，于果实成熟时采收，晒干，置干燥通风处贮藏。

2）种子处理　种子要先进行精选，排除病粒、秕粒等。精选后，为促进种子萌发，并防止黑穗病，播种前应进行浸泡和消毒处理，其方法有以下几种。

①温水浸种　用60℃温水浸种30分钟。

②开水烫种　将种子装入箩筐内，先用冷水浸泡12小时，再转入沸水中烫8～10秒钟，随后立即移入冷水迅速降温并洗净种子，晾干后下种。

③石灰乳浸种　将种子放入布袋内，浸泡于5%石灰乳或1∶1∶100波尔多液中，24～48小时后捞出，用清水冲洗至无污水为止。

④药物拌种　用种子重量0.4%的20%粉锈宁拌种，预防效果可达100%。

3）播种技术　目前常用的是种子直播的方法。春播一般在3月上旬至4月中旬，其生育期较长、产量较高；夏播则是在油菜或大、小麦收获以后再予播种，因生育期较短，植株比较矮小，可适当增加密度。多采用条播法，一般按行距30～40cm开沟，深3～5cm，将种子均匀撒于沟内，覆土与畦面平，约半个月出苗，每亩用种量4kg左右。南方也用穴播，行株距40cm×30cm左右，每穴播种子6～8粒。播种时若土壤干旱，要先灌水后播种，避免播种后浇水，造成土壤板结，影响出苗。

3. 田间管理

（1）间苗与补苗　当苗高5～10cm时，结合松土除草进行间苗定苗，条播的按株距 10~15cm 定苗，若有缺株，应及时补苗。穴播的每穴留苗 3~4 株。

（2）中耕除草　在苗期要勤松土除草，一般进行 3 次。第 1 次在苗高 5~10cm 时，结合间苗进行；第 2 次在苗高 30cm 左右时，浅松土，促进分蘖；第 3 次在苗高 40~50cm，植株封行前进行，结合追肥培土，以促进根系生长和防止倒伏。封垄后一般不再松土除草。

（3）追肥　一般进行 3 次。第 1 次于苗高 5~10cm 时，每亩施入无害化处理后的人畜粪尿 1000~1200kg，或硫酸铵 10~15kg，以促进幼苗生长健壮和分蘖；第 2 次在苗高 40cm，此时进入孕穗期，每亩追施无害化处理后的人畜粪水 1500kg 或尿素 15kg，加过磷酸钙 20kg，并结合中耕培土，把肥料埋入土中；第 3 次在抽穗扬花前，用 2% 过磷酸钙溶液根外追肥，每亩 7kg 左右（也可浇施人畜粪尿，每亩 2000kg），以促进多结实和籽粒饱满，提高产量。

（4）灌溉排水　薏苡在苗期和抽穗、开花、灌浆期要求有充足的水分，若天气干旱，要在傍晚及时灌水，保持土壤湿润。雨后或沟灌后，要排除畦沟内积水，以减少病害发生。

（5）摘除脚叶　拔节期后，应摘除第 1 分枝以下的脚叶和无效分蘖，以便株间通风透光，促进茎秆粗壮，防止植株倒伏，减轻病害。

（6）人工辅助授粉　薏苡是雌雄同株，借风媒传授花粉。为提高产量，可在花期每隔 3~4 天，在上午 10~12 时，用绳子或长竹竿顺行振动植株上部，使花粉飞扬、传粉，以提高结实率。

（三）病虫害防治技术

薏苡主要病害为黑穗病、叶枯病；主要虫害有亚洲玉米螟、黏虫、地老虎、粉虫等。

1. 黑穗病　又名黑粉病，俗称黑疸，是薏苡的主要病害。主要为害穗部。染病种子常肿大，呈球形或扁球形的褐色瘤，破裂后散出大量黑褐色粉末状孢子，又继续侵染为害。防治方法：种子消毒法，温水浸种、沸水烫种、人尿浸种、药剂消毒等，其中药剂消毒可用 50% 多菌灵、20% 萎锈灵、40% 拌种双或 60% 禾穗炎和狼毒液浸种等；用 2500μg/g 麻黄油浸种，对薏苡黑粉病的防病效果达 63.2%。发现病株，立即拔除并烧毁，病穴用 5% 石灰乳消毒；选用无病害发生年份的种子留作种源控制薏苡黑粉病。

2. 叶枯病　为害叶部。发病初期先在叶尖上出现淡黄色小斑，后病斑扩展连成一片，叶片呈焦枯状死亡。雨季发生严重。防治方法：发病初期喷 1∶1∶100 波尔多液，每 7~10 天 1 次，连续 2~3 次；及时清除脚叶。

3. 亚洲玉米螟　一、二龄幼虫钻入幼苗心叶咬食叶肉或叶脉；二、三龄幼虫钻入茎内为害，蛀成枯心或白穗，遇风折断下垂。玉米螟以老熟幼虫在薏苡茎秆内越冬。防治方法：早春将上年留下的玉米、薏苡茎秆集中烧毁，消灭越冬幼虫；5~8 月份夜间用黑光灯诱杀成蛾；在心叶展开时，用 50% 杀螟松 200 倍液，灌心毒杀。

4. 黏虫　其幼虫在生长期或穗期为害叶片和嫩茎穗。防治方法：在幼虫低龄阶段喷药，用80%敌百虫1000倍液防治；虫口密度较小的地块，可在清晨人工捕杀。

5. 地老虎 属鳞翅目夜蛾科，其对早播薏苡为害比较严重，4月下旬至5月中旬是主要为害期，常咬食幼苗的根和茎基部，使薏苡生长不良或造成严重缺苗。防治方法：可用毒饵诱杀，或在4月中旬用90%敌百虫原药1000~1500倍液喷洒。

6. 粉虫 又名夜盗虫。幼虫为害叶片，叶片受害后呈不规则缺刻，也为害嫩茎及嫩穗。大量发生时能把叶片吃光，造成严重减产。防治方法：幼虫阶段可用50%敌敌畏800倍液喷雾，或用糖醋液（按糖∶醋∶白酒∶水＝3∶4∶1∶2的比例拌匀）诱集捕杀成虫。

（四）采收与初加工技术

1. 采收加工 秋季9~10月份，茎叶变枯黄，有80%果实呈浅褐色或黄色时，将茎杆割下。

2. 初加工 用打谷机脱粒，晒干，扬净空壳。晒干后用碾米机碾去外壳和种皮，筛净后晒干，即成。

（五）留种技术

种子采收前，选分蘖性强、结实密、成熟期较为一致的丰产性单株作为种株，待种子成熟时，分别采收，选粒，要剔除变种、有病虫害及未熟的种子，选留饱满、具光泽的种子作为翌年繁殖用种。

你知道吗

薏苡各地栽培类型很多，各地在长期栽培中已形成地方栽培品种，如四川白壳薏苡、辽宁省易于加工脱壳的薄壳早熟薏苡、广西有糯性强的薏苡品系等。在南北异地引种时，应注意原产地的生态条件（温度和光照时间）和其生育期长短，尤其是薏苡一般为秋熟作物（短日照类型），如盲目从南方引种，有可能造成减产或绝收的结果。如四川选育的黑壳薏苡，种植在海拔1000m左右的地区，产量高，籽粒饱满，出米率也高；在海拔低的地区生长差，产量低。

四、决明子

决明子为豆科植物钝叶决明 *Cassia obtusifoli* L. 或决明（小决明）*Cassia tora* L. 的成熟干燥种子，别名草决明、假绿豆，具有清热明目、润肠通便的功效，属药食两用植物，且有绿化观赏价值。全国各地均产，南方主产于贵州、广西、安徽、四川、浙江、广东等省区；北方主产于河南、河北、山东等省区。

（一）生物学特征

1. 生长发育习性 一年生草本。一般3~4月份播种，9月份成熟，生长期150天左右。种子寿命长，容易发芽，正常种子的发芽率在90%以上，发芽适温为25~30℃。

2. 生态环境条件 决明适应性较强，我国南北均有分布，以温暖、湿润、阳光充足的环境生长较好。高温季节较短的地区种植，种子发育不良，饱满度较差。不耐旱，不耐寒，幼苗及成株易受霜冻脱叶致死，种子不能成熟。在北方栽培时应适时早播或选用早熟品种，否则种子成熟不良。决明对土地要求不严，壤土、黏土、腐殖土及闲散地均可种植，但以排水良好、土层深厚、疏松肥沃、pH 6.5～7.5的沙质壤土为宜；土壤过于黏重和盐碱地、低洼地、阴坡地不宜种植。不宜连作，否则产量很低。

（二）规范化种植技术

1. 选地与整地　一般采用大田直播的方式。

选择地势高燥、向阳、疏松、肥沃、排水良好的沙质壤土，每亩施入腐熟的土杂肥3000kg、过磷酸钙50kg、硫酸钾30kg、尿素20kg，均匀撒在地面上作基肥，耕翻、耙细整平，做成宽1.2～1.5m的平畦或高畦。若是坡地成片栽种，可不做畦，但应做好排水沟，以防暴雨山洪冲刷及地内积水。

2. 繁殖方法

（1）种子繁殖　决明用种子繁殖，常选择小决明这个品种来种植生产决明子。

1）种子的采收　于9～10月份，当植株上的荚果由绿变为黄褐色或黄白色时采收，种荚中种子大小不一，结实程度有差异。宜选生长健壮、无病虫植株摘下荚果，晒干后打出种子，去净杂质贮存，取种子大、结实、无病虫害的留作播种使用。

2）种子处理　播种前将种子用50℃左右温水浸泡24小时，剔除浮起的秕粒和虫蛀粒，待其吸入水分膨胀后，捞出饱满的种子，晾干表层水分，拌草木灰播种即可。

3）播种技术　决明一般采用春播。南方于3月下旬，北方于4月上中旬（气温一般在15～20℃时为宜）播种。播种以条播为宜，行距40～50cm，开5～6cm深的沟，将种子均匀撒在沟内（种距约20cm）；也可在做好的畦面上按行距50cm×50cm进行穴播，每穴5～6粒。播种后均覆土1.5～3cm，并稍加镇压，播后经常保持土壤湿润，7～10天即可发芽出苗。北方若遇天旱，要先灌水后播种，不要播后浇水，以免表土板结影响出苗。

3. 田间管理

（1）间苗、定苗、补苗　幼苗出土后，当苗高3～5cm或幼苗3～4片真叶时，间苗；当苗高10～15cm时，一般按25cm左右的株距定苗或每穴留2～3株。如发现缺苗，及时补栽，做到苗齐、苗全、苗壮。

（2）中耕除草　出苗后至封行前，要勤于中耕、浇水，保持土壤湿润，雨后土壤易板结，要及时中耕、松土，最后一次中耕时培土，可防倒伏。

（3）追肥　一般进行3次。第一次松土浅锄除草结合间苗，进行追肥，每亩施腐熟人粪尿水500kg；第二次在分枝初期，中耕除草后，每亩施人粪尿水1000kg，加过磷酸钙40kg，促进多分枝，多开花结果；第三次在封行前，中耕除草后，每亩施腐熟饼肥150kg，加过磷酸钙50kg，促进果实发育充实，籽粒饱满。

（4）排灌水　决明生长期需水比较多，特别是苗期干旱，幼苗生长缓慢；花期干旱，会落花，荚果不易成熟。因此，应注意勤浇水，经常保持畦面湿润；雨季要注意排水，长期积水容易造成植株溺死而造成减产。

（三）病虫害防治技术

决明的主要病害为灰斑病、轮纹病；主要虫害有蚜虫等。

1. 灰斑病 是决明较为常见的病害，主要危害叶片。开始时，叶片中央出现稍淡的褐色病斑，继而在病斑上产生灰色霉状物。高温多雨、潮湿环境条件下，发病严重。防治方法：发现病株，及时清园拔除，集中烧毁深埋；发病的病穴用 3% 的石灰乳进行土壤消毒。发病初期用 50% 的多菌灵 800～1000 倍液喷雾防治；严重时，喷 0.3 波美度石硫合剂。

2. 轮纹病 是由一种真菌引起的病害，茎、叶、荚果均可感染。发病初期，病斑近圆形，后期病斑密生黑色小点（病原菌之分生孢子器）并扩展呈轮纹状，但不明显。防治方法：同灰斑病处理。

3. 蚜虫 在苗期较易发生。防治方法：用 40% 乐果 1000～1500 倍液或 50% 灭蚜净 4000 倍液喷杀，或用 1：10 的烟草、石灰水混合液喷施进行防治。

（四）采收与初加工技术

1. 采收 春播于当年秋季 9～10 月份果实逐渐成熟，待荚果变成黄褐色时陆续收获，将全株割下，运回。

2. 初加工 将运回的决明在晒场晒干，打出种子，去净杂质，再将种子晒至全干即可。用麻袋包装，贮存在通风、干燥、阴凉处，注意防潮发霉和防止鼠害。

（五）留种技术

在采收时，选择生长健壮、无病虫害的植株单独脱粒，单独保存作为种用。

你知道吗

决明子具有清肝、利水通便之功效，对治疗风热赤眼、青目、雀盲、高血压、高脂血病、肝炎、习惯性便秘也有疗效。可以决明子为主体，搭配其他一些物料，如：茶叶、蜂蜜等制成具有保健功能的饮料，具有很大开发市场。决明子经烘烤后有浓郁的咖啡香气，具独特的风味，且其乳化性和加工性都较好。现已开发出许多保健饮料、食品，如通便保健茶、龙珠健美丸、速溶保健决明茶、玉米茶饮料等。

目标检测

📱 自测题

思考题

1. 砂仁的生长环境有哪些特点？
2. 砂仁的采收与产地加工应注意哪些问题？
3. 为何瓜蒌主要采用块根繁殖而不是种子繁殖？
4. 综述提高瓜蒌产量的关键技术。

5. 薏苡应该如何施肥？为什么？

6. 如何有效防治薏苡黑穗病？

7. 决明播种前为什么要用水浸泡种子？

8. 决明应如何施肥？为什么？

第六节 菌类药材 微课4

PPT

一、灵芝

灵芝为多孔菌科真菌赤芝 *Ganoderma lucidum*（Leyss. ex Fr.）Karst. 或紫芝 *Ganoderma sinense* Zhao，Xu et Zhang 的干燥子实体，别名菌灵芝、木灵芝、灵芝草、还阳草、瑞草、仙草等，具有补气安神、止咳平喘的功效。灵芝始载于《神农本草经》，过去药用灵芝均为野生，我国20世纪70年代人工培育成功。全国各地均有野生或栽培，现主产于山东、吉林、河北、山西、陕西、安徽、江苏、湖北、浙江、福建、江西、广东、广西等省区。

（一）生物学特征

1. 形态特征 灵芝没有叶绿素，不能进行光合作用，靠分解木材或培养料中的木质素、纤维素、半纤维素、有机氮等，从中吸取营养，营腐生生活，属于腐生菌。灵芝的营养体为菌丝体，菌丝体由菌丝组成，菌丝白色管状，生活在营养基质中。菌丝体生长成熟后长出子实体，子实体是灵芝的繁殖器官，也是主要的药用部位，呈伞形，有柄，菌柄圆柱形，侧生或偏生；菌盖呈肾形、半圆形或近圆形，红褐、红紫或紫色，盖面有同心环带和环沟；菌肉白色木栓质。孢子卵形，内有油滴。

2. 生活史 灵芝担孢子在适宜的条件下萌发形成单核菌丝（初生菌丝），两个不同极的单核菌丝经过质配形成双核菌丝（次生菌丝），双核菌丝通过锁状联合生长伸长，再通过特化、聚集、密接形成子实体原基，子实体原基向上生长形成柱状菌柄，菌柄发育到一定程度，其顶端一侧就长出菌盖。子实体成熟后从菌盖下的子实层弹射出担孢子，又开始新的发育周期。灵芝生活史：担孢子→芽管→单核菌丝→双核菌丝→子实体→担孢子。

3. 生态环境条件

（1）营养 灵芝为木腐性真菌，对木质素、纤维素、半纤维素等复杂的有机物质具有较强的分解和吸收能力。人工栽培用大多数阔叶树及木屑、树叶、稻草粉、甘蔗渣、作物秸秆、棉籽壳等加入麦麸等可作灵芝的培养料。

（2）温度 灵芝为高温型真菌，生长适应温度范围为12～32℃，以25～28℃为最佳。高于35℃，菌丝体生长易衰老自溶，子实体死亡；低于12℃，菌丝生长受到抑制，子实体也不能正常生长发育。温度不适，会产生畸形菌盖。

（3）湿度 菌丝生长阶段，培养基含水量以55%～65%、空气相对湿度以65%～70%为宜。子实体生长阶段，培养料含水量以60%～65%、空气相对湿度以85%～

95%为宜。

（4）空气　灵芝为好气性真菌，培养过程中，要加强通风换气，增加新鲜空气，减少有害气体，使灵芝正常生长发育。

（5）光照　菌丝生长阶段不需要光照，光照充足，对菌丝生长有制抑制作用。子实体分化阶段需要较多的散射光，光线微弱，子实体瘦小，易出现畸形；光照过强，对子实体生长也不利。

（6）酸碱度　灵芝喜偏酸性环境，pH 在 3~7 之间均可生长，pH 5~6 为最佳。

（二）规范化种植技术

1. 菌种培养　灵芝菌种培养过程包括母种（一级菌种）培养→原种（二级菌种）培养→栽培种（三级菌种）培养。各级菌种的培养包括培养基（料）的制备、灭菌、消毒、分离、接种、培养、保存等环节。所用器皿、工具均要消毒，在无菌环境接种。

（1）母种培养　母种来源于灵芝组织分离或灵芝孢子培养，母种培养首先要制备母种培养基。母种培养基多采用马铃薯－琼脂培养基，其配方为：去皮马铃薯 200g（切成块）、葡萄糖 20g、琼脂 20g、磷酸二氢钾 3g、硫酸镁 1.5g、维生素 B_{12} 1 片、水 1000ml；可制得 120 支试管培养基。

取新鲜、成熟的灵芝，用清水洗净，然后用 75% 乙醇或冷开水冲洗。在无菌条件下，于菌盖或菌柄内部，切取 1 块黄豆大小的组织接种于斜面培养基中央，置 24~25℃温度下培养 7~10 天，菌丝长满斜面，便得母种。母种的菌丝为白色，均匀，生长旺盛，布满斜面。也可用孢子接种在培养基上培养成母种，方法是选优良的已开始释放孢子的灵芝子实体，消毒处理后收集孢子（可用纸袋将菌盖罩住收集，子实体发散孢子可延续 1 个月左右），再挑取适量孢子接种到培养基上，经过培养，可获得 1 层薄薄的菌苔状的营养菌丝，即母种。

（2）原种和栽培种培养　把母种接种到原种培养料上，扩大为原种，再由原种扩大为栽培种，以满足栽培所需菌种的量。生产量不大时，可直接用原种栽培。生产原种或栽培种的培养料配方与袋（瓶）栽灵芝的培养料配方相同。主要原料为木屑或棉籽壳，再加适当辅料制成混合培养料。配方 1：麦粒 99%，石膏 1%，水 65%；配方 2：木屑 78%，麸皮 20%，石膏 1%，黄豆粉 1%；配方 3：甘蔗渣 75%，麸皮 20%，蔗糖 1%，石膏 1%，黄豆粉 1%；配方 4：棉籽壳 80%，麸皮 16%，蔗糖 1%，生石灰 3%。

按配方每 100kg 干料加水 140~160kg，把料拌匀配好，装入原种瓶或栽培袋内，培养料不能装得过满，要留一定空间接菌种。装好料后在中间打一孔至近袋（瓶）底，擦净袋（瓶）表面污物，用牛皮纸封口。高压或常压高温灭菌。冷却后接上菌种，一支母种管大药可以接 5 瓶原种，一瓶原种可接 50~60 瓶栽培种。接种后放入培养室培养，注意控制条件。25~30 天后菌丝长满瓶，便可进行接种栽培。

2. 栽种技术　灵芝栽培有段木培养法、袋栽法和瓶栽法等。袋栽法是目前主要的生产方式，可以在室内、温室、大棚和露地进行栽培。段木培养法主要是熟料短段木法，生料段木法和树桩栽培法较少应用。瓶栽法为最早采用的人工栽培法，由于子实体产量较低，很少用于规模生产，基本方法同袋栽法。

（1）袋栽法　工艺流程：备料与配料→装袋与灭菌→接种→菌丝培养→出芝管理→采收加工。在人工控制条件下，全年可培养。自然条件下，主要为春栽，即 3～4 月份制种，4～5 月份接种栽培；秋栽则 7 月份制种，8 月份接种栽培。

1）备料与配料　见"原种和栽培种培养"部分。

2）装袋与灭菌　一般选用厚约 0.04mm 的聚氯乙烯或聚丙烯塑料袋，长 36cm、宽 18cm。将配好的培养料装入袋中，装至离袋口约 8cm，装料量合干料约 500g，要装实；将袋口空气排出后用绳子扎紧，放入灭菌锅中，在 1.5kg/cm² 条件下灭菌 1.5～2 小时，或常压 100℃ 下灭菌 4 小时，再停火焖 5 小时；冷却到 25℃ 左右出锅。

3）接种　在无菌条件下进行接种，菌种与培养料要接触紧密，把袋口及时扎好。每瓶菌种可接 20～30 袋。把接种好的菌袋放入培养室或大棚，堆放在培养架上进行菌丝培养，即发菌。温度控制在 22～30℃，最佳为 24～28℃，避光培养，注意通风降温。1 周左右检查一次，弃去污染菌袋。10 天左右菌丝可长满袋。

4）出芝管理　菌丝生长到一定程度（约 30 天）时，其表面会形成指头大小的白色疙瘩或突起物，即子实体原基，又叫芝蕾或菌蕾。这时要解开塑料袋口，让灵芝向外生长，芝蕾向外延长形成菌柄，约 15 天菌柄上长出菌盖，30～50 天后成熟，菌盖开始散出孢子，即可采收。其间，要通过通风、向空中喷水等措施，控制温度在 24～28℃、空气相对湿度 90%～95%，保持空气新鲜。光线以散射光为宜。

（2）室外栽培法　子实体培养也可以埋于土中进行，称室外栽培、露地栽培、埋土栽培或脱袋栽培。挖宽 80～100cm、深 40cm 的菌床，长度视地块条件和培养量而定。将培养好菌丝的菌袋脱去塑料袋，竖放在菌床上，间距 6cm 左右，覆盖富含腐殖质细土 1cm 厚，浇足水分。床上搭建塑料棚并遮阴，避免直射光，保持温度在 22～28℃，空气新鲜，相对湿度 85%～95%。10 天后床面出现子实体原基，再经 25 天后陆续成熟，即可采收。该法比室内袋栽产量要高，质量要好。

（三）病虫害防治技术

灵芝主要病害为青霉菌、木霉菌侵染，褐腐病；主要虫害为蛞蝓、跳虫等。

1. 青霉菌　主要侵染水分大、杂质多的芝盖菌孔，初期菌丝白色，渐变成灰绿色，后期产生大量的蓝绿色分生孢子，呈不均匀浓厚一层，菌孔表面变污褐色，严重时芝盖边缘及菌柄上布满孢子堆。防治方法：接种过程要无菌操作；培养料消毒要彻底；适当通风，降低湿度。轻度感染的可用烧过的刀片将局部杂菌和周围的树皮刮除，再涂抹浓石灰乳防治，或用蘸 75% 乙醇的脱脂棉填入孔穴中；严重污染的应及时摘除。

2. 木霉菌　生长期侵染生活力较弱的芝蕾，病部初期为一层茸毛状污白色菌丝，很快形成一簇绿色分生孢子团，后期菌孔表层发生褐变，霉味浓重。防治方法：同青霉菌处理。

3. 褐腐病　由繁殖在子实体组织间隙的荧光假单胞菌和细胞内部的未知杆状细胞引起。在灵芝生长期发生，主要侵染芝蕾。发病初期，芝蕾局部湿腐变浅红色至褐色，整个芝蕾逐渐僵缩褐腐，表面黏滑，菌肉挤出灰褐色液体，有腐臭味，后芝蕾着生处菌丝料变黑腐败。侵染幼芝，可造成水肿状黑腐。防治方法：注意通风和保湿，避免高温高湿；及时清除病害的芝体，或用5%新洁尔灭1000倍液喷雾灭菌。

4. 蛞蝓　幼虫与成虫均取食子实体，常将菌盖咬成缺刻，造成芝体残缺不全。防治方法：搞好芝场卫生；在夜间进行捕杀，或制作成毒饵进行诱杀。

5. 跳虫　在灵芝生长期，喜欢在鲜湿的灵芝菌孔及湿腐的菌丝料中取食孢子、芝肉和肉丝，造成菌孔表层斑驳或呈海绵状，菌丝消失，幼芝萎缩。此类害虫往往发生量大，转移迅速，还可携带和传播其他病害。防治方法：做好芝场隔离，防止外来虫源侵入；改善芝场环境卫生，及时清除废料和杂物；用0.4%敌百虫喷洒。

（四）采收与初加工技术

1. 采收　从芝蕾出现到采收子实体需40~50天，这时，颜色已由淡黄转成红褐色，菌盖颜色和菌柄相同，菌盖不再增大增厚，由软变硬，有孢子粉射出，芝体成熟。采收时从菌柄基部剪下或摘下灵芝。采收后，喷足水分，在适宜条件下，5~7天又可长出芝蕾，形成新的子实体。

2. 初加工　灵芝采收后，去除杂质，晒干或烘干。晒干：将灵芝单个排列，要经常翻动，夏季一般4~7天可以晒干。烘干：可以逐渐把温度升到65~80℃，需10~16小时。也可以先日晒2~3天，然后集中烘干约2小时。以含水量11%~12%为宜。

（五）留种技术

1. 灵芝菌种保藏　将菌种瓶菌丝长入培养料1/2~2/3高度时，取出菌种瓶，用灭菌过的薄膜与牛皮纸代替棉塞封口，绳扎紧后再用矿物蜡密封。将菌种瓶用黑布或黑纸包好后置4℃冰箱中保存，一般可保存1年。或用试管斜面菌种，存放在4℃冰箱中保存，但保存期短，宜存放3~6个月后移管1次，移管次数不宜多，次数多时容易造成菌种老化。将去除水分的液状石蜡油注入试管斜面中，使油高出试管斜面尖端1cm即可，注意添加石蜡，并1~2年移管1次，可保存2~10年。

2. 灵芝菌种提纯复壮　随着菌龄的增长和养料的消耗，菌种必然会出现老化现象。老化的菌种生命力减弱，其产品质量与产量均会受到影响。菌种退化是染色体的变异，菌种的整体性不因外界条件影响而变化，而且这种性能会转给后代。菌种一旦退化，菌株生长可能出现质变、菌丝越长越稀疏、产孢子能力下降、代谢产物产生变化等各种表现形式。复壮方法是通过对保藏菌种进行移管培养，使其菌株恢复到原菌株的生长状况；或对该菌株进行人工栽培，对子实体进行组织分离，让新得到的菌丝体恢复到原菌株的生长势。

你知道吗

灵芝袋栽开口技巧

研究显示，袋栽灵芝如何开出芝口，对原基分化形成和子实体的生长发育，以及提高灵芝的产量质量起着重要作用。

1. 开口时间　开出芝口的时间，一般都是在菌丝长满袋或菌丝扭结现原基时进行。若提前在菌丝吃料 1/2 ~ 2/3 袋时开出芝口，因为这时菌丝生长旺盛、活力强，在袋上部生长菌丝的部位开出芝口，随即适当见光、通风、保温、保湿，菌丝即开始扭结现原基，而下部菌丝仍能继续向袋底部生长，这样可提前 5 ~ 7 天出芝，提高产量。

2. 开口方式　袋栽灵芝开出芝口的方式较多，如打开袋口或在袋膜上开"V""十""一"字形口。以打开袋口的方式为佳，在袋膜上开"V"字形出芝口也比较好，其他的几种开口出芝方式是不可取的。原因是：打开袋口，由于口径较小，既能通气又能控制培养基水分蒸发，在适宜条件下原基分化形成较快。开"V""十"和"一"字形出芝口，因其袋膜仍覆盖着培养基，故通气不及打开袋口，不利于原基分化形成。

3. 开口数量　开出芝口的个数宜少不宜多，其目的是控制同期每袋出芝朵数。如果采取打开袋口方式，就不必再开出芝口。一般每袋开出芝口不应超过 2 个，以 1 个为宜。1 个出芝口，同时形成 1 ~ 2 朵灵芝，芝形的圆正率高，芝盖大而厚实，产量高，质量优。否则，出芝口过多，必然形成过多的原基，养分供应分散，长成的灵芝不仅朵小产量低，而且鹿角形等畸形芝多，降低了灵芝的质量。

4. 开口深度　与原基分化形成关系密切。实践证明，开出芝口时不但要割破袋膜，还要划破菌膜，使培养基暴露，深度以 0.5 ~ 1.0mm 为适。划破菌膜不但有利于空气进入，也切断菌丝促进原基分化形成。

二、茯苓

茯苓为多孔菌科真菌茯苓 *Poria cocos*（schw.）Wolf 的干燥菌核，别名云苓、松苓、白茯苓、松薯、松腴等，具有利水渗湿、健脾宁心的功效，属药食两用菌类。茯苓始载于《神农本草经》，我国人工栽培历史悠久，已有一千多年。全国各地均有野生或栽培，主产于安徽、湖北、河南、云南等省区，以云南所产品质较佳，安徽、湖北栽培的产量较大。

（一）生物学特征

1. 形态特征　茯苓为一种大型真菌，由菌丝体和子实体组成。即体白色绒毛状，由许多分枝菌丝组成。在一定条件下，多数菌丝体聚集扭结形成菌核，菌核为茯苓的药用部位。菌核呈球形、椭球形或不规则块状，大小不一，重量不等。菌核表面粗糙呈瘤状皱缩，新鲜时淡棕色或棕褐色，干燥后深褐色至黑褐色。菌核皮内为茯苓肉，白色。茯苓子实体通常生于菌核表面，呈蜂窝状，大小不一，无柄平卧，初现时白色，老后木质化淡黄色。子实体成熟后产生担孢子，担孢子呈长椭圆形或近圆柱形，灰白色。

2. 生长发育习性　茯苓为兼性寄生真菌，寄生在松根或松木上，依靠菌丝体分解、吸收、转化寄主或培养料中的营养物质进行生长发育。在适宜条件下，茯苓的孢子与松木结合，先萌发产生单核菌丝；而后发育成双核菌丝，再形成菌丝体。当菌丝体大量形成，占满整个营养基质，就开始聚结成团，形成菌核。菌核表面的菌丝直接与土壤接触、摩擦，发生破损，内含物溢出，又与表面菌丝黏结，从而形成皮壳状的茯苓皮。菌核内部不断增大，胀破茯苓皮形成许多裂痕。如果裂痕不再增多或者茯苓光滑无裂痕，则是茯苓生长停止或是生长衰退、缓慢的标志。

3. 生态环境条件 茯苓适应能力强，野生分布广，海拔50~2800m均可生长，但以海拔600~900m分布较多。多生长在干燥、向阳、坡度10°~35°、有松树分布的微酸性砂壤土层中，一般埋土深度为50~80cm。茯苓菌丝生长温度为18~35℃，以25~30℃生长最快且健壮，35℃以上菌丝容易老化，10℃以下生长十分缓慢。茯苓生长对水分的要求是，以寄主（树根或木段）的含水量在50%~60%、土壤含水量在25%~30%为宜。茯苓为好气性真菌，只有在通气良好的情况下，才能很好生长。

（二）规范化种植技术

1. 段木栽培法

（1）菌种的准备 茯苓多采用菌种引种松树段木栽培，接种松木可采用肉引种、木引种、菌引种等多种菌种。

1）肉引种 选择1~2代种苓，以皮色紫红、肉白、浆汁足、质坚实、近圆形、有裂纹、个重2~3kg的种苓为佳。

2）木引种 将上一年下窖已结苓的老段木，在引种时取出，选择黄白色、筋皮下有菌丝，且有小茯苓又有特殊香气的段木作引种木，将其锯成18~20cm长的小段备用。

3）菌引种 即用茯苓纯菌种作种。纯菌种制作一般包括培养母种、原种、栽培种三个阶段，获得的栽培种是含菌的松木片（块），制作方法请参看相关资料。

（2）段木的准备

1）段木制备 冬季或在栽培前50~60天进行。松树砍伐后，去掉枝条，然后削皮留筋（筋即不削皮的部分），即用利刀沿树干从上至下纵向削去部分树皮，削一条，留一条不削，这样相间进行。剥皮留筋的宽度，视松木粗细而定，一般为3~5cm，使树干呈六方形或八方形。削皮应深达木质部，以利菌丝生长蔓延。

2）截料上堆 段木干燥半个月之后，进行截料上堆。直径10cm左右的松树，截成80cm长一段，直径15cm左右的则截成65cm长一段。然后按其长短分别就地堆叠成"井"字形，使之干燥，上盖草或树皮防雨淋，一般需放置约40天。

（3）下窖方法

1）选地与挖窖

①选地 选择土层深厚、疏松、排水良好、pH 5~6的砂质壤土（含砂量在60%~70%），坡度10~25°的向阳坡地种植为宜。最好是生荒地，无白蚁为害的地方。

②挖窖 地选好后，一般于冬至前后进行挖窖。先清除杂草灌木、树蔸、石块等物，然后顺山坡挖窖。窖长65~80cm、宽25~45cm、深20~30cm、窖距15~30cm，或长80~90cm、宽50~60cm、深30~60cm、窖距33cm，将挖起的土，堆放于一侧，

窖底按坡度倾斜。

2）下窖接种

①段木下窖 在4~6月份栽种时选晴天进行。每窖下段木的数量，视段木粗细而定。通常直径4~5cm的小段木，每窖放入5根，下3根上2根，呈"品"字形排列；直径8~10cm的放3根；直径10cm以上的放2根；特别粗大的放1根。排放时将两根段木的留筋面贴在一起，使中间呈"V"字形，以利传引和提供菌丝生长发育的养料。

②接种 肉引接种在产区常采用下列3种："贴引"，即将种苓切成小块，厚约3cm，将种苓块肉部紧贴于段木两筋之间；"种引"，即将种苓用手掰开，每块重约250g，将白色菌肉部分紧贴于段木顶端；"垫引"，即将种引放在段木顶端下面，白色菌肉部分向上，紧贴段木。然后用砂土填塞，以防脱落。木引接种是将老段木小段，紧附于段木顺坡向上的一端。接种后立即覆土，厚7~10cm，使窖顶呈龟背形，可覆盖地膜，防止雨水渗入窖内。

（4）苓场的田间管理

1）护场、补引 接种后要防止人畜践踏，以免菌丝脱落，影响生长。10天后进行检查，如发现茯苓菌丝延伸到段木上，表明已"上引"。若发现感染杂菌而使菌丝发黄、变黑、软腐等现象，说明接种失败，则应选晴天进行补引。补引是将原菌种取出，重新接种。一个月后再检查一遍，若段木侧面有菌丝缠绕延伸生长，表明生长正常。

2）除草、排水 苓场应保持无杂草，以利光照。雨季或雨后应及时疏沟排水、松土，否则水分过多，土壤板结，影响空气流动，使菌丝生长发育受到抑制。

3）培土、浇水 茯苓在下窖接种时，一般覆土较浅，以利菌丝生长迅速。当8月开始结苓后，应进行培土，厚度由原来的7cm左右增至10cm左右，不宜过厚或过薄，否则均不利于菌核的生长。每逢大雨过后，须及时检查，如发现土壤有裂缝，应培土填塞。随着茯苓菌核的增大，常使窖面泥土龟裂，甚至菌核裸露，此时应培土，并喷水抗旱。

2. 树蔸栽培法 选择松树砍伐后60天以内的树蔸栽培最好。选晴天，在树蔸周围挖土见根，除去细根，选粗壮的侧根5~6条，将每条侧根削去部分根皮，宽6~8cm，在其上开50cm的干燥木条，也开成凹槽，使其与侧根上的凹槽成凹凸槽型配合。然后在两槽间放置菌种，用木片或树叶将其盖好，覆土压实即可，栽后每隔10天检查1次，发现病虫害要及时防治。在9~12月茯苓膨大生长时期，如土壤出现干裂现象，须及时培土或覆草，防止晒坏或腐烂。培养至第二年4~6月即可采收。

（三）病虫害防治技术

茯苓主要病害为霉菌侵染、茯苓菌核腐烂病；主要虫害有白蚁、茯苓虱等。

1. 霉菌 茯苓在栽培（生长）期间，培养料（段木）及已接种的菌种，有的会出现霉菌污染。侵染的霉菌主要有绿色木霉、根霉、曲霉、毛霉、青霉等。正在生长的茯苓菌核也易受污染，导致菌核皮色变黑、菌肉疏松软腐，失去药用和食用价值。防治方法：选择生长健壮、抗病能力强的菌种；接种前，栽培场要翻晒多次，段木要清洁干净，发现有少量杂菌污染，应铲除掉或用 70% 乙醇杀灭，若污染严重，则予以淘汰；选择晴天栽培接种；保持苓场通风、干燥，经常清沟排除积水；发现菌核发生软腐等现象，应提前采收或剔除；苓窖用石灰消毒。

2. 茯苓菌核腐烂病 当栽培场地排水较差、土壤板结、覆土薄导致菌核受气温变化剧烈时易发生，表现为菌核表面破裂、变黄，后逐渐萎缩，流出黄色黏液，菌核逐渐呈畸形。防治方法：加强栽培管理，结苓期覆土加厚，使土温恒定；做好排水措施，防治苓场土壤积水，利于通风透气；适时采收，减少发病率。

3. 白蚁 主要是黑翅土白蚁及黄翅大白蚁，蛀食段木，干扰茯苓正常生长发育，造成减产，严重时有种无收。防治方法：苓场应选择南向或西南向；段木和树蔸要求干燥，最好冬季备料，春季下种；下窖接种后，苓场周围挖一道深 50cm、宽 40cm 的封闭环形防蚁沟，防止白蚁进入苓场，亦可排水；在苓场附近挖几个诱蚁坑，坑内放置松木、松毛，用石板盖好，经常检查，发现白蚁时，用 60% 亚砷酸、40% 滑石粉配成药粉，沿着蚁路寻找蚁窝，撒粉杀灭；引进白蚁新天敌——蚀蚁菌，灭蚁率达100%；5~6 月份白啮齿类和热血蚁分群时，悬挂黑光灯诱杀。

4. 茯苓虱 多群聚于段木菌丝生长处，蛀食茯苓菌丝体及菌核，造成减产。防治方法：在采收茯苓时可用桶收集茯苓虱虫群，用水溺死；接种后，用尼龙纱网片掩罩在茯苓窖面上，可减少茯苓虱的侵入。

（四）采收与初加工技术

1. 采收 茯苓接种后，经过 6~8 个月生长，菌核便已成熟。成熟的标志是：段木颜色由淡黄色变为黄褐色，材质呈腐朽状；茯苓菌核外皮由淡棕色变为褐色，裂纹渐趋弥合（俗称"封顶"）。一般于 10 月下旬至 12 月初陆续进行采收。采收时，先将窖面泥土挖去，掀起段木，轻轻取出菌核，放入箩筐内。有的菌核一部分长在段木上（俗称"扒料"），若用手掰，菌核易破碎，可将长有菌核的段木放在窖边，用锄头背轻轻敲打段木，将菌核完整地震下来，然后拣入箩筐内运回。

2. 初加工 先将鲜茯苓除去泥土及小石块等杂物，然后按大小分开，堆放于通风、干燥室内离地面 15cm 高的架子上，一般放 2~3 层，使其"发汗"，每隔 2~3 天翻动一次。半个月后，当茯苓菌核表面长出白色茸毛状菌丝时，取出刷拭干净，至表皮皱缩呈褐色时，置凉爽干燥处阴干，即成"茯苓个"。或者将鲜茯苓按不同部位切制，阴干，削下的外皮为"茯苓皮"；切取近表皮处呈淡棕红色的部分，加工成块状或片状，则为"赤茯苓"；内部白色部分切成块状或片状，则为"白茯苓"；若白茯苓中心夹有松木的，则称"茯神"。

（五）留种技术

1. 菌种来源 茯苓的一级原种由科研单位培育，二、三级栽培菌种由菌种生产厂家培育或生产者培育生产。

2. 采苓留茬 每次采收后每窝增加新料 5kg，及时覆埋细土，继续培育下一茬苓生长。

你知道吗

树苓栽苓接种法包括以下几种方式。

1. 苓顶接种法 将菌种（菌引或肉引）集中接种在树苓顶端边缘靠传菌线部位（削皮留筋处），上面覆盖松木片或薄松树皮，加以保护，然后用土淹埋，堆成龟背形，四周修挖排水沟。

2. 坎口填引法 对苓顶凹凸不平或残茎过高的树苓，在近地面部位砍或锯 1 个深约 10cm 的 L 形缺口，将菌种填放在缺口内，外用松树皮或干松枝遮盖，然后用土掩埋至接种缺口以上部位，并向外缓缓倾斜，呈圆土堆状。

3. 侧根夹种法 在已干燥的树苓上，选较粗的侧枝一个至数个，削去部分外皮，将引种夹放在侧根间隙中，若间隙较大，可用细料筒或干松枝填在侧枝中间，再接种。接种后用松木片或树皮遮盖保护，覆土封苓。

4. 根下垫种法 选较粗的侧根一个至数个，将侧根下的土层掏空，并削去根下方的部分根皮，然后将引种垫放在根下，用砂土填紧固定，覆土封苓。

目标检测

自测题

思考题

1. 如何防止灵芝栽培过程中杂菌的污染？
2. 你认为灵芝优质高产的关键技术有哪些？
3. 茯苓的引种菌种有哪些？
4. 如何进行茯苓的场地管理？

书网融合……

微课1　　　微课2　　　微课3　　　微课4　　　划重点

参考文献

［1］ 秦民坚. 中药材采收加工学 ［M］. 北京：中国林业出版社，2008.

［2］ 李向高. 中药材加工学 ［M］. 北京：中国农业出版社，2008.

［3］ 靳士英，靳朴，刘淑婷. 广东省立法保护的岭南道地药材 （一） ［J］. 现代医院，2017，17 （2）：280 - 283.

［4］ 陈立红. 茯苓培植技术 ［J］. 现代园艺，2017，（6）：28.

［5］ 王书木. 中药材 GAP 实用技术 ［M］. 北京：中国医药科技出版社，2011.